高职高专通信技术专业系列教材

# 通信工程设计制图

主编 何 亮 蔡卫红

西安电子科技大学出版社

## 内 容 简 介

本书根据高职高专通信类专业的人才培养目标和国家颁布的最新通信工程制图标准(2015版)而编写。全书由三大模块组成：模块一主要介绍通信工程设计、工程制图和通信工程制图标准规范；模块二主要介绍绘图设计软件 AutoCAD 的使用；模块三主要介绍通信工程勘察设计和通信工程设计的制图方法、要求，以 LTE 基站工程设计和施工图绘制为例，详细介绍通信工程设计、制图过程，有利于读者掌握通信工程设计的基本方法和制图技能。

本书可作为高职高专通信类、电子信息类专业的教材，也可作为工程技术人员的参考书。

**图书在版编目(CIP)数据**

通信工程设计制图/何亮，蔡卫红主编. —西安：
西安电子科技大学出版社，2017.5(2023.1 重印)
ISBN 978-7-5606-4433-2

Ⅰ. ① 通… Ⅱ. ① 何… ② 蔡… Ⅲ. ① 通信工程—工程制图 Ⅳ. ① TN91

中国版本图书馆 CIP 数据核字(2017)第 075495 号

策　　划　杨丕勇
责任编辑　杨　璠
出版发行　西安电子科技大学出版社(西安市太白南路 2 号)
电　　话　(029)88202421　88201467　　邮　　编　710071
网　　址　www.xduph.com　　电子邮箱　xdupfxb001@163.com
经　　销　新华书店
印刷单位　西安日报社印务中心
版　　次　2017 年 5 月第 1 版　2023 年 1 月第 3 次印刷
开　　本　787 毫米×1092 毫米　1/16　印　张　13.5
字　　数　319 千字
印　　数　4001～4500 册
定　　价　34.00 元
ISBN 978-7-5606-4433-2/TN
**XDUP 4725001-3**

# 前　言

在通信工程建设中，通信工程设计制图尤为重要，它承载了通信工程的设计意图，描述了工程情况，指导通信工程设计、施工、安装和维护。

为了进一步规范通信工程设计、满足通信建设的实际需求，2015年10月，工业和信息化部对部分通信行业标准进行了修订，其中就包括《通信工程制图与图形符号规定》(YD/T 5015—2015)，在此背景下，编者根据高职高专通信类专业的人才培养目标编写了本书。编写过程中，坚持“以就业为导向，以能力培养为本位”的改革方向，注重工程应用和工程素质培养，结合通信工程设计的实际需要来设计教学模块，再将每个模块分解为若干任务，学习内容由浅入深，技能训练由简单到复杂，将理论学习与实践能力的培养结合起来，充分体现了“理论够用，突出岗位技能，重视实践操作”的编写理念。

全书由三大模块组成，每个模块再细分为多个任务。模块一主要介绍通信工程设计、工程制图和通信工程制图标准规范；模块二主要介绍绘图设计软件AutoCAD的使用；模块三主要介绍通信工程勘察设计和通信工程设计的制图方法、要求，以LTE基站工程设计和施工图绘制为例，详细介绍通信工程设计、制图过程，有利于读者掌握通信工程设计的基本方法和制图技能。为了让读者更好地掌握AutoCAD的绘图操作技巧，编者将长期以来使用AutoCAD的操作经验和易出错的命令进行了总结，在书中给出提示。

编者期望在校学生达成两个目标：一是顺利通过人力资源和社会保障部组织的OSTA(全国计算机信息高新技术考试)AutoCAD平台的认证考试；二是能够按照通信工程相关专业的要求绘制完整的通信工程图纸。

本书由何亮、蔡卫红主编，何亮负责全书的整体构思、大纲设计及统稿工作，蔡卫红审阅了全书。模块一由蔡卫红编写，模块二由何亮编写，模块三由何亮、欧红玉、孔凡凤编写。在编写过程中，中兴通讯、中国电信湖南公司、湖南省通信建设有限公司等单位的专家对本书提出了许多宝贵意见，特此致谢。另外，编者在编写过程中参考了大量的文献和资料，在此对相关作者表示衷心的感谢。

由于编者水平有限，书中难免有疏漏之处，敬请读者批评指正。

编　者

2017年2月

# 目　　录

模块一　通信工程制图基础 ........ 1
任务一　通信工程设计 ........ 1
一、通信工程设计基础 ........ 1
二、通信建设工程的分类 ........ 4
任务二　工程制图 ........ 8
一、计算机绘图(CAD)的优势 ........ 8
二、计算机绘图系统 ........ 9
任务三　通信工程制图标准规范 ........ 11
一、通信工程制图基础 ........ 11
二、通信工程制图的总体要求 ........ 12
三、通信工程制图的统一规定 ........ 12
四、图形符号的使用 ........ 18
任务四　通信工程图纸识读 ........ 19
思考题 ........ 20
技能训练 ........ 21
模块二　绘图软件 AutoCAD 的使用 ........ 22
任务一　AutoCAD 基础操作和设置 ........ 22
一、AutoCAD 操作窗口 ........ 23
二、文件管理 ........ 31
三、绘图环境设置 ........ 35
四、坐标系和坐标输入 ........ 36
五、属性设置 ........ 39
六、辅助设置 ........ 45
任务二　基本图形的绘制 ........ 47
一、点、直线、射线和构造线 ........ 49
二、矩形和正多边形 ........ 51
三、圆、圆弧、椭圆和椭圆弧 ........ 52
四、多段线和多线 ........ 55
五、圆环、修订云线和样条曲线 ........ 59
六、面域、图案填充和边界 ........ 62
任务三　图形编辑 ........ 67
一、选择图形 ........ 67
二、图形基本编辑(删除、复制、镜像、偏移、阵列) ........ 69
三、图形位置改变(移动、旋转、缩放、拉伸、对齐) ........ 73
四、图形变形(修剪、打断、倒角、圆角、分解) ........ 75

五、夹点编辑 78
任务四　块、文字与表格 79
一、块 79
二、文字 84
三、表格 89
四、清理多余项目 91
任务五　尺寸标注 91
一、尺寸标注概述 92
二、标注样式 94
三、标注尺寸 99
四、编辑标注尺寸 105
任务六　基本三维绘图 106
一、三维绘图基础 107
二、观察三维图形 111
三、绘制三维图形 114
任务七　图形显示与图纸打印输出 118
一、图形的重画与重生成 118
二、控制图形显示 119
三、视口和多窗口排列 120
四、图纸打印输出 122
思考题 126
技能训练 126
**模块三　通信工程设计制图** 130
任务一　工程勘察设计 130
一、通信工程现场勘察 131
二、工程设计勘察的实施步骤 134
任务二　通信工程勘察设计实践——LTE 基站勘察设计 135
一、LTE 基站勘察 135
二、LTE 基站设计 139
三、LTE 基站设计图示例 144
任务三　设计通信工程图 149
一、绘制通信施工图的要求 149
二、通信工程制图时常见的问题 151
三、绘制 A4 标准图框 151
四、通信工程图绘制实践 154
思考题 158
技能训练 159
**附录　常用通信工程制图图例** 171
**参考文献** 210

# 模块一　通信工程制图基础

**问题引入：**

在通信工程项目的建设过程中，工程设计是非常重要的环节，工程设计制图用以反映设计意图和要求。通信工程设计制图是以几何学和国家制图标准为基础，根据通信工程设计要求用几何投影的方法进行工程图样绘制的一门技术课程。那么通信工程设计是指什么？什么是工程制图，怎样分类，有何要求？

**内容简介：**

通信工程设计的概念和主要内容，工程制图的有关概念，通信工程的制图概念和规范要求以及通信工程图纸识读方法。

**重点难点：**

通信工程制图的含义，通信工程制图标准，正确识读通信工程图纸。

**学习要求：**

通过本模块的学习，让读者对通信工程设计制图有一个全面的了解，具体要求如下：

(1) 了解通信工程设计的主要内容，掌握通信工程设计的基本原则。

(2) 了解通信建设工程类别，掌握通信建设工程项目划分方法。

(3) 掌握工程制图的基本概念，了解工程图样及其作用。

(4) 熟悉工程制图的标准，具备识读通信工程图纸的应用能力。

## 任务一　通信工程设计

**任务要求：**

(1) 识记：通信工程设计的概念、主要内容，通信建设工程的分类。

(2) 领会：通信工程设计的阶段划分、基本原则。

### 一、通信工程设计基础

随着经济和科学技术的进步，我国的通信产业得到了空前规模的发展，通信市场正在持续地扩大，通信建设工程项目数不胜数。通信工程是指通信系统工程设计、组网和设备施工，它主要包括天线的架设、通信线路架设或敷设、通信设备安装调试、通信附属设施的施工等内容。通信工程的建设基本上均按照规划、设计、准备、施工和竣工投产五个阶段进行。

工程设计是指根据已确定的可行性研究报告对拟建工程的技术、经济、资源、环境等进行更加深入细致的分析，编制设计文件和绘制设计图纸的工作。通过工程设计，对拟建工程的生产工艺流程、设备选型、建筑物外形和内部空间布置、结构构造、建筑群的组合以及周围环境的相互联系等方面提出清晰、明确、详尽的描述，并体现在图纸和文件上，以便据此施工建设。

通信工程设计是通信工程项目建设的基础，是技术的先进性、可行性以及项目建设的经济效益和社会效益的综合体现。通信工程设计就是根据项目的建设要求，将相关的科技成果、实际的工作经验、现行的技术标准、工程设计人员的智慧、创造性的劳动融为一体，它将全面、准确、合理、具体地指导通信工程建设与施工的全过程。

### （一）设计在建设中的地位和作用

设计是一门综合性的应用技术科学，涉及科学、技术、经济、国家政策等各个方面。实现同样的技术指标，不同的人有不同的设计方案。设计的主要任务就是编制设计文件并对其进行审定。设计文件是安排建设项目和组织施工的主要依据，因此设计文件必须由具有工程勘察设计证书和相应资质等级的设计单位编制。

设计是工程建设程序中必不可少的一个重要组成部分。在规划、项目、场址、可行性研究等已定的情况下，设计是影响建设项目能否实现优质高效的一个决定性的环节。

一个工程建设项目在资源利用上是否合理，场区布置是否紧凑、适度，设备选型是否得当，技术、工艺、流程是否先进合理，生产组织是否科学、严谨，是否能以较少的投资取得产量多、质量好、效率高、消耗少、成本低、利润大的综合效果，在很大程度上取决于设计质量的好坏和设计水平的高低。

### （二）设计阶段的划分

根据工程项目的规模、性质等情况的不同，可将工程设计划分为几个阶段。一般项目分初步设计和施工图设计两个阶段进行，称为“两阶段设计”；大型、特殊工程项目或技术上复杂的项目可按初步设计、技术设计、施工图设计三个阶段进行，称为“三阶段设计”；规模较小、技术成熟，或套用标准设计的工程，可直接进行施工图设计，称为“一阶段设计”。

#### 1. 初步设计

初步设计是根据批准的可行性研究报告以及有关的设计标准、规范，通过现场勘察工作取得可靠的设计基础资料后进行编制的。初步设计的主要任务是确定项目的建设方案、进行设备选型、编制工程项目的总概算。初步设计中的主要设计方案及重大技术措施等应通过技术经济分析，进行多方案比较论证，未采用方案的扼要情况及采用方案的选定理由均应写入设计文件。

每个建设项目都应编制总体部分的总体设计文件(即综合册)和各单项工程设计文件。在初步设计阶段，应满足以下要求：

(1) 总体设计文件内容包括设计总说明及附录、各单项设计总图、总概算编制说明及概算总表。

(2) 各单项工程设计文件一般由文字说明、图纸和概算三部分组成。

在初步设计阶段还应另册提出技术规范书、分交方案，说明工程要求的技术条件及有关数据等。其中，引进设备的工程技术规范书应使用中、外文编写。

**2. 技术设计**

技术设计是根据已批准的初步设计，对设计中比较复杂的项目、遗留问题或特殊需要，通过更详细的设计和计算，进一步研究和阐明其可靠性、合理性，准确地解决各个主要技术问题。在技术设计阶段应编制修正概算。

**3. 施工图设计**

施工图设计是指根据建筑、安装和非标准设备制作的需要，把初步设计确定的设计准则和设计方案进一步具体化和详细化，要求详细、具体地将初步设计的技术方案加以体现，最终确定设备选型、数量、实施方案等，绘制施工详图，并编制施工图预算。施工图设计深度应满足设备、材料的订货，设备安装工艺及施工要求。施工图设计文件应根据批准的初步设计文件和主要设备订货合同进行编制，一般由文字说明、图纸和预算三部分组成。在施工图设计文件中，要求绘制施工详图，标明房屋、建筑物、设备的结构尺寸，说明安装设备的配置关系、布线、施工工艺，提供设备、材料明细表，并编制施工图预算。

各单项工程施工图设计应简要说明该工程初步设计方案的主要内容并对修改部分进行论述，注明有关批准文件的日期、文号及文件标题，提出详细的工程量表，测绘出完整线路，绘制建筑安装施工图纸、设备安装施工图纸，并且包括工程项目的各部分工程详图和零部件明细表等。施工图设计是初步设计(或技术设计)的完善和补充，是施工的依据。

施工图设计应满足设备、材料的订货，施工图预算的编制，设备安装工艺及其他施工技术要求等。施工图设计可不编写总体部分的综合文件。

### (三) 通信工程设计的基本原则

(1) 通信工程设计必须贯彻执行国家基本建设方针和通信技术经济政策，合理利用资源，重视环境保护。

(2) 通信工程设计必须保证通信质量，做到技术先进、经济合理、安全适用，能够满足施工、生产和使用的要求。

(3) 设计中应进行多方案比较，兼顾近期与远期通信发展的需求，合理利用已有的网络设施和装备，以保证建设项目的经济效益和社会效益，尽量降低工程造价和维护费用。

(4) 设计中所采用的产品必须符合国家标准和行业标准，未经鉴定合格和试验的产品不得在工程中使用。

(5) 设计工作必须执行科技进步的方针，广泛采用适合我国国情且国内外成熟的先进技术。

(6) 扩、改建工程，要充分考虑原有设施的特点，合理利用原有设备、器材等，提高工程建设的整体效益。

### (四) 工程设计的主要技术条件

工程设计的技术条件是指进行设计所必需的基础资料和数据，通常包括以下几项主要

内容：

(1) 矿藏条件(矿藏资源的储量、成分、品位、性能及有关地质资料)。

(2) 水源及水文条件。

(3) 区域地质和工程地质条件。

(4) 设备条件。

(5) 废物处理和要求。

(6) 职工生活区的安置方案及要求。

(7) 政策性规定。

(8) 其他技术条件(包括建设项目所在地区周围的机场、港口、码头、文物、交通及军事设施对工程项目的要求、限制或影响等方面的资料)。

### (五) 通信工程设计的主要内容

通信工程设计是指设计工程师依据建设工程所在地的自然条件和社会要求，以及设备性能、有关设计规范，将用户(业主)对拟建工程的要求及潜在要求，转化为建设方案和图纸，并参与实施，为工程实施提供服务。

通信工程设计的主要内容一般有：系统的传输设计，电/光缆线路设计，设备安装设计。系统的传输设计包括电/光缆传输系统的一般要求、系统的传输指标、系统传输的具体设计。电/光缆线路设计包括线路路由的选择、电/光缆的选择、电/光缆的敷设方式、电/光缆的防护设计、中继站的设计。设备安装设计包括设备的选型原则，终端、转接站设备的安装设计。

设计工作过程可归纳如下：

(1) 设计委托书的送达。

(2) 对可行性研究报告和专家评估报告的分析。

(3) 工程技术人员的现场勘察。

(4) 初步设计。

(5) 施工图设计。

(6) 编制概、预算。

(7) 设计文件的编制出版。

(8) 设计文件的会审。

(9) 对施工现场的技术指导及对客户的回访。

已形成的设计文件是进行工程建设、指导施工的主要依据，它主要包括设计说明、工程投资概(预)算和设计图纸三个部分。

## 二、通信建设工程的分类

为加强通信建设管理，规范工程施工行为，确保通信建设工程质量，原邮电部[1995]945号文件中发布了《通信建设工程类别划分标准》，将通信建设工程分别按建设项目、单项工程划分为一类工程、二类工程、三类工程和四类工程。每类工程的设计单位和施工企业级别都有严格的规定，不允许级别低的单位或企业承建高级别的工程。

建设项目是指按一个总体设计进行建设，经济上实行统一核算，行政上有独立的组织形式，实现统一管理的建设单位。凡属于一个总体设计中分期分批进行建设的主体工程、附属配套工程、综合利用工程等都应作为一个建设项目。不能把不属于一个总体设计的工程，按各种方式归算为一个建设项目，也不能把同一个总体设计内的工程，按地区施工单位分为几个建设项目。一个建设项目一般可以包括一个或若干个单项工程。

单项工程是指具有单独的设计文件，建成后能够独立发挥生产能力或效益的工程。单项工程是建设项目的组成部分。

**1. 按建设项目划分**

(1) 符合下列条件之一者为一类工程：

① 大、中型项目或投资在5000万元以上的通信工程项目。

② 省际通信工程项目。

③ 投资在2000万元以上的部定通信工程项目。

(2) 符合下列条件之一者为二类工程：

① 投资在2000万元以下的部定通信工程项目。

② 省内通信干线工程项目。

③ 投资在2000万元以上的省定通信工程项目。

(3) 符合下列条件之一者为三类工程：

① 投资在2000万元以下的省定通信工程项目。

② 投资在500万元以上的通信工程项目。

③ 地市局工程项目。

(4) 符合下列条件之一者为四类工程：

① 县局工程项目。

② 其他小型项目。

**2. 按单项工程划分**

通信线路工程类别的划分见表1-1。

**表1-1　通信线路工程类别**

| 序号 | 项目名称 | 一类工程 | 二类工程 | 三类工程 | 四类工程 |
|---|---|---|---|---|---|
| 1 | 长途干线 | 省际 | 省内 | 本地网 | — |
| 2 | 海缆 | 50 km以上 | 50 km以下 | — | — |
| 3 | 市话线路 | — | 中继光缆或2万门以上市话主干线路 | 局间中继电缆线路或2万门以下市话主干线路 | 市话配线工程或4000门以下线路工程 |
| 4 | 有线电视网 | — | 省会及地市级城市有线电视网线路工程 | 县以下有线电视网线路工程 | — |
| 5 | 建筑楼宇综合布线工程 | — | 10 000 $m^2$以上建筑物综合布线工程 | 5000 $m^2$以上建筑物综合布线工程 | 5000 $m^2$以下建筑物综合布线工程 |
| 6 | 通信管道工程 | — | 48孔以上 | 24孔以上 | 24孔以下 |

通信设备安装工程类别的划分见表 1-2。

**表 1-2　通信设备安装工程类别**

| 序号 | 项目名称 | 一类工程 | 二类工程 | 三类工程 | 四类工程 |
|---|---|---|---|---|---|
| 1 | 市话交换 | 4 万门以上 | 4 万门以下，1 万门以上 | 1 万门以下，4000 门以上 | 4000 门以下 |
| 2 | 长途交换 | 2500 路端以上 | 2500 路端以下 | 500 路端以下 | — |
| 3 | 通信干线传输及终端 | 省际 | 省内 | 本地网 | — |
| 4 | 移动通信及无线寻呼 | 省会局移动通信 | 地市局移动通信 | 无线寻呼设备工程 | — |
| 5 | 卫星地球站 | C 频段天线直径 10 m 以上及 ku 频段天线直径 5 m 以上 | C 频段天线直径 10 m 以下及 ku 频段天线直径 5 m 以下 | | — |
| 6 | 天线铁塔 | | 铁塔高度 100 m 以上 | 铁塔高度 100 m 以下 | — |
| 7 | 数据网、分组交换网等非话务业务 | 省际 | 省会局以下 | | — |
| 8 | 电源 | 一类工程配套电源 | 二类工程配套电源 | 三类工程配套电源 | 四类工程配套电源 |

注：(1) 新业务发展按相对应的等级套用。(2) 本标准中 XXX 以上不包括 XXX 本身，XXX 以下包括 XXX 本身。(3) 天线铁塔、市话线路、有线电视网、建筑楼宇综合布线工程、通信管道工程无一类工程收费的专业。(4) 卫星地球站、数据网、分组交换网等专业无三、四类工程，丙、丁级设计单位和三、四级施工企业不得承担此类工程任务，其他专业依此原则办理。

### 3. 通信建设工程项目划分

通信建设工程可按不同的专业分为 6 大建设项目，每个建设项目又可分为多个单项工程，初步设计概算和施工图预算应按单项工程编制。通信建设工程项目的分类见表 1-3。

**表 1-3　通信建设工程项目的分类**

| 建设项目 | 单 项 工 程 | 备　注 |
|---|---|---|
| 长途通信光(电)缆工程 | 省段电/光缆分路段线路工程(包括线路、巡房等) | 进局电及中继电/光缆工程按每个城市作为一个单项工程。<br>同一项目中较大的水底电/光缆工程按每处作为一个单项工程 |
| | 终端站、分路站、转接站、数字复用设备及电/光设备安装工程 | |
| | 电/光缆分路段中继站设备安装工程 | |
| | 终端站、分路站、转接站、中继站电源设备安装工程(包括专用高压供电线路工程) | |
| | 进局电/光缆、中继电/光缆线路工程(包括通信管道) | |
| | 水底电/光缆工程(包括水线房建筑及设备安装) | |
| | 分路站、转接站房屋建筑工程(包括机房、附属生产房屋、线务段、生活房屋、进站段通信管道) | |

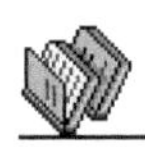


续表

| 建设项目 | 单　项　工　程 | 备　　注 |
| --- | --- | --- |
| 微波通信干线工程 | 省段微波站微波设备安装工程(包括天线、馈线等) | 微波二级干线可按站划分单项工程 |
| | 省段微波站复用终端设备安装工程 | |
| | 省段微波站电源设备安装工程(包括专用高压供电线路工程) | |
| 地球站通信工程 | 地球站设备安装工程(包括天线、馈线) | — |
| | 复用终端设备安装工程 | |
| | 电源设备安装工程(包括专用高压供电线路工程) | |
| | 中继传输设备安装工程 | |
| 移动通信工程 | 移动交换局(控制中心)设备安装工程 | 中继传输线路工程如采用微波线路，可参照微波干线工程增列单项工程，如采用有线线路，可参照市话线路工程增列单项工程 |
| | 基站设备安装工程 | |
| | 基站、交换局电源设备安装工程 | |
| | 中继传输线路工程 | |
| 长途电信枢纽工程 | 长途自动交换设备安装工程 | 传真机室设备安装工程视工程量大小可单独作为单项工程或并入人工设备安装单项工程中。<br>同一建设项目中收、发信台分地建设时，电源、天线、馈线、遥控线、房屋、专用高压供电线路、台外道路等均可分别作为单项工程 |
| | 长途人工交换设备安装工程 | |
| | 人工电报设备安装工程(包括传真机) | |
| | 微波、载波设备(包括天线、馈线)或数字复用设备安装工程 | |
| | 会议电话设备安装工程 | |
| | 通信电源设备安装工程 | |
| | 无线电终端设备安装工程 | |
| | 长途进局线路工程 | |
| | 通信管道工程 | |
| | 中继线路工程(包括终端设备) | |
| | 弱电系统设备安装工程(包括小交换机、时钟、监控设备等) | |
| | 专用高压供电线路工程 | |
| | 数据设备安装工程 | |
| 市话通信工程 | 分局交换设备安装工程 | 市话网络设计可纳入总体部分的综合册，不作为单项工程。<br>专用高压供电线路工程的设计文件由承包设计单位编制，概、预算及技术要求纳入电源单项工程中，不另列单项工程 |
| | 分局电源设备安装工程(包括专用高压供电线路工程) | |
| | 分局用户线路工程(包括主干及配线电缆、交换及配线设备集线器、杆路等) | |
| | 通信管道工程 | |
| | 中继线路工程(包括音频电缆、PCM 电缆、光缆) | |
| | 中继线路数字设备安装工程 | |

注：(1) 一点多址工程不划分单项工程。(2) 表中未包括的通信建设工程项目由设计单位划分单项工程。

# 任务二　工 程 制 图

**任务要求：**

(1) 识记：CAD 概念、优势。

(2) 领会：CAD 软件系统要求。

(3) 应用：安装 AutoCAD 软件。

传统的制图是利用绘图工具和仪器手工进行绘图，劳动强度大，效率低，同样的图形放在不同的位置也无法进行拷贝，图纸不便管理。

计算机辅助设计(Computer Aided Design，CAD)是指利用计算机的计算功能和高效的图形处理能力，帮助用户进行辅助设计分析、修改和优化。它综合了计算机知识和工程设计知识的成果，并且随着计算机硬件性能和软件功能的不断提高而逐渐完善。用户利用 AutoCAD 在计算机上设计与绘图，边设计边修改，直到设计出满意的结果，再利用打印设备输出图形。在工程设计上，计算机绘图正在取代手工绘图。

## 一、计算机绘图(CAD)的优势

### 1. 传统手工绘制通信工程图纸的缺点

(1) 手工绘制工程图纸速度慢、效率低，容易出错，不方便修改。

(2) 一张通信工程图纸上包含了很多的通信信息，比如管道、设备、建筑物和线路信息等，识别起来困难，并且不能单独管理其中某一类信息。

(3) 手工绘制通信工程图纸更新难度比较大，且更新周期比较长，对于通信建设维护的及时性和有效性产生了很大的阻碍作用。

(4) 管理和使用起来比较麻烦。在遇到紧急情况时，需及时查阅相关图纸，但手工绘制的建设图纸数量庞大，查阅极为不便，并且手工绘制的图纸不易保存，容易磨损、破坏、腐蚀，影响管理和使用质量。

### 2. CAD 在通信工程制图中的优势

在进行通信工程设计时使用 CAD 绘图软件来绘制通信工程设计图纸，代替了传统手工绘图，可以有效地解决手工绘图的缺点，提高绘图效率，并且给管理和使用带来极大的方便。

(1) 计算机绘图速度快，效率高，修改方便。

用计算机绘制通信工程图纸，可以大大提高绘图的速度。比如同一线路附属设备的符号，手工绘制时必须重复绘制这些符号，但是用计算机辅助设计功能来绘制通信工程图纸，加快了绘图速度，避免了手工绘制时的重复绘制工作，大大提高了绘图效率。

另外，手工绘制通信工程图纸时，若有差错和改动部分，则修改起来很不方便，并且图纸总体信息内容在图纸幅面上的布局也不易改动，但是利用计算机辅助设计功能，就能对差错和改动部分进行方便、快捷的修改，不影响图纸的其他部分。

(2) 利用计算机辅助设计功能绘制的图纸方便管理，也容易保存。

同一通信工程图纸上面可能包含了诸如管道、杆路、设备等各种信息类型的图形符号，不同类型的信息在利用计算机绘图时可以方便地管理。

此外，利用计算机辅助设计功能绘制的通信工程图纸，不存在诸如不易保存、易磨损、易受潮、易腐蚀等手工绘制的纸质图纸的缺点，可以长期稳定地保存，并能及时更新，增强了时效性。

(3) 计算机辅助设计与工程项目其他方面的计算机化相结合，可以提高管理水平及工作效率。

计算机制图的规范化，可使其与工程项目其他部分相结合，比如工程概预算等，也可以直接将规范化的图纸信息转化成工程造价等相应内容，大大简化了工作流程，提高了工作效率。

综合来讲，在通信工程图纸的绘制中，计算机辅助设计有着手工绘图不可比拟的优势。目前在通信工程设计施工单位中，常将美国 Autodesk 公司的 AutoCAD 产品与通信线路工程或通信设备工程等具体行业内容相结合，在其内部嵌入与相关行业具体设计内容相关的功能库，使绘制通信工程图纸的速度和效率得到极大的提高。

## 二、计算机绘图系统

### (一) 计算机绘图系统的组成

计算机绘图系统由硬件系统和软件系统组成。

#### 1. 硬件系统

在计算机绘图系统中，能看得见、摸得着的物理设备称为硬件。用于工程绘图的计算机一般采用中型机或微型机。当然计算机配置越高，绘图性能就越好。对于普通的工程技术人员来说，家用电脑已能很好地满足电子工程绘图的需要了。

硬件设备主要包括主机、输入设备和输出设备三部分。输入设备主要包括键盘、鼠标、扫描仪、数字化仪等。输出设备包括显示器、绘图仪和图形打印机。绘图仪是最常用的图形输出设备，一般按其工作方式分为平台式和滚筒式两种。图形打印机也是一种图形输出设备，目前使用喷墨打印机或激光打印机均可输出高质量的图形。

#### 2. 软件系统

在计算机绘图系统中，各种程序、数据、文档统称为软件。软件可分为系统软件和应用软件两大类。

系统软件是指面向计算机操作和管理的操作系统，各种计算机语言的编译系统以及数据库管理系统。系统软件直接配合硬件工作，全面管理计算机的硬件和软件资源，实现资源管理、语言处理、实时控制、系统测试、数据库管理等功能。

应用软件是专门为适应用户特定需要而开发的应用程序，其品种繁多，应用广泛。近年来，由于微型计算机在设计和制造领域中的广泛应用，各种国外通用绘图软件纷纷被引进，国产的绘图软件也应运而生。目前，用于工程制图的应用软件多达数十种，如 AutoCAD、Visio、ORCAD、Protel、ZWCAD 等。在这些软件中，AutoCAD 为通用绘图软件，其他大多为专业绘图软件。AutoCAD 是目前使用最多的设计软件之一。

### 3. AutoCAD 2005 的安装

美国 Autodesk 公司发售的 AutoCAD 最新版本为 AutoCAD 2017。考虑到湖南省 CAD 认证考试平台仍然使用 AutoCAD 2004/2005，本书只介绍 AutoCAD 2005 中文版。诚然高版本的 AutoCAD 不管从操作界面还是功能的完善都比低版本要好，但从实际应用情况来看，低版本软件对电脑配置要求低、消耗资源少，并且绝大多数的通信工程图纸都是二维平面图形，AutoCAD 2005 完全可以胜任。如果只从二维平面制图这个角度来看，AutoCAD 2004 是一款经典的版本，其运行稳定、占用资源少，而 AutoCAD 2005 在此基础上新增了一个“表格”工具，制作表格很容易、很方便。

安装 AutoCAD 2005 与安装其他 Windows 应用程序类似，单击 setup.exe 即可开始向导式安装。在 Windows 7、Windows 8、Windows 10 操作系统下安装和运行 AutoCAD 2005 需要进行如图 1-1 所示设置。具体操作步骤为：鼠标左键单击 setup.exe，再单击鼠标右键，从快捷菜单中选择“属性”菜单，然后在弹出窗口的“兼容性”选择卡中作如图勾选，最后双击 setup.exe 开始程序安装，安装过程中忽略出现的告警提示。安装完成后再对桌面上“AutoCAD 2005 快捷图标”进行以上类似设置。

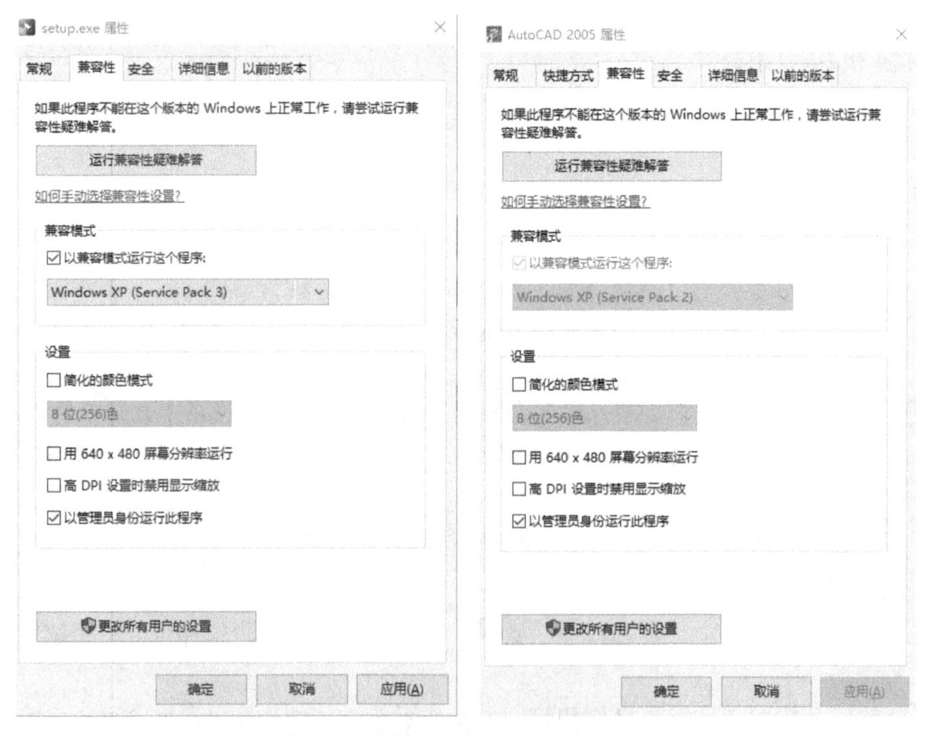


图 1-1　安装、运行 AutoCAD 2005

## (二) 计算机绘图系统使用注意事项

### 1. 计算机硬件使用注意事项

(1) 根据需要合理配置适合于自己的计算机系统，并充分考虑性价比。

(2) 计算机电源电压应与计算机额定电压相一致，最好配备 UPS 电源。

(3) 正确使用计算机，正常开、关机，及时维护计算机，保证设备安全。

(4) 注意用电安全、网络安全和信息安全。

(5) 养成正确、良好使用计算机的习惯。

(6) 做好防雷与防辐射保护，保障身体安全。

**2. 计算机软件使用注意事项**

(1) 尊重和保护知识产权，使用正版软件。

(2) 保证系统安全，安装杀毒软件，预防、查杀病毒，最好不要使用不能确认安全的U盘，不要下载、打开来历不明的软件或网络邮件。

(3) 为防止图形文件的意外丢失，在画图时应养成经常保存图形文件的习惯。

(4) 为防止技术泄密，可给自己的图形文件设密码或使用加密软件、设备或保存到安全移动硬盘上。

# 任务三 通信工程制图标准规范

**任务要求：**

(1) 识记：通信工程制图概念、标准规范内容。

(2) 领会：通信工程图纸要素及其设置要求。

## 一、通信工程制图基础

通信工程图纸是在对施工现场仔细勘察和认真搜索资料的基础上，通过图形符号、文字符号、文字说明及标注来表达具体工程性质的一种图纸。它是通信工程设计的重要组成部分，是指导施工的主要依据。通信工程图纸上包含了路由信息、设备配置安装情况、技术数据等内容，所以要求施工设计中的各种图纸应尽量反映出客观实际和设计意图。

通信工程制图就是将图形符号、文字符号按不同专业的要求画在一个平面上，使工程施工技术人员通过阅读图纸就能够了解工程规模、工程内容，统计出工程量及编制工程概、预算。只有绘制出准确的通信工程图纸，才能对通信工程施工产生正确的指导性意义。因此，通信工程技术人员必须掌握通信工程制图的方法。

为了使通信工程图纸做到规格统一、画法一致、图面清晰，符合施工、存档和生产维护要求，有利于提高设计效率、保证设计质量和适应通信工程建设的需要，要求依据以下国家及行业标准编制通信工程图纸与图形符号：

- GB/T 4728《电气简图用图形符号》；
- GB/T 6988.1—2008《电气技术用文件的编制 第1部分：规则》；
- GB/T 50104—2010《建筑制图标准》；
- GB/T 14689—2008《技术制图 图纸幅面和格式》；
- GB/T 20257.1—2007《国家基本比例尺地图图式 第一部分：1∶500 1∶1000 1∶2000 地形图图式》；
- GB/T 7159—1987《电气技术中的文字符号制订通则》；
- GB/T 7356—1987《电气系统说明书用简图的编制》；

- YD 5183—2010《通信工程建设标准体系》;
- YD/T 5015—2015《通信工程制图与图形符号规定》。

另外，通信工程制图时，单位制定的质量保证体系文件也要遵守。

为满足我国通信建设的实际发展需求，工业和信息化部信息通信发展司对原中华人民共和国通信行业标准 YD/T 5015—2007《电信工程制图与图形符号规定》进行了修订，于2015年10月10日发布，2016年1月1日开始实施新的标准规范——YD/T 5015—2015《通信工程制图与图形符号规定》。本书中所介绍的通信工程制图标准规范以新标准为准。

## 二、通信工程制图的总体要求

(1) 工程制图应根据表述对象的性质、论述的目的与内容，选取适宜的图纸及表达方式，完整地表述主题内容。

(2) 图面应布局合理，排列均匀，轮廓清晰且便于识别。

(3) 图纸中应选用合适的图线宽度，图中的线条不宜过粗或过细。

(4) 应正确使用国家标准和行业标准规定的图形符号。派生新的符号时，应符合国家标准符号的派生规律，并应在合适的地方加以说明。

(5) 在保证图面布局紧凑和使用方便的前提下，应选择合适的图纸幅面，使原图大小适中。

(6) 应准确地按规定标注各种必要的技术数据和注释，并按规定进行书写或打印。

(7) 工程图纸应按规定设置图衔，并按规定的责任范围签字。各种图纸应按规定顺序编号。

## 三、通信工程制图的统一规定

### 1. 图幅尺寸

通信工程图纸幅面和图框大小应符合国家标准 GB/T 6988.1—2008《电气技术用文件的编制　第1部分：规则》的规定，采用A0、A1、A2、A3、A4及A3、A4加长的图纸幅面。当上述幅面不能满足要求时，可按照 GB/T 14689—2008《技术制图　图纸幅面和格式》的规定加大幅面，也可在不影响整体视图效果的情况下分割成若干张图绘制。

应根据表述对象的规模大小、复杂程度、所要表达的详细程度、有无图衔及注释的数量来选择较小的合适幅面。

图纸幅面和图框的尺寸大小可参考表1-4进行设置。实际工作中，通信工程图纸以A3、A4图纸较为常见，且A3、A4图纸横向布局居多。图纸格式如图1-2所示。

**表 1-4　幅面和图框尺寸**　mm

| 幅面代号 | A0 | A1 | A2 | A3 | A4 |
|---|---|---|---|---|---|
| 图框尺寸(高 $B$ × 宽 $L$) | 1189 × 841 | 841 × 594 | 594 × 420 | 420 × 297 | 297 × 210 |
| 侧边框距 $c$ | 10 | | | 5 | |
| 装订侧边框距 $a$ | 25 | | | | |

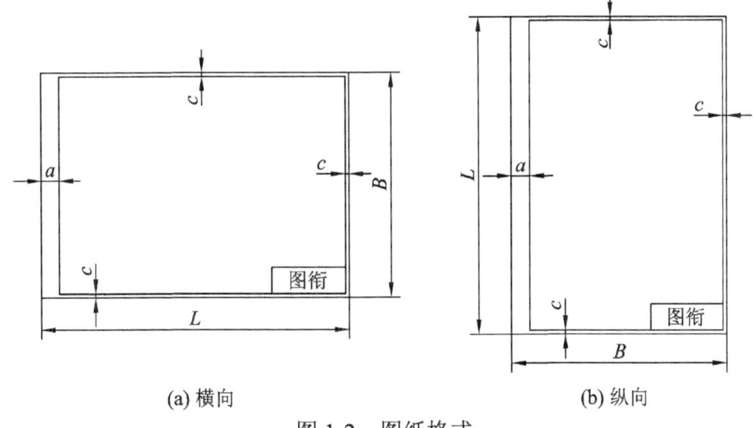

(a) 横向　　(b) 纵向

图 1-2　图纸格式

### 2. 图线形式及其应用

线型分类及用途应符合表 1-5 的规定。

**表 1-5　图线形式及用途**

| 图线名称 | 图线形式 | 一 般 用 途 |
|---|---|---|
| 实线 | —————————— | 基本线条：图纸主要内容用线、可见轮廓线 |
| 虚线 | – – – – – – – – – – – | 辅助线条：屏蔽线、机械连接线、不可见轮廓线、计划扩展内容用线 |
| 点画线 | —·—·—·—·— | 图框线：表示分界线、结构图框线、功能图框线、分级图框线 |
| 双点画线 | —··—··—··— | 辅助图框线：表示更多的功能组合或从某种图框中区分不属于它的功能部件 |

线宽种类不宜过多，通常选用两种宽度的图线，粗线的宽度宜为细线宽度的两倍，主要图线采用粗线，次要图线采用细线。对复杂的图纸也可采用粗、中、细三种线宽，线的宽度按 2 的倍数依次递增。图线宽度应从 0.25 mm、0.35 mm、0.5 mm、0.7 mm、1.0 mm、1.4 mm 等系列中选用。

使用图线绘图时，应使图形的比例和所选线宽协调恰当，重点突出，主次分明。在同一张图纸上，按不同比例绘制的图样及同类图形的图线粗细应保持一致。

应使用细实线作为最常用的线条。在以细实线为主的图纸上，粗实线应主要用于图纸的图框及需要突出的部分。指引线、尺寸标注线应使用细实线。

当需要区分新安装的设备时，宜用粗线表示新建设施，细线表示原有设施，虚线表示规划预留部分，原机架内扩容部分宜用粗线表示。平行线之间的最小间距不宜小于粗线宽度的两倍，且不得小于 0.7 mm。

在使用不同线型及线宽表示图形用途有困难时，可用不同颜色区分。在实际工作中，可在 AutoCAD 中通过设置不同的图层来区分、管理图形。

### 3. 比例

对于平面布置图、管道及光(电)缆线路图、设备加固图、零部件加工图等图纸，应按比例绘制；方案示意图、系统图、原理图、图形图例等可不按比例绘制，但应按工作顺序、

线路走向、信息流向排列。

对于平面布置图、管道及线路图和区域规划性质的图纸，宜采用的比例为：1∶10、1∶20、1∶50、1∶100、1∶200、1∶500、1∶1000、1∶2000、1∶5000、1∶10000、1∶50000 等。对于设备加固图、零部件加工图等图纸宜采用的比例为：2∶1、1∶1、1∶2、1∶4、1∶10 等。

通常应根据图纸表达的内容深度和选用的图幅，选择适合的比例。对于通信线路及管道类的图纸，为了更方便地表达周围环境情况，可采用沿线路方向按一种比例，而周围环境的横向距离采用另一种比例的方式绘制，或示意性绘制。绘制图纸时所使用的比例应在图纸上及图衔相应栏目中注明。

**4．尺寸标注**

一个完整的尺寸标注应由尺寸数字、尺寸界线、尺寸线及其终端箭头等组成。

图中的尺寸数字应注写在尺寸线的上方或左侧，也可注写在尺寸线的中断处，同一张图样上注法应一致，具体标注应符合以下要求：

(1) 尺寸数字应顺着尺寸线方向书写并符合视图方向，数字的标注方向与尺寸线垂直，并不得被任何图线通过，当无法避免时，应将图线断开，在断开处填写数字。对有角度非水平方向的图线，尺寸数字可顺尺寸线标注在尺寸线的中断处，数字的标注方向与尺寸线垂直，且字头朝向斜上方。对垂直水平方向的图线，尺寸数字可顺尺寸线标注在尺寸线的中断处，数字的标注方向与尺寸线垂直，且字头朝向左。

(2) 尺寸数字的单位除标高、总平面和管线长度应以米(m)为单位外，其他尺寸均以毫米(mm)为单位。按此原则标注的尺寸可为不加注单位的文字符号。当采用其他单位时，应在尺寸数字后加注计量单位的文字符号。在同一张图纸中，不宜出现两种计量单位混用的情况。

尺寸界线应用细实线绘制，且从图形的轮廓线、轴线或对称中心线引出，也可利用轮廓线、轴线或对称中心线作为尺寸界线。尺寸界线应与尺寸线垂直。

尺寸线的终端可采用箭头或斜线两种形式，但同一张图中应采用一种尺寸线终端形式，不得混用，具体标注应符合以下要求：

(1) 采用箭头形式时，两端应画出尺寸箭头，指到尺寸界线上，表示尺寸的起止。尺寸箭头宜用实心箭头，箭头的大小应按可见轮廓线选定，且其大小在图中应保持一致。

(2) 采用斜线形式时，尺寸线与尺寸界线应相互垂直，斜线应用细实线，且方向及长短应保持一致。斜线方向应以尺寸线为准，逆时针方向旋转 45°，斜线长短约等于尺寸数字的高度。

有关建筑尺寸标注，可按 GB/T 50104—2010《建筑制图标准》的要求执行。

**5．字体及写法**

图中书写的文字(包括汉字、字母、数字、代号等)均应字体工整、笔画清晰、排列整齐、间隔均匀有度，其书写位置应根据图面妥善安排，文字多时宜放在图的下面或右侧。文字应从左向右水平方向书写，标点符号占一个汉字的位置。书写中文时，应采用国家正式颁布的汉字，字体宜采用宋体或长仿宋体。

图中的“技术要求”、“说明”、“注”等字样，宜写在具体文字的左上方，并使用比文字内容大一号的字体书写，具体内容多于一项时，应按下列顺序号排列：

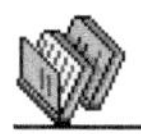



1、2、3、…

(1)、(2)、(3)、…

①、②、③、…

图中涉及数量的数字，均应用阿拉伯数字表示。图中涉及的计量单位应使用国家颁布的法定计量单位。

### 6. 图衔

通信工程图纸中应有图衔内容，图衔的位置应在图面的右下角。

通信工程常用标准图衔为长方形，大小为 30 mm × 180 mm(高 × 长)。图衔中包括图纸名称、图纸编号、单位名称、单位主管、部门主管、总负责人、单项负责人、设计人、审(校)核人、制图日期等内容。常用的标准图衔如图 1-3 所示。

| 单位主管 | | 审核人 | | (单位名称) |
|---|---|---|---|---|
| 部门主管 | | 校核人 | | |
| 主负责人 | | 制图人 | | (图纸名称) |
| 单项负责人 | | 单位/比例 | | |
| 设计人 | | 制图日期 | | 图纸编号 |
| 20 | 30 | 20 | 20 | 20 |

（总长 180，高 30）

图 1-3　常用标准图衔样例

设计及施工图纸编号的编排应尽量简洁。设计及施工图纸编号的组成应按以下规定执行：

同工程项目编号、同设计阶段代号、同专业代号的图纸多册出版时，为避免编号重复可按以下规则执行：

工程项目编号 (*A*) — 设计阶段代号 — 专业代号 (*B*) — 图纸编号

其中，*A*、*B* 为字母或数字，区分不同册编号。

工程项目编号应由工程建设方或设计单位根据工程建设方的任务委托，统一给定。设计阶段代号应符合表 1-6 的要求。常用专业代号应符合表 1-7 的要求。

**表 1-6　设计阶段代号表**

| 项目阶段 | 代号 | 工程阶段 | 代号 | 工程阶段 | 代号 |
|---|---|---|---|---|---|
| 可行性研究 | K | 初步设计 | C | 技术设计 | J |
| 规划设计 | G | 方案设计 | F | 设计投标书 | T |
| 勘察报告 | KC | 初设阶段的技术规范书 | CJ | 修改设计 | 在原代号后加 X |
| 咨询 | ZX | 施工图设计一阶段设计 | S | | |
| | | | Y | | |
| | | 竣工图 | JG | | |

**表 1-7　常用专业代号表**

| 名称 | 代号 | 名称 | 代号 |
| --- | --- | --- | --- |
| 光缆线路 | GL | 电缆线路 | DL |
| 海底光缆 | HGL | 通信管道 | GD |
| 传输系统 | CS | 移动通信 | YD |
| 无线接入 | WJ | 核心网 | HX |
| 数据通信 | SJ | 业务支撑系统 | YZ |
| 网管系统 | WG | 微波通信 | WB |
| 卫星通信 | WD | 铁塔 | TT |
| 同步网 | TB | 信令网 | XL |
| 通信电源 | DY | 监控 | JK |
| 有线接入 | YJ | 业务网 | YW |

注：(1) 用于大型工程中分省、分业务区编制时的区分标识，可采用数字 1、2、3 或拼音首字母等。

(2) 用于区分同一单项工程中不同的设计分册(如不同的站册)，宜采用数字(分册号)、站名拼音首字母或相应汉字表示。

图纸编号为工程项目编号、设计阶段代号、专业代号相同时图纸间的区分号，应采用阿拉伯数字简单顺序编制(同一图号的系列图纸用括号内加分数表示)。

在上述所讲的国家通信行业制图标准对设计及施工图纸的编号方法规定的基础上，一般每个设计单位都有自己内部的一套完整的规范，目的是进一步规范工程管理，配合项目管理系统实施，不断改进和完善设计及施工图纸编号方法。

**7. 注释、标注及技术数据**

当含义不便于用图示方法表达时，可采用注释。当图中出现多个注释或大段说明性注释时，应把注释按顺序放在边框附近。注释可放在需要说明的对象附近；当注释不在需要说明的对象附近时，应使用引线(细实线)指向说明对象。

标注和技术数据应该放在图形符号的旁边。当数据很少时，技术数据也可放在图形符号的方框内(如通信光缆的编号或程式)；当数据多时，可采用分式表示，也可用表格形式列出。当使用分式表示技术数据时，可采用以下模式：

$$N\frac{A-B}{C-D}F$$

其中：$N$ 为设备编号，一般靠前或靠上放；$A$、$B$、$C$、$D$ 为不同的标注内容，可增减；$F$ 为敷设方式，应靠后放。

当设计中需表示本工程前后有变化时，可采用斜杠方式：(原有数)/(设计数)；当设计中需表示本工程前后有增加时，可采用加号方式：(原有数)+(增加数)。

常用的标注方式见表 1-8，表中的文字代号应以工程中的实际数据代替。

**表 1-8　常用标注方式**

| 序号 | 标注方式 | 说　　明 |
|---|---|---|
| 1 | 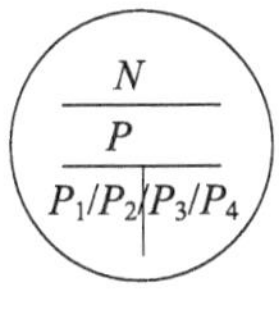 $N$<br>$P$<br>$P_1/P_2/P_3/P_4$ | 对直接配线区的标注方式，其中：$N$ 为主干电缆编号，例如 0101 表示 01 电缆上第一个直接配线区；$P$ 为主干电缆容量(初设为对数，施设为线序)；$P_1$ 为现有局号用户数；$P_2$ 为现有专线用户数，当有不需要局号的专线用户时，再用+(对数)表示；$P_3$ 为设计局号用户数；$P_4$ 为设计专线用户数。 |
| 2 | 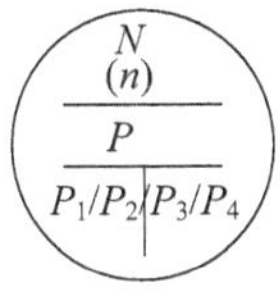 $N$<br>$(n)$<br>$P$<br>$P_1/P_2/P_3/P_4$ | 对交接配线区的标注方式，其中：$N$ 为交接配线区编号，例如 J22001 表示 22 局第一个交接配线区；$n$ 为交接箱容量，例如 2400(对)；$P$、$P_1$、$P_2$、$P_3$、$P_4$ 的含义同 1 |
| 3 | 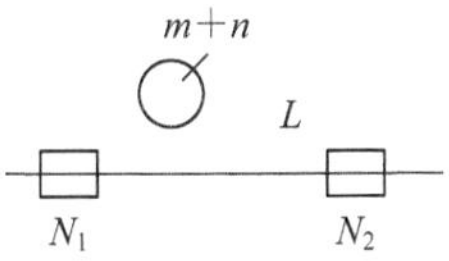 $m+n$<br>$L$<br>$N_1$　$N_2$ | 对管道扩容的标注方式，其中：$m$ 为原有管孔数，可附加管孔材料符号；$n$ 为新增管孔数，可附加管孔材料符号；$L$ 为管道长度；$N_1$、$N_2$ 为人孔编号 |
| 4 | 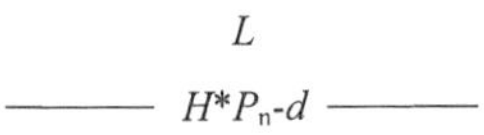 $L$<br>$H^*P_n$-$d$ | 对市话电缆的标注方式，其中：$L$ 为电缆长度；$H^*$ 为电缆型号；$P_n$ 为电缆百对数；$d$ 为电缆芯线线径 |
| 5 | 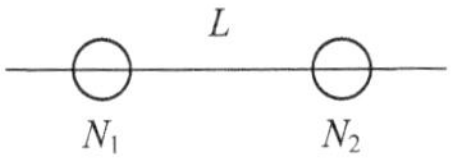 $L$<br>$N_1$　$N_2$ | 对架空杆路的标注方式，其中：$L$ 为杆路长度；$N_1$、$N_2$ 为起止电杆编号(可加注杆材类别的代号) |
| 6 | 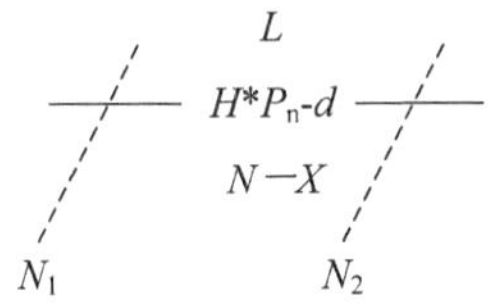 $L$<br>$H^*P_n$-$d$<br>$N-X$<br>$N_1$　$N_2$ | 对管道电缆的简化标注方式，其中：$L$ 为电缆长度；$H^*$ 为电缆型号；$P_n$ 为电缆百对数；$d$ 为电缆芯线线径；$X$ 为线序；斜向虚线为人孔的简化画法；$N_1$、$N_2$ 为起止人孔编号；$N$ 为主干电缆编号 |
| 7 | 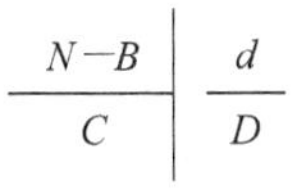 $\frac{N-B}{C} \mid \frac{d}{D}$ | 分线盒标注方式，其中：$N$ 为编号；$B$ 为容量；$C$ 为线序；$d$ 为现有用户数；$D$ 为设计用户数 |
| 8 | 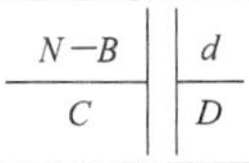 $\frac{N-B}{C} \parallel \frac{d}{D}$ | 分线箱标注方式(注：字母含义同 7) |
| 9 | 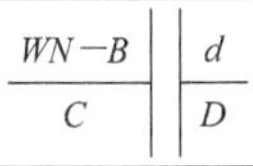 $\frac{WN-B}{C} \parallel \frac{d}{D}$ | 壁龛式分线箱标注方式(注：字母含义同 7)，$W$ |

在通信工程中，在项目代号和文字标注方面宜采用以下方式：

(1) 平面布置图中可主要使用位置代号或用顺序号加表格说明。

(2) 系统框图中可使用图形符号或用方框加文字符号来表示，必要时也可两者兼用。

(3) 接线图应符合 GB/T 6988.1—2008《电气技术用文件的编制 第 1 部分：规则》的规定。

对安装方式的标注应符合表 1-9 的要求。

表 1-9　安装方式标注表

| 序号 | 代号 | 安 装 方 式 | 英 文 说 明 |
| --- | --- | --- | --- |
| 1 | W | 壁装式 | wall mounted type |
| 2 | C | 吸顶式 | ceiling mounted type |
| 3 | R | 嵌入式 | recessed type |
| 4 | DS | 管吊式 | conduit Suspension type |

敷设部位的标注应符合表 1-10 的要求。

表 1-10　敷设部位标注表

| 序号 | 代号 | 安 装 方 式 | 英 文 说 明 |
| --- | --- | --- | --- |
| 1 | M | 钢索敷设 | supported by messenger wire |
| 2 | AB | 沿梁或跨梁敷设 | along or across beam |
| 3 | AC | 沿柱或跨柱敷设 | along or across column |
| 4 | WS | 沿墙面敷设 | on wall surface |
| 5 | CE | 沿天棚面或顶板面敷设 | along ceiling or slab |
| 6 | SC | 吊顶内敷设 | In hollow spaces of ceiling |
| 7 | BC | 在梁内暗敷设 | concealed in beam |
| 8 | CLC | 在柱内暗敷设 | concealed in column |
| 9 | BW | 墙内埋设 | burial in wall |
| 10 | F | 地板或地板下敷设 | In floor |
| 11 | CC | 在屋面或顶板内暗敷设 | In ceiling or slab |

## 四、图形符号的使用

### 1．图形符号的使用规则

对同一项目给出几种不同形式的图形符号，选用时应遵守以下规则：

(1) 优先使用“优选形式”。

(2) 在满足需要的前提下，宜选用最简单的形式(例如“一般符号”)。

(3) 在同一种图纸上应使用同一种形式。

对同一项目宜采用同样大小的图形符号；特殊情况下，为了强调某方面或便于补充信息，可使用不同大小的图形符号和不同粗细的线条。

绝大多数图形符号的取向是任意的，为了避免导线的弯折或交叉，在不引起错误理解的前提下，可将符号旋转或取镜像形态，但文字和指示方向不得倒置。

图形符号的引线是作为示例绘制的，在不改变符号含义的前提下，引线可取不同的方向。为了保持图面符号的布置均匀，围框线可不规则绘制，但是围框线不应与元器件相交。

### 2. 图形符号的派生

在国家通信工程制图标准中只给出了有限的图形符号示例，允许根据已规定的符号组图规律进行派生。派生图形符号是将原有符号加工成新的图形符号，派生图形符号应遵守以下规律：

(1) (符号要素)＋(限定符号)→(设备的一般符号)。

(2) (一般符号)＋(限定符号)→(特定设备的符号)。

(3) 2～3 个简单的符号→(特定设备的符号)。

(4) 一般符号缩小后可以作为限定符号使用。

对急需的个别符号，可暂时使用方框中加注文字符号的方式。

## 任务四　通信工程图纸识读

**任务要求：**

(1) 识记：通信工程图纸识读要点。

(2) 领会：识读通信工程图纸的步骤及识读信息内容范围。

(3) 应用：参照样例对一张通信工程图纸进行解读。

通信工程图纸是通过图形符号、文字符号、文字说明以及标注表达信息的。为了能够读懂图纸，就必须了解和掌握图纸中各种图形符号、文字符号等所代表的含义。识读通信工程图纸，获取工程相关信息的过程称为通信工程图纸识读。

图 1-4 是一家宾馆的某楼层 3G 室内分布系统平面图，下面将运用前面所学的制图知识和移动通信专业知识来详细识读它，识读的过程可以分为整体识读和细读图纸。

### 1. 整体识读

整体识读：对图纸进行整体观察，查看图纸各要素(图框、图衔、图例、指北针、附加的文字说明和表等)是否齐全，分析图形布局是否合理，分析了解设计意图。

(1) 指北针图标是通信线路工程图、机房平面图、机房走线路由图等图纸中必不可少的要素，可以指示方向，帮助施工人员正确、快速地找到施工位置。图 1-4 所示图纸虽无指北针图标，但有楼层作为参照物，影响不大。

(2) 工程图例基本齐全，使工程人员能准确识读此工程图纸。

(3) 图纸主体是一层楼面的室内覆盖分布系统。

(4) 图纸中室内分布系统线缆走线路由清晰，距离数据标注清楚。

(5) 技术说明、设备材料表、主要工程量等可以作为图纸的附加内容体现出来，为编制预算，使施工技术人员领会设计意图，为快速施工等提供详细的资料。因为此图纸是一套图纸中的一张，图纸设计内容不复杂，所以没有呈现这些内容。

(6) 图衔中有关信息没有填写完整。

### 2. 细读图纸

细读图纸：分析网络结构、主要设备、线缆走线等工程信息，分析能否直接指导工程施工。

本楼层的室内分布系统采用 1/2 馈线来布线，从弱电井开始，在楼层过道的中间顶棚上经 2 个耦合器、1 个二功分器进行射频电缆敷设，在各耦合器的耦合端出口 1 m 处、二功分器的一个出口处、二功分器另一个出口 6 m 处安装了室内全向吸顶天线，通过这 4 副吸顶天线来覆盖过道两侧客房。图 1-4 中所用到的 1/2 射频同轴电缆长度均已标注，线缆总长 $L$ = 5 m + 8 m + 8 m + 6 m(不包括 3 根跳线和预留长度)。

如果要对图 1-4 所示的图纸进行更系统、更全面的分析，还要结合室内分布系统框图和系统原理图。

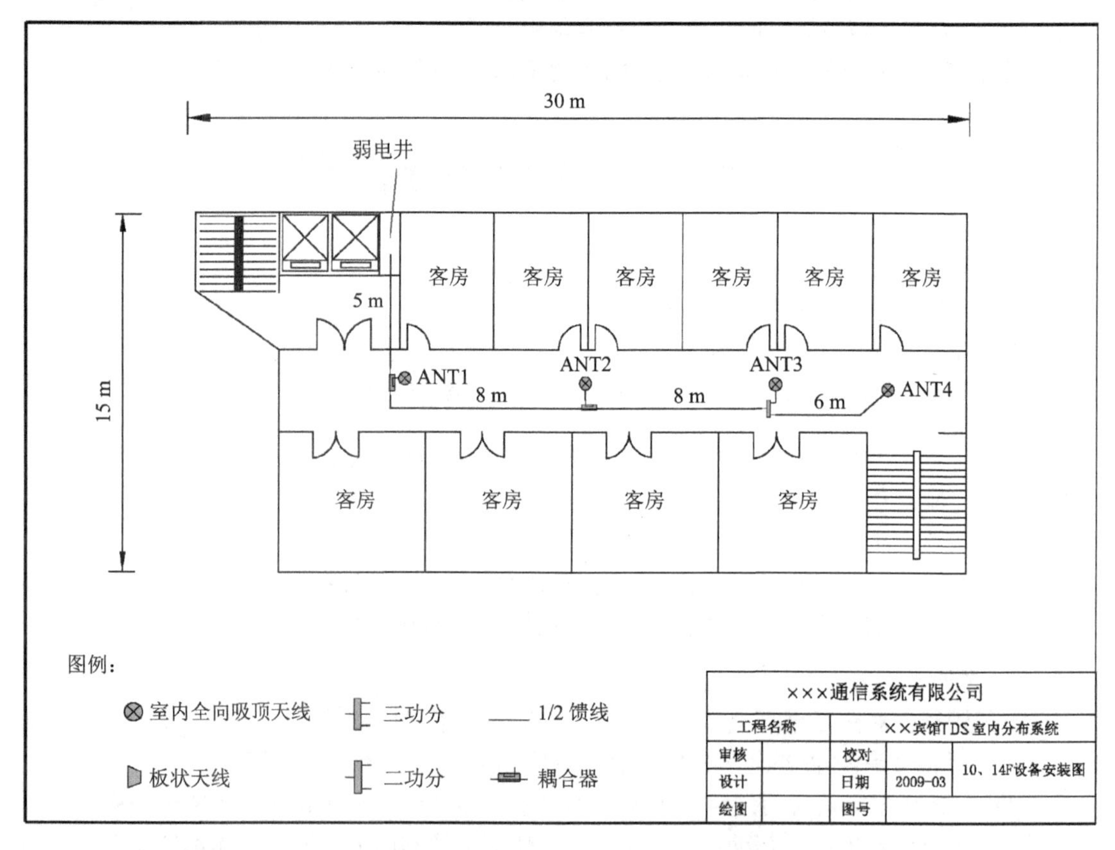


图 1-4　某宾馆某楼层的 3 G 室内分布系统平面图

## 思　考　题

1. 简述通信工程设计的主要内容。
2. 计算机绘图的优点有哪些？
3. 通信工程制图的含义是什么？
4. 一张标准的通信工程图纸应包含哪些要素？
5. 通信工程制图中常用图线形式有哪几种？各有什么用途？
6. 通信工程制图的总体要求有哪些？
7. 简述识读通信工程图纸的要点。

# 技 能 训 练

1．安装 AutoCAD 2005 绘图软件。

2．根据所学的通信工程制图知识，介绍识读图 1-5 的详细过程，并提出修改意见。

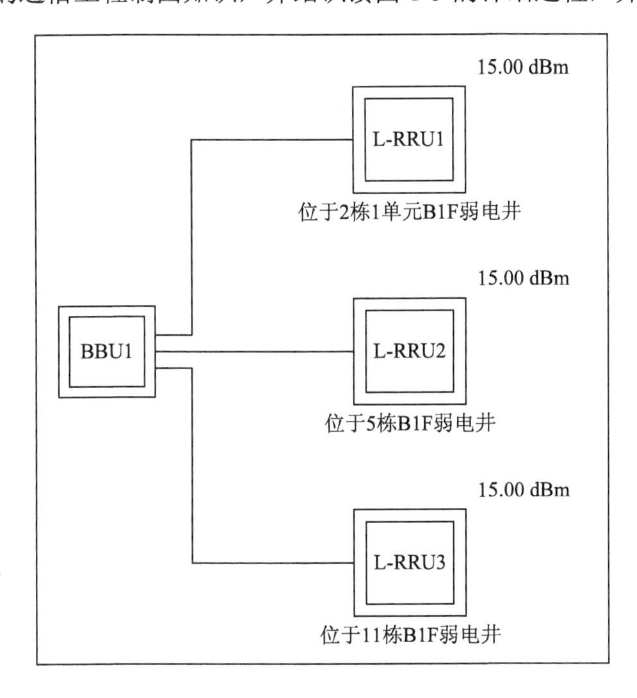


图 1-5　技能训练题 2 图

# 模块二　绘图软件 AutoCAD 的使用

**问题引入：**

使用计算机绘图极大地方便了工程制图，工程技术人员可以使用多种软件来绘制图纸，一些通信行业公司也开发了专业绘图软件进一步提高工作效率、保证绘图质量。其中应用最为广泛的、最具代表性的绘图软件是美国 Autodesk 公司开发的通用计算机辅助设计软件 AutoCAD。AutoCAD 软件从 1982 年推向市场以来，历经多次版本升级，不断增强功能，使之成为了全球占据市场份额最大的通用 CAD 软件。虽然 AutoCAD 2005 版的发布时间较早，但现在它在通信工程设计单位和部门中仍有很多用户。通信工程制图主要是以二维平面作图为主，如果熟悉了 AutoCAD 2005 版，用户也能熟练地使用界面更加漂亮的新版本。那么 AutoCAD 怎样操作使用？如何绘制图形、编辑图形？怎样才能熟练、正确地绘制通信工程图纸呢？

**内容简介：**

AutoCAD 使用方法、二维平面图形绘制、图形编辑、尺寸标注、文字注释和图纸打印输出方法。以二维平面绘图为主，简单介绍三维绘图。

**重点难点：**

AutoCAD 二维绘图、图形编辑、尺寸标注、文字(表格)处理和图纸输出。

**学习要求：**

本模块以 AutoCAD 2005 为绘图设计平台，介绍计算机绘图的方法，通过学习，应达到如下要求：

(1) 熟悉 AutoCAD 2005 的操作界面，熟练设置绘图环境。

(2) 熟练使用各种二维绘图命令、图形编辑命令。

(3) 掌握绘图辅助工具的使用方法，可准确绘图、提高效率。

(4) 能根据规范要求进行文本输入、表格制作和尺寸标注。

(5) 熟悉基本三维图形绘制命令的应用，能绘制简单三维图形。

## 任务一　AutoCAD 基础操作和设置

**任务要求：**

(1) 识记：AutoCAD 操作窗口组成，本任务中涉及的操作命令各参数的含义。

(2) 领会：AutoCAD 中坐标系统和输入方式。

(3) 应用：AutoCAD 操作界面布置、文件管理和绘图环境、属性和辅助设置。

AutoCAD 是由美国 Autodesk 公司开发的通用计算机辅助设计软件，具有易于掌握、使用方便、体系结构开放等优点，具有绘制二维图形与三维图形、标注尺寸、渲染图形以及打印输出图纸等功能。Autodesk 公司成立于 1982 年，历经几十年的发展，不断推出、更新多种工程设计软件产品，也使得 AutoCAD 在建筑、机械、测绘、电子、通信、汽车、服装、造船等许多行业中得到广泛应用，成为市场占有率居世界首位的 CAD 软件，是当前工程师设计绘图的重要工具。

AutoCAD 的主要功能简述如下：

(1) 绘图功能。AutoCAD 能够创建二维图形、三维实体、线框模型和曲面模型。

(2) 编辑功能。AutoCAD 2005 具有强大的图形编辑功能。例如对于图形或线条对象，可以采用删除、恢复、移动、复制、镜像、旋转、修剪、拉伸、缩放、倒角、倒圆角等方法进行修改和编辑。AutoCAD 2005 还具有强大的文字标注和尺寸标注功能。

(3) 图形显示功能。AutoCAD 可以任意调整图形的显示比例，以便观察图形的全部或局部，并可以通过图形上、下、左、右的移动来进行观察。AutoCAD 为用户提供了六个标准视图(六种视角)和四个轴测视图，可以利用视点工具设置任意的视角，还可以利用三维动态观察器来设置任意的透视效果。另外，AutoCAD 能够输出与打印图形。

(4) 二次开发功能。用户可以根据需要来自定义各种菜单及与图形有关的一些属性。AutoCAD 提供了一种内部的 Visual Lisp 编辑开发环境，用户可以使用 LISP 语言定义新命令，开发新的应用和解决方案。

## 一、AutoCAD 操作窗口

AutoCAD 2005 是一个标准的 Windows 应用程序，程序的启动和退出操作与其他 Windows 应用程序的操作步骤类似。

### (一) 启动和退出 AutoCAD 2005

#### 1. 启动 AutoCAD 2005

启动 AutoCAD 2005 有以下四种常用的方式：

(1) 双击桌面上的 AutoCAD 2005 快捷图标。

(2) 单击“开始”→“程序”→“AutoCAD 2005”。

(3) 打开“我的电脑”，双击文件安装所在硬盘(如 C 盘)，双击“AutoCAD 2005”文件夹里的“ACAD.EXE”程序。

(4) 双击一个已存盘的 AutoCAD 2005 图形文件(如 1.dwg)。

#### 2. 退出 AutoCAD 2005

结束绘图时必须存盘后才能退出 AutoCAD 2005，常用的退出方法有以下四种：

(1) 单击右上角的关闭按钮。

(2) 双击 AutoCAD 2005 用户界面左上角的 AutoCAD 图标。

(3) 单击“文件”下拉菜单中的“退出”选项。

(4) 在命令行中输入 QUIT(退出)命令。

(二) AutoCAD 2005 操作界面

启动 AutoCAD 2005 成功后，就进入了 AutoCAD 2005 的用户操作界面，如图 2-1 所示。它的工作界面从上到下分为：标题栏、菜单栏、工具栏、绘图窗口、坐标系图标、十字光标、命令窗口、状态栏等。

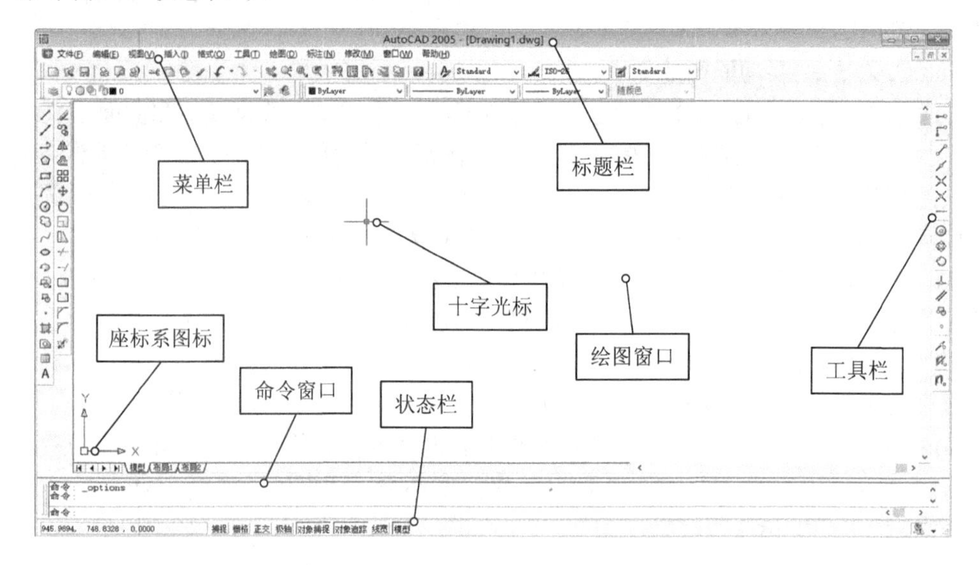


图 2-1　AutoCAD 2005 的用户操作界面

## 1. 菜单栏

AutoCAD 2005 的菜单栏如图 2-2 所示。

图 2-2　AutoCAD 2005 的菜单栏

AutoCAD 2005 的下拉菜单项分为以下三种类型：

(1) 普通菜单命令：该菜单项没有任何标记，表示选择该菜单命令后即可直接执行相应的命令。

(2) 子菜单命令：该菜单项后带有一个小三角形标记 ▸，表示该项还包括下一级菜单，用户可进一步选择下一级菜单中的选项。

(3) 对话窗口菜单命令：该菜单项之后带有省略号“…”标记，表示选择该菜单命令后将会打开一个对话窗口。

## 2. 工具栏

AutoCAD 2005 一共提供了 20 多个工具栏，通过这些工具栏可以实现大部分操作，用户只需单击某个按钮，即可执行相应的操作。其中常用的默认工具栏有“标准”工具栏(见图 2-3)、“图层”工具栏、“对象特性”工具栏、“样式”工具栏、“绘图”工具栏、“修改”工具栏、“对象捕捉”工具栏等。如果把光标悬停在某个工具按钮上，屏幕上就会显示出该工具按钮的名称，并在状态栏中给出该按钮的简要说明。

图 2-3　“标准”工具栏

在实际的绘图中，有时需要调用其他工具栏，具体操作步骤如下：

(1) 将光标移动到已存在的工具栏的空白处后单击鼠标右键，弹出如图 2-4 所示的快捷菜单，在该菜单中选择需要调用的工具栏。菜单前有“√”的表示选中，可以通过单击选项来进行相应工具栏的打开/关闭切换。

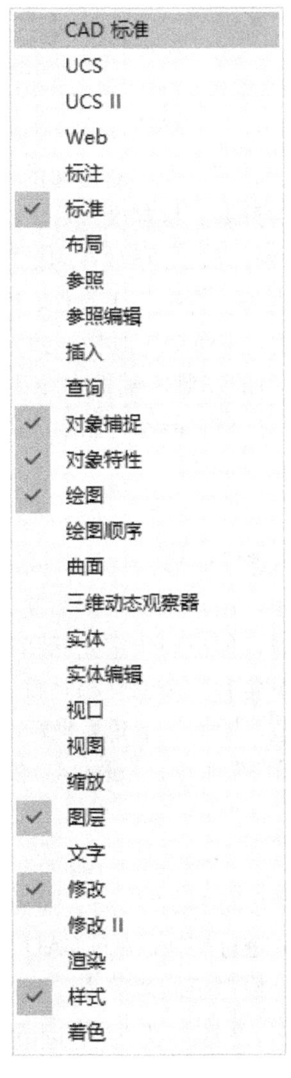


图 2-4　快捷菜单图

(2) 用户在使用 AutoCAD 2005 时，可以根据自己的需要，选择“视图”→“工具栏”命令，在弹出的“自定义”对话窗口中自己定制工具栏，如图 2-5 所示，即可进行多个工具栏的打开/关闭操作。

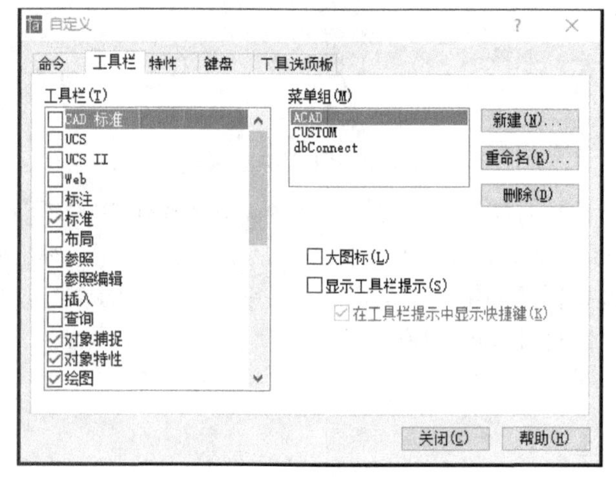


图 2-5　“自定义”工具栏对话窗口

工具栏可停泊在绘图窗口的上、下、左、右四边的位置。在绘图时，因电脑显示器的屏幕尺寸有限，尽量使绘图窗口占屏幕区域越大越好，方便观察图形，暂时不用的工具栏不要打开，建议只把常用的工具栏打开，并摆放在固定的位置，方便选取使用。一般在菜单栏的下方摆放四个工具栏，分别为“标准”工具栏、“样式”工具栏、“图层”工具栏和“对象特性”工具栏，分两行显示。主命令工具栏，如“绘图”工具栏、“修改”工具栏这两个使用较频繁，可放在绘图窗口的左侧，辅助命令工具栏，如“对象捕捉”工具栏，可放在绘图窗口的右侧，这样的窗口布局较为整洁、合理。对于初学者要逐步养成好的操作习惯。

### 3. 绘图区

绘图区(或称绘图窗口)是用户进行图形绘制的区域，位于屏幕中央空白区域，用户所有的工作结果都将显示在该区域中，用户可以根据需要，关闭一些不常用的工具栏，以增大绘图区。把鼠标移动到绘图区时，便出现十字光标和拾取框，可用鼠标直接在绘图区中定位。在默认情况下，绘图区左下角有一个由互相垂直的箭头组成的图形，它是用户坐标系的图标，表明当前坐标系的类型，图标左下角为坐标原点(0，0，0)。

选择菜单栏中“视图”→“屏幕”命令，AutoCAD 2005 将在正常绘图屏幕和全屏幕之间进行切换。

1) 模型标签和布局标签

在绘图区的底部有“模型”、“布局 1”、“布局 2”三个标签，用户可以利用这三个标签方便地在图纸空间和模型空间之间进行切换。AutoCAD 的默认状态是在模型空间，一般的绘图工作都是在模型空间，可以把模型空间想象为一张尺寸为无穷大的电子纸，就在这张“纸”上绘图，可以按照所绘图形的实际尺寸来绘制图形，即采用 1∶1 的比例尺在模型空间中绘图。

单击“布局 1”或“布局 2”标签可进入图纸空间，图纸空间主要完成打印输出图形的最终布局。若进入了图纸空间进行，单击模型标签则可返回模型空间。如果将鼠标指向任意一个标签后单击鼠标右键，可以使用弹出的右键菜单新建、删除、重命名、移动或复制布局，也可以进行页面设置等操作。

2) 改变绘图区的背景颜色

在绘图区中，系统默认显示颜色为黑色，用户可以根据需要将其改为其他颜色，具体操作步骤如下：

(1) 选择菜单“工具”→“选项”命令，弹出“选项”对话窗口，在该对话窗口中打开“显示”选项卡，如图 2-6 所示。

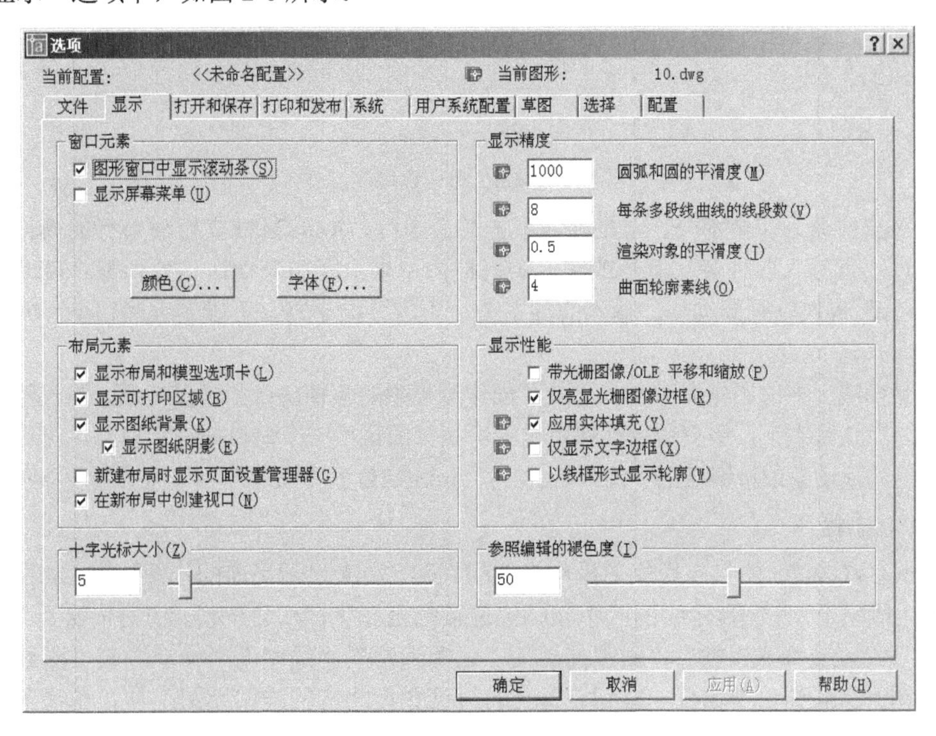


图 2-6　“选项”对话窗口

(2) 单击“窗口元素”选项区中的“颜色”按钮，弹出“颜色选项”对话窗口，如图 2-7 所示。

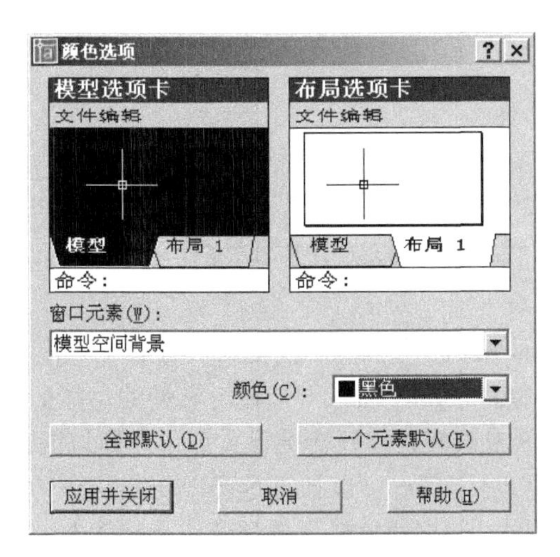


图 2-7　“颜色选项”对话窗口

(3) 在“颜色”下拉列表框中选择所需要的颜色。

(4) 单击“应用并关闭”按钮确认设置。

### 4. 命令窗口

命令窗口位于绘图窗口的下方，它是用户与AutoCAD进行直接对话的窗口，如图2-8所示。

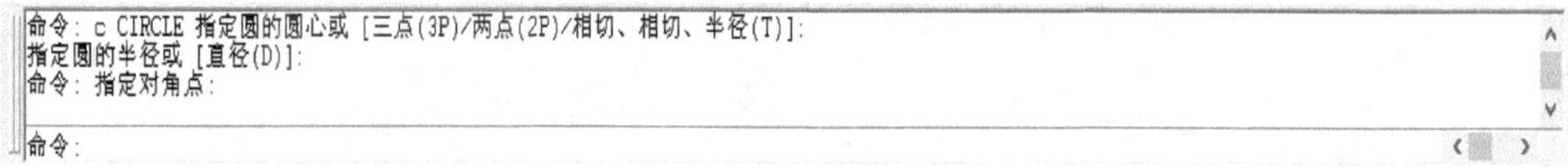

命令: c CIRCLE 指定圆的圆心或 [三点(3P)/两点(2P)/相切、相切、半径(T)]:
指定圆的半径或 [直径(D)]:
命令: 指定对角点:

命令:

图2-8　命令窗口

命令窗口分为两个部分，一是横线下方的命令行。AutoCAD支持命令行的操作，用户可以通过键盘输入各种英文命令或它们的快捷命令来执行相应动作。如画圆，可以输入快捷命令“c”来执行画圆动作。输入的英文命令不区分大小写，可以是大写、小写或同时使用大小写。

二是横线上方的历史命令区，记录了操作过程中的各种命令和信息提示，是已经执行过的命令。默认状态下，历史命令区保留显示所执行的最后三个命令或提示信息。可通过命令窗口右侧的滚动条或按键盘上“F2”键弹出“AutoCAD命令文本窗口”来显示更多的信息。

### 5. 状态栏

AutoCAD 2005的状态栏位于操作界面的底部，用来显示当前的作图状态，如图2-9所示。默认情况下，左侧显示绘图区中光标定位点的坐标X、Y、Z的值，中间依次为“捕捉”、“栅格”、“正交”、“极轴”、“对象捕捉”、“对象追踪”、“线宽”、“模型”或“图纸”八个辅助绘图开关按钮，单击任一按钮，即可打开或关闭相应的辅助绘图工具。在状态栏的灰白区单击鼠标右键或单击状态栏最右端的▾按钮，即可弹出“状态行菜单”，在该菜单中可以设置状态栏中显示的辅助绘图工具按钮。

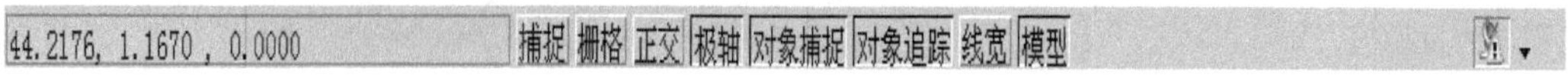

44.2176, 1.1670 , 0.0000　捕捉 栅格 正交 极轴 对象捕捉 对象追踪 线宽 模型

图2-9　状态栏

1) 坐标

用户在绘图窗口中移动光标时，在状态栏的“坐标”区将动态地显示当前坐标值。在AutoCAD中，坐标显示取决于所选择的模式和程序中运行的命令，共有“相对”、“绝对”和“无”三种模式，将在后面章节对这三种模式进行详细介绍。

2) 开关按钮

状态栏中包括八个功能按钮，分别为“捕捉”、“栅格”、“正交”、“极轴”、“对象捕捉”、“对象追踪”、“线宽”、“模型”或“图纸”按钮，它们的功能如下：

(1) “捕捉”按钮：单击该按钮打开捕捉设置后，光标只能在X轴、Y轴或极轴方向移动固定的距离(即精确移动)。用户可以通过选择“工具”→“草图设置”命令，在打开的“草图设置”对话窗口的“捕捉和栅格”选项卡中设置X轴、Y轴或极轴捕捉间距。

(2) “栅格”按钮：单击该按钮可打开栅格显示，此时屏幕上将布满小点。栅格的X

轴和 Y 轴间距也可通过“草图设置”对话窗口的“捕捉和栅格”选项卡进行设置。

(3) “正交”按钮：单击该按钮可打开正交模式，此时用户只能绘制垂直直线或水平直线。

(4) “极轴”按钮：单击该按钮可打开极轴追踪模式。在绘制图形时，系统将根据设置显示一条追踪线，用户可在该追踪线上根据提示精确移动光标，从而进行精确绘图。默认情况下，系统预设了四个极轴，与 X 轴的夹角分别为 0°、90°、180°、270° (即角增量为 90°)。用户可以使用“草图设置”对话窗口的“极轴追踪”选项卡设置角度增量。

(5) “对象捕捉”按钮：单击该按钮可打开对象捕捉模式。因为所有几何对象都有一些决定其形状和方位的关键点，所以在绘图时用户可以利用对象捕捉功能自动捕捉这些关键点。用户可以使用“草图设置”对话窗口的“对象捕捉”选项卡设置对象的捕捉模式。

(6) “对象追踪”按钮：单击该按钮可打开对象追踪模式。用户可以通过捕捉对象上的关键点并沿正交方向或极轴方向拖动光标，此时可以显示光标当前位置与捕捉点之间的相对关系，若找到符合要求的点，则直接单击即可。

(7) “线宽”按钮：单击该按钮可打开线宽显示。在绘图时如果为图层和所绘图形设置了不同的线宽，单击该按钮可以在屏幕上显示线宽，以标识各种具有不同线宽的对象。

(8) “模型”或“图纸”按钮：单击该按钮可以在模型空间和图纸空间之间切换。

**注意**：使用“对象追踪”时先要打开对应的“对象捕捉”模式，如要在一条线段的延长线上找一点为圆心来画圆，先在“草图设置”对话窗口的“对象捕捉”选项卡中打开“延伸”模式。

3) 通信中心

在 AutoCAD 2005 的状态栏中，系统新增了“通信中心”图标，通信中心是用户与最新的软件更新、产品支持通告和其他服务的直接连接。单击该图标可打开“通信中心”对话窗口，如图 2-10 所示。

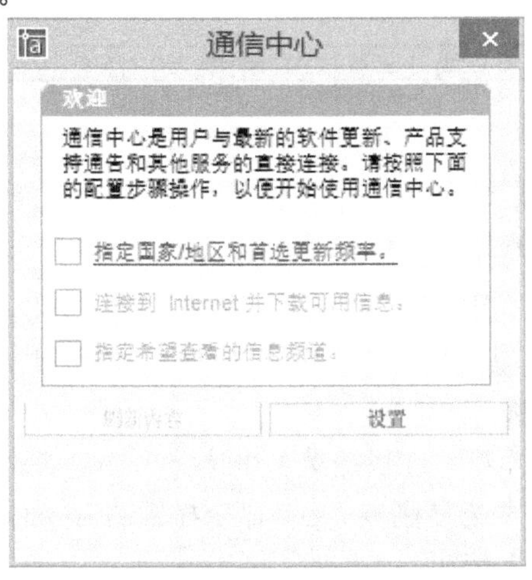


图 2-10　“通信中心”对话窗口

在图 2-10 中，单击“连接到 Internet 并下载可用信息”超链接，系统将自动连接 Internet，查找并下载 AutoCAD 最新的更新和通告。

## (三) AutoCAD 2005 命令操作

### 1. AutoCAD 2005 命令操作方式

AutoCAD 2005 命令操作方式有以下三种：

(1) 选择菜单：大多数的命令操作都可以在操作界面的菜单栏中找到，因为要找寻菜单位置，不停移动鼠标，所以相对而言效率不高。另外还有一种快捷菜单操作，在绘图区单击鼠标右键时会弹出快捷菜单(弹出的快捷菜单式样与当前命令状态有关)，即可根据需要选取。

(2) 点击工具栏上相应按钮：主要的命令操作都能以这种方式完成。工具栏可以放置在屏幕上固定、趁手的位置，效率相对来说要高一些。

(3) 在命令行键入快捷命令：AutoCAD 中提供了 1～4 个字母的快捷命令输入，使用越频繁，快捷命令的字母数越少，如画直线 L 命令、画圆 C 命令。这种方式不好的地方是需要用户记忆快捷命令，但当熟悉快捷命令后，绘图效率是最高的。

对于初学者而言，可以先熟悉前两种操作方式，适当地记一些快捷命令，对于以后日常工作中的绘图是很有裨益的。

命令行的命令格式：

　　命令动词 + 参数

① 命令动词：常用的命令输入快捷命令，不常用的命令或系统变量输入完整单词，再按 Enter 键或空格键。随后提示下一步提示。

② 参数：默认参数不需要输入(默认参数值以一对“< >”括起来)，按 Enter 键或空格键直接选用。当有多个参数项时以一对“[]”括起来，多个参数项以“/”来分隔，“( )”是参数对应的输入内容。

以画圆 C 命令为例，输入 C 然后按 Enter 键或空格键，命令行显示如图 2-11 所示，默认参数是圆心、半径，如果改用“相切、相切、半径”方式来画圆，则要输入“T”。

命令: c CIRCLE 指定圆的圆心或 [三点(3P)/两点(2P)/相切、相切、半径(T)]:

图 2-11　画圆 C 命令

**注意：**在 AutoCAD 中，键入命令时不区分大小写，也就是大小写通用，如要打开“选项”窗口，键入 OP 或 op 都是一样的。

### 2. 命令的重复、撤销、重做

(1) 命令的重复。当需要重复执行上一个命令时，可按以下操作：

① 按 Enter 键或空格键。

② 在绘图区单击鼠标右键，在快捷菜单中选择“重复 XXX 命令”。

(2) 命令的重做。当需要恢复刚被“U”命令撤销的命令时，可按以下操作：

① 单击工具栏“重做”按钮。

② 在菜单栏选取“编辑”→“重做”命令。

③ 在命令行输入“REDO”命令，按 Enter 键。

命令执行后，恢复到上一次操作。

(3) 命令的撤销。当需要撤销上一命令时，可按以下操作：

① 单击工具栏“放弃”按钮。

② 在菜单栏选取“编辑”→“放弃”命令。

③ 在命令行输入“U”(Undo)命令，按 Enter 键。

④ Windows 组合键 Ctrl + Z(两个键同时按下)。

用户可以重复输入“U”命令、单击“放弃”按钮或按 Ctrl + Z 组合键来多次取消自从打开当前图形以来所执行的命令。

**注意**：当要取消一个正在执行的命令时，可以按 Esc 键，就能回到“命令:”提示状态，这是一个常用的操作。

## 二、文件管理

文件的管理包括新建图形文件，打开、保存已有的图形文件，以及如何退出打开的图形文件。

### 1. 新建图形文件

启动新建图形文件命令有以下三种方式：

(1) 在菜单栏选择“文件”→“新建”命令。

(2) 单击“标准”工具栏上的“新建”按钮 。

(3) 在命令行提示下输入“NEW”(“新建”命令)。

执行以上命令，系统根据配置不同，会出现以下两种不同的情况：

一是，在“选项”对话窗口的“系统”选项卡中选择“启动”下拉列表框中的“显示‘启动’对话窗口”选项，系统将弹出“创建新图形”对话窗口，如图 2-12 所示。

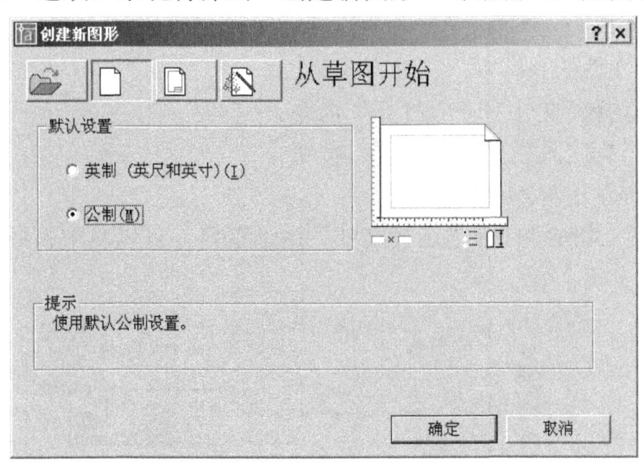


图 2-12 “创建新图形”对话窗口

二是，在“选项”对话窗口的“系统”选项卡中选择“启动”下拉列表框中的“不显示启动对话窗口”选项，系统将弹出“选择样板”对话窗口，如图 2-13 所示。在“选择样板”对话窗口中，用户可以在样板列表框中选中某一样板文件，这时在对话窗口右侧的“预览”框中将显示出该样板的预览图像，单击“打开”按钮，可以以选中的样板文件为样板，创建新图形。

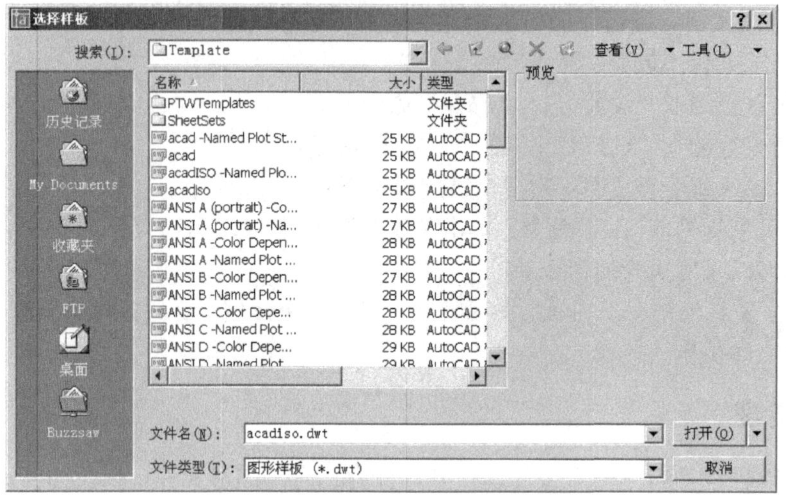


图 2-13　“选择样板”对话窗口

样板文件中通常包含有与绘图相关的一些通用设置，如图层、线型、文字样式、尺寸标注样式等设置。此外还可以包括一些通用图形对象，如标题栏、图幅框等。在选择样板文件后，用户就可以打开一个预设的绘图环境进行绘图。利用样板创建新图形，可以避免每当绘制新图形时要进行的有关绘图设置，以及绘制相同图形对象进行的重复操作，不仅可以大大提高绘图效率，而且保持了图形设置的一致性。

在 AutoCAD 2005 中，允许将图形文件保存为样板文件。样板文件的扩展名为 .dwt，通常保存在系统 AutoCAD 目录下的 Template 子目录中。除了系统提供的图形样板文件外，用户也可以建立自己的图形样板文件。

## 2. 打开图形文件

启动打开图形文件命令有以下三种方式：

(1) 在菜单栏选择“文件”→“打开”命令。

(2) 单击“标准”工具栏上的“打开”按钮。

(3) 在命令行提示下输入“OPEN”。

执行以上命令，此时将打开“选择文件”对话窗口，可以从中打开已有的图形文件，如图 2-14 所示。

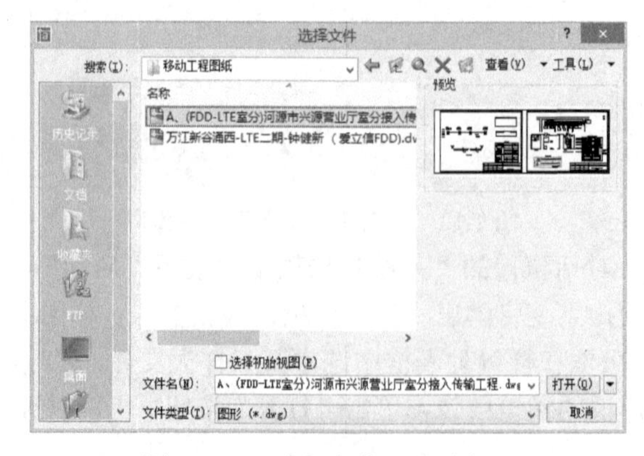


图 2-14　“选择文件”对话窗口

在“选择文件”对话窗口的文件列表框中，选择需要打开的图形文件，在右侧的“预览”框中将显示出该图形的预览图像。默认情况下，打开的图形文件的格式为 .dwg。

也可以直接找到图形文件所在目录，直接双击打开图形文件。在“文件”菜单的下拉列表末尾，列出了最近编辑的几个图形文件，单击其中的一个可以直接重新对该文件进行编辑操作。

### 3．保存图形文件

启动保存图形文件命令有以下三种方式：

(1) 在菜单栏选择“文件”→“保存”命令。

(2) 单击“标准”工具栏上的“保存”按钮。

(3) 在命令行提示下输入“QSAVE”。

执行以上命令后，若文件未命名(系统默认名称为 Drawing1.dwg)，则系统将弹出“图形另存为”对话窗口，如图 2-15 所示。利用该对话窗口，用户可以指定文件的保存路径、文件的名称和存储格式；若文件已命名，则系统直接以指定好的名称存盘。

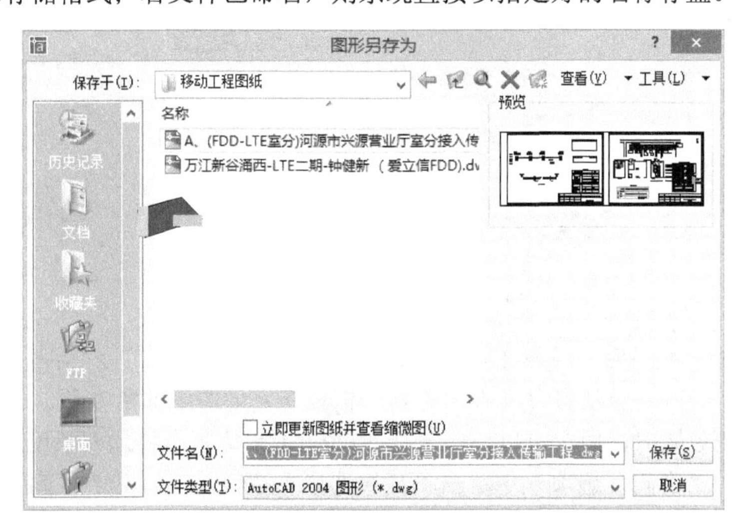


图 2-15　“图形另存为”对话窗口

在 AutoCAD 中，系统还提供了另外一种保存方法，即“另存为”命令，利用这个命令可以将已经保存的文件以另外的名称进行存储，并可重新指定保存路径和存储格式。默认情况下，文件以“AutoCAD 2004 图形(*.dwg)”格式保存，用户也可以在“文件类型”下拉列表框中选择其他格式。

**技巧：**“新建”、“打开”和“保存”命令都有对应的快捷键，分别是“Ctrl + N”、“Ctrl + O”和“Ctrl + S”，利用这些快捷键，可以方便地完成相应的操作。

### 4．设置密码

在 AutoCAD 2005 中，用户在保存文件时可以使用密码保护功能，对文件进行加密保存。

当选择“文件”→“保存”或“文件”→“另存为”命令时，将打开“图形另存为”对话窗口。在该对话窗口中选择“工具”→“安全选项”命令，此时将打开“安全选项”对话窗口，如图 2-16 所示。

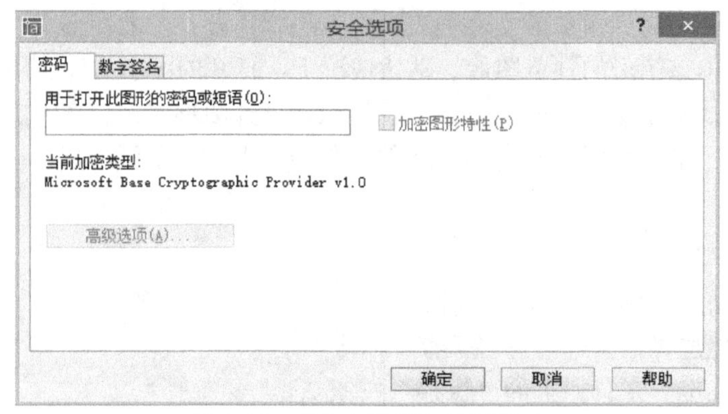


图 2-16　“安全选项”对话窗口

在“密码”选项卡中，用户可以在“用于打开此图形的密码或短语”文本框中输入密码，然后单击“确定”按钮打开“确认密码”对话窗口，并在“再次输入用于打开此图形的密码”文本框中输入确认密码，如图 2-17 所示。

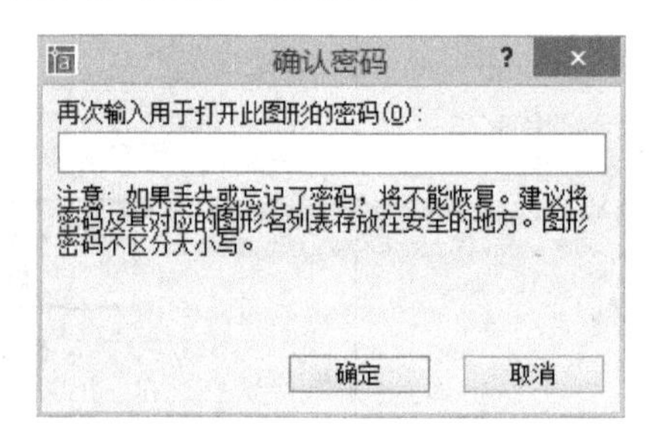


图 2-17　“确认密码”对话窗口

为文件设置了密码后，用户在打开文件时系统将弹出“口令”对话窗口，要求用户输入正确的密码，否则将无法打开文件，这对于需要保密的图纸非常重要。

在进行加密设置时，用户可以在此选择 40 位、128 位等多种加密长度，可在“安全选项”对话窗口的“密码”选项卡中单击“高级选项”按钮，在打开的“高级选项”对话窗口中进行设置，如图 2-18 所示。

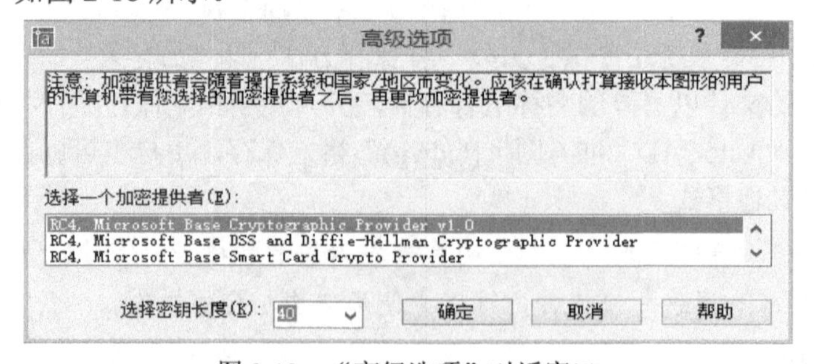


图 2-18　“高级选项”对话窗口

### 5. 关闭图形文件

当用户退出 AutoCAD 2005 时，为了避免文件丢失，可在菜单栏选择“文件”→“关闭”命令，或输入 CLOSE 命令，或在绘图窗口中单击“关闭”按钮，都可以关闭当前图形文件，正确退出 AutoCAD 2005。

执行 CLOSE 命令后，如果当前图形没有存盘，系统将弹出 AutoCAD 警告对话窗口，如图 2-19 所示，询问用户是否保存文件。此时，单击“是”按钮或直接按 Enter 键，可以保存当前图形文件并将其关闭；单击“否”按钮，可以关闭当前图形文件但不存盘；单击“取消”按钮，取消关闭当前图形文件操作，既不保存也不关闭。

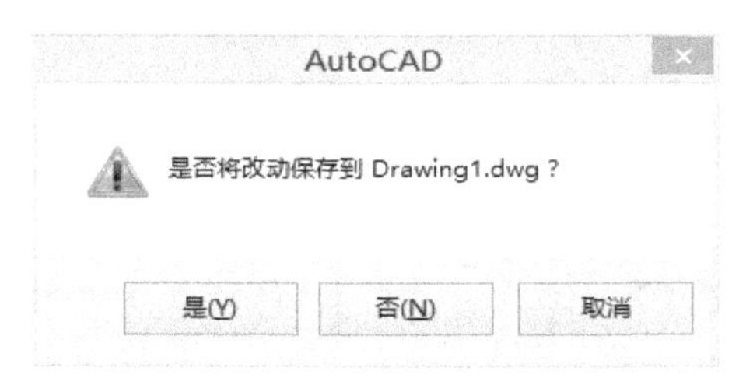


图 2-19　保存提示

## 三、绘图环境设置

绘图环境的设置包括图形界限、绘图单位、单位精度等。设置绘图环境有使用向导和利用“格式”菜单两种方法。

### （一）使用向导

在菜单栏选择“文件”→“新建”命令，打开“启动”或“创建新图形”窗口，利用窗口中的向导设置绘图环境，具体操作如下：

(1) 单击“向导”按钮。

(2) 单击“高级设置”，弹出“高级设置”对话窗口，如图 2-20 所示。

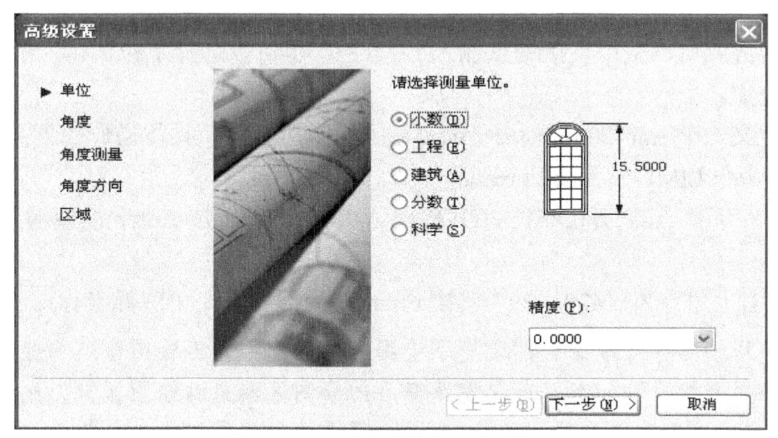


图 2-20　“高级设置”对话窗口

(3) 选择单位制和精度，单击“下一步”按钮。

(4) 按照提示分别进行角度、角度测量、角度方位和区域的设置。

### （二）利用“格式”菜单

#### 1．设置绘图单位和精度

(1) 执行“格式”→“单位”命令，弹出一个“图形单位”对话窗口，如图 2-21 所示。

用户可根据需要分别在“长度”和“角度”两个组合框内设定绘图的长度单位及其精度、角度单位及其精度。

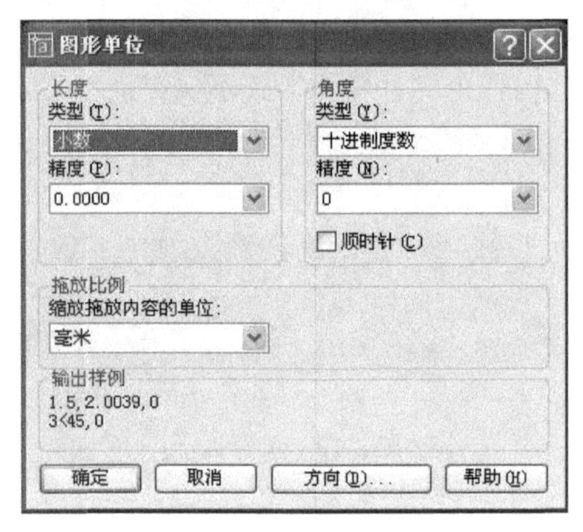


图 2-21　设置单位和精度

(2) 在“长度”区内选择单位类型和精度，工程绘图中一般使用“小数”和“0.0”。

(3) 在“角度”区内选择角度类型和精度，工程绘图中一般使用“十进制度数”和“0”。

(4) 在“缩放拖放内容的单位”列表框中选择图形单位，默认为“毫米”。

(5) 单击“确定”按钮。

### 2. 设置绘图界限

绘图界限是用左下角点和右上角点来限定的矩形区域。一般左下角点总设在坐标系的原点(0，0)处，右上角点则用图纸的长和宽作为点坐标。由于绘制的图形大小各异，在绘图前用户需首先确定绘图界限，其方法是使用图形界限命令(LIMITS)。

命令输入方式可以采用直接键盘输入 LIMITS，也可以选择下拉菜单“格式”→“图形界限”命令完成。

例如，定义一个 A3(420 mm×297 mm)范围的图形界限，具体操作如下：

(1) 输入命令 LIMITS 后按 Enter 键。

(2) 指定左下角点或[开(ON)/关(OFF)]〈0.00，0.00〉(按 Enter 键或键入左下角图界坐标)。

(3) 指定右上角点为〈420，297〉(按 Enter 键或键入右上角图界坐标)。

**注意**：使用绘图界限命令虽然改变了绘图区域的大小，但绘图窗口内显示的范围并不改变，仍保持原来的显示状态。若要使改变后的绘图区域充满绘图窗口，则必须使用缩放命令(ZOOM)来改变图形在屏幕上的视觉尺寸。通常的做法是输入 Z(zoom)，然后键入 A(“范围”参数)。

## 四、坐标系和坐标输入

### (一) AutoCAD 2005 的坐标系及其图标

AutoCAD 2005 的默认坐标系是世界坐标系，用户可根据需要定义自己的坐标系，即用户坐标系。

### 1. 世界坐标系(World Coordinate System，WCS)

世界坐标系由两两相互垂直的三条轴线构成。X 轴为水平向右，Y 轴为铅垂向上，XOY 平面即是绘图平面，Z 轴垂直于 XOY 平面向外，三条轴的交点为坐标系原点。

进入 AutoCAD 或开始绘制新图时，系统提供的是 WCS。绘图平面的左下角为坐标系原点(0，0，0)，水平向右为 X 轴的正向，垂直向上为 Y 轴的正向，由屏幕向外指向用户为 Z 轴正向，如图 2-22 所示。

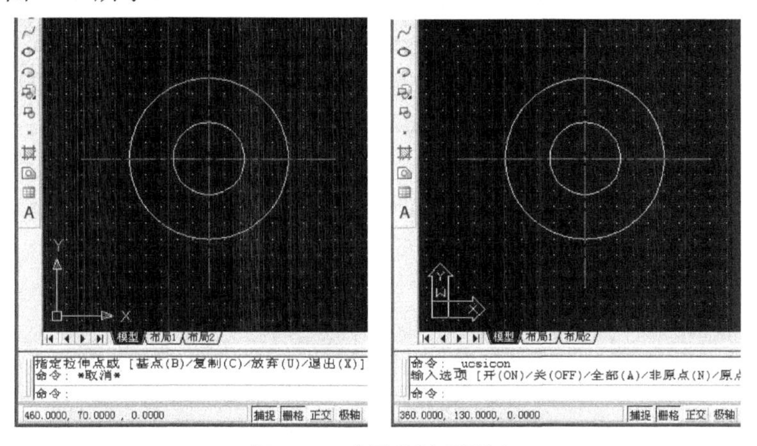


图 2-22　世界坐标系图标

### 2. 用户坐标系统(User Coordinate System，UCS)

在 WCS 中任意定义的坐标系，称为用户坐标系。用户坐标系图标中没有“W”，如图 2-23 所示。

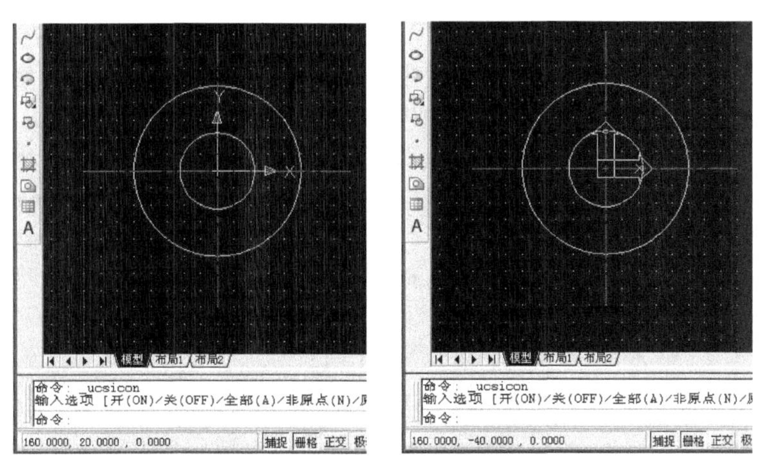


图 2-23　用户坐标系图标

## (二) AutoCAD 的坐标

AutoCAD 的坐标分为绝对坐标和相对坐标两类。

### 1. 绝对坐标

绝对坐标是指相对于当前坐标系原点的坐标，以坐标原点为参考点。

(1) 直角坐标。直角坐标是以(X，Y，Z)形式表示一个点的位置。当绘制二维图形时，

只需输入(X，Y)坐标。坐标原点(0，0)默认在图形屏幕的左下角，X 坐标值向右为正增加，Y 坐标值向上为正增加。(X，Y)坐标用逗号“，”隔开，坐标值可以为负。如输入图 2-24 中 A 点坐标(20，30)。

**注意：**直角坐标 X、Y、Z 值用英文逗号作为分隔符，如果打开了中文输入法，则先关闭中文输入法或转换为英文输入状态。

(2) 极坐标。极坐标以“距离 < 角度”的形式表现一个点的位置，它以坐标系原点为基准，原点与该点的连线长度为“距离”，连线与 X 轴正向的夹角为“角度”确定点的位置。“角度”的方向以逆时针为正。例如，输入图 2-24 中 B 点的极坐标 50 < 30，表示该点到原点的距离为 50，该点与原点的连线与 X 轴正向夹角为 30°。

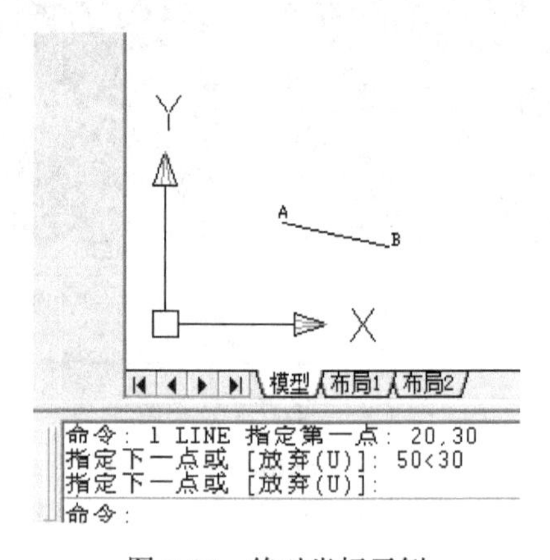


图 2-24　绝对坐标示例

**2．相对坐标**

采用相对于前一个点的坐标增量来定位点称为相对坐标，它也有直角坐标和极坐标两种形式。相对坐标在输入坐标值前必须加“@”符号。

例如，已知图 2-25 中前一个点 A 点(即基准点)的坐标为“20，20”，输入 B 点的相对直角坐标为“@30，20”，则 B 点的绝对坐标为“50，40”。继续输入 C 点的相对极坐标为“@10 < 45”，则 CB 连线距离为 10，CB 连线与 X 轴正向夹角为 45°(即 C 点在 B 点 45° 方向)。

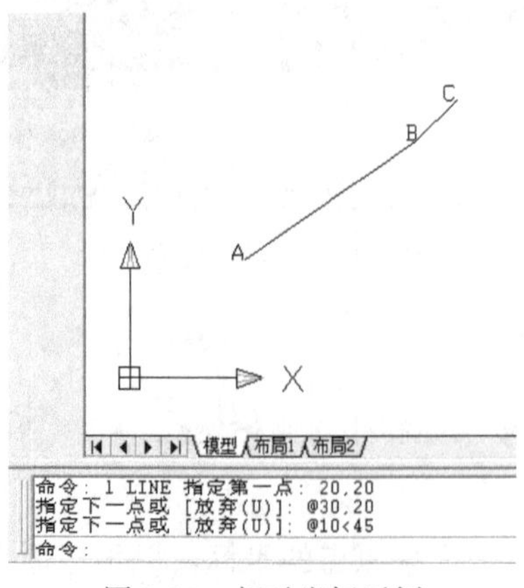


图 2-25　相对坐标示例

### (三) AutoCAD 点的坐标输入法

#### 1. 鼠标输入法

鼠标输入法是指移动鼠标，直接在绘图的指定位置单击鼠标左键，来拾取点坐标的一种方法。

当移动鼠标时，十字光标和坐标值随之变化，状态栏左边的坐标显示区将显示当前位置。在 AutoCAD 2005 中，坐标显示的是动态直角坐标，它显示光标的绝对坐标值，随着光标移动，坐标的显示连续更新，随时指示当前光标位置的坐标值。

#### 2. 键盘输入法

键盘输入法是通过键盘在命令行输入参数值来确定位置坐标。常用的坐标系统有两种，即直角坐标和极坐标。位置坐标一般有两种输入方式，即绝对坐标和相对坐标。

#### 3. 用给定距离的方式输入

用给定距离的输入方式是鼠标输入法和键盘输入法的结合。当提示输入一个点时，将鼠标移到输入点的附近(不要单击)用来确定方向，使用键盘直接输入一个相对前一点的距离，按 Enter 键确定。用给定距离的输入方法本质上是一种简化的相对极坐标输入方式，即拉出方向再输入距离值。

**技巧：**可以用极轴追踪来辅助找准方向，或输入“<θ”(θ是一角度值，如 35)来确定方向。

## 五、属性设置

在 AutoCAD 2005 中，所有图形对象都具有图层、颜色、线型和线宽这四个基本属性。用户可以使用不同的图层、不同的颜色、不同的线型和线宽绘制不同的对象元素，这样可以方便地控制对象的显示和编辑，从而提高绘制复杂图形的效率和准确性。

### (一) 图层

图层是 AutoCAD 提供的一个管理图形对象的工具，它使一个 AutoCAD 图形由多张透明的图纸重叠在一起而组成。用户可以根据图层来对图形几何对象、文字、标注等元素进行归类处理，通过创建图层，可以将类型相似的对象绘制到相同的图层上。可以把图层想象为一张没有厚度的透明纸，各层之间完全对齐，一层上的某一基准点准确地对准其他各层上的同一基准点。用户可以给每一图层指定所用的线型、颜色，并将具有相同线型和颜色的对象放在同一图层，例如在绘制一间房屋平面图时，可以分别将轴线、墙体、门窗、室内设备、文字、标注、图框等放在不同的图层内绘制。这样，把所有图层上的图形对象叠加在一起，就构成了一张复杂的、完整的图纸。应用图层使图形层次分明，简化绘图，更利于对图形进行相应的控制和管理。

图层所具有的特点如下：

(1) 用户可以在一幅图中指定任意数量的图层，即对图层数量没有限制。

(2) 每一图层有一个名称，以便管理。

(3) 一般情况下，一个图层上的对象应该是一种线型、一种颜色。

(4) 各图层具有相同的坐标系、绘图界限、显示时的缩放倍数。

(5) 用户只能在当前图层上绘图，可以对各图层进行“打开/关闭”、“冻结/解冻”、“锁定/解锁”等操作。

### (二) 设置图层

图层的设置用于创建新图层和改变图层的特性，操作方式有以下两种：

(1) 在菜单栏选择“格式”→“图层”命令。

(2) 在命令行输入 LA 或 LAYER。

当执行以上命令后，系统打开“图层特性管理器”对话窗口，如图 2-26 所示。默认状态下提供一个图层，图层名为“0”，颜色为白色，线型为实线，线宽为默认值。用户不能删除或重命名图层 0。在绘图过程中，如果用户要使用更多的图层来组织自己的图形，就需要先创建新图层。

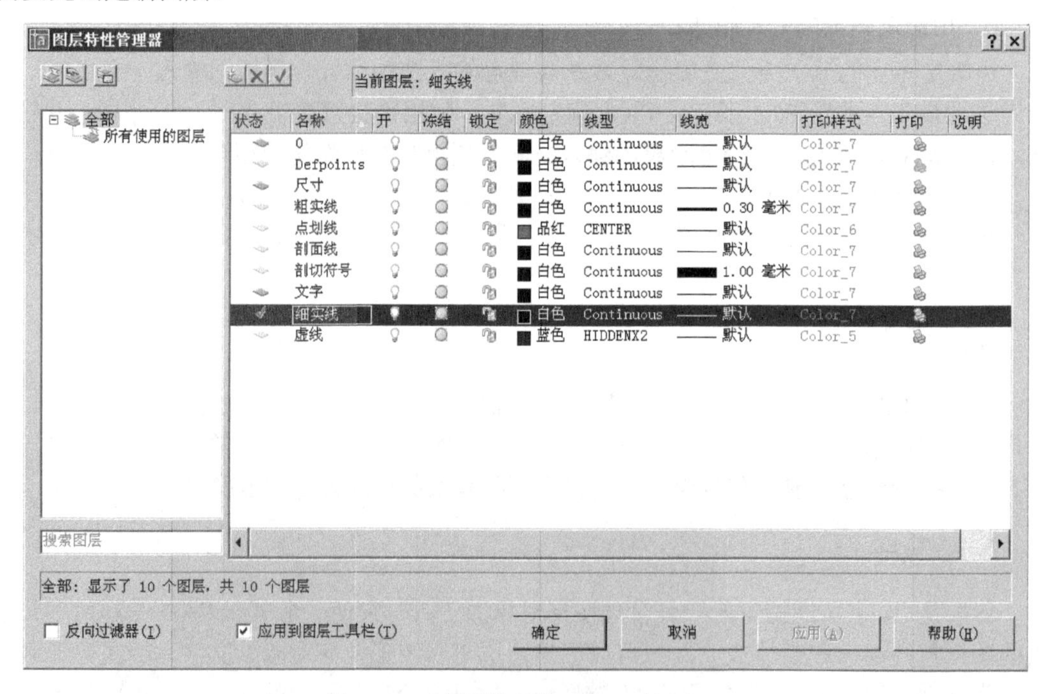


图 2-26 “图层特性管理器”对话窗口

在“图层特性管理器”对话窗口中，单击“新建图层”按钮，在图层列表中可以创建一个名称为“图层 1”的新图层。默认情况下，新建图层与当前图层的状态、颜色、线型、线宽等设置相同。

当创建了图层后，图层的名称将显示在图层列表框中，用户如果要更改图层名称，则可以使用鼠标单击该图层名，然后输入一个新的图层名后按 Enter 键。用户在为创建的图层命名时，在图层的名称中不能包含通配字符(*和？)和空格，同时也不能与其他图层重名。

#### 1．设置图层颜色

颜色在图形中具有非常重要的作用，可用来表示不同的组件、功能和区域。图层的颜色，实际上是图层中图形对象的颜色。每一个图层都应具有一定的颜色，对不同的图层可以设置相同的颜色，也可以设置不同的颜色，这样在绘制复杂的图形时就可以很容易区分图形的每一个部分。

默认情况下，新创建的图层的颜色被指定使用 7 号颜色(白色或黑色，由背景色决定)。如有必要的话，用户还可改变图层的颜色。如果要改变图层的颜色，则可在“图层特性管理器”对话窗口中单击图层的“颜色”列对应的图标，打开“选择颜色”对话窗口，如图 2-27 所示。

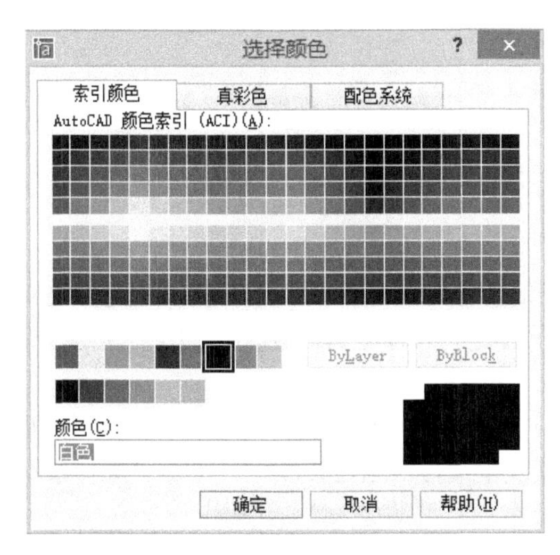


图 2-27　“选择颜色”对话窗口

一般只要从索引颜色选项组中选择需要的颜色即可。索引颜色选项组中，索引颜色名是指 1～7 号颜色，颜色指定为 1 红色、2 黄色、3 绿色、4 青色、5 蓝色、6 品红色、7 白色/黑色。另外，还有以下两种特殊的颜色：

(1) ByLayer(随层)：单击该按钮可以确定颜色为随层方式，即所绘图形实体的颜色总是与所在图层颜色一致。

(2) ByBlock(随块)：单击该按钮可以确定颜色为随块方式。在绘图时图形的颜色为白色，此时如果将绘制的图形创建为图块，那么图块中各成员的颜色也将保存于块中。当把块插入到当前图形的当前层时，块的颜色将使用当前层的颜色，但前提是插入块时颜色应设为随层方式。

### 2. 设置线型

所谓“线型”，是指作为图形基本元素的线条的组成和显示方式，如虚线、实线等。在 AutoCAD 2005 中，既有简单线型，也有由一些特殊符号组成的复杂线型，可以满足不同国家和不同行业标准的要求。

默认情况下，新创建的图层的线型是 Continuous(实线)，也可以从线型库定义文件 ACADISO.LIN 中加载新线型，设置当前线型和删除已有的线型。单击图层的“线型”列对应的图标，或单击“加载”按钮，都能打开“线型管理器”对话窗口，如图 2-28 所示。

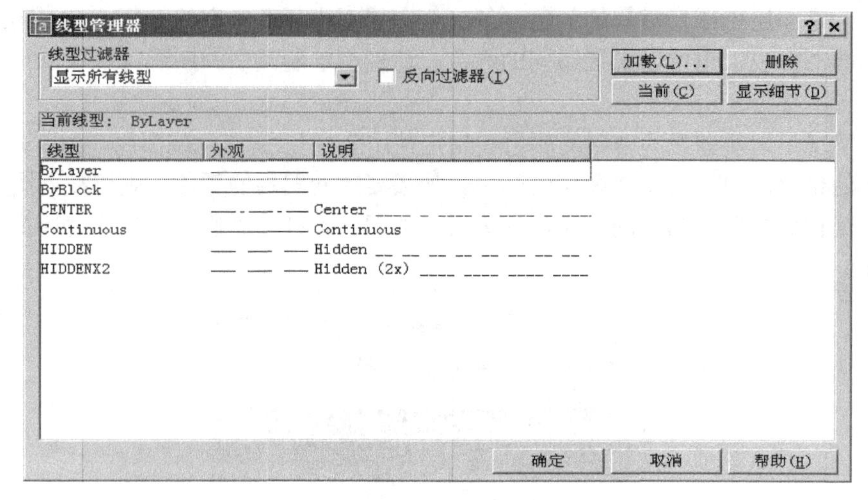


图 2-28　“线型管理器”对话窗口

AutoCAD 2005 标准线型库定义文件 ACADISO.LIN 提供的 45 种线型中包含有多个长短、间隔不同的虚线和点划线，只有适当地选择它们，在同一线型比例下，才能绘制出符合制图标准的图线。

在线型库单击选取要加载的某一种线型，再单击“确定”按钮，则线型被加载并在“选择线型”对话窗口显示该线型，再次选定该线型，单击“选择线型”对话窗口中的“确定”按钮，完成改变线型的操作。

**技巧：**单击图 2-28 中的“显示细节”按钮，可以进行线型比例的设置。线型比例的大小应适宜，使显示效果与示例相接近即可。“全局比例因子”用于设置图形中所有线型的比例，“当前对象缩放比例”用于设置当前选中线型的比例。一般只需设置“全局比例因子”即可。

### 3．设置线宽

线宽设置实际上就是改变线条的宽度。在 AutoCAD 中，用户使用不同宽度的线条表现对象的大小或类型，可以提高图形的表达能力和可读性。

需设置图层的线宽时，用户可在“图层特性管理器”对话窗口的“线宽”列中单击该图层对应的线宽“——默认”，打开“线宽设置”对话窗口，如图 2-29 所示，从中选择所需要的线宽。在 AutoCAD 2005 中有 20 多种线宽可供用户选择。通过调整线宽显示比例，使图形中的线宽显示得更宽或更窄。

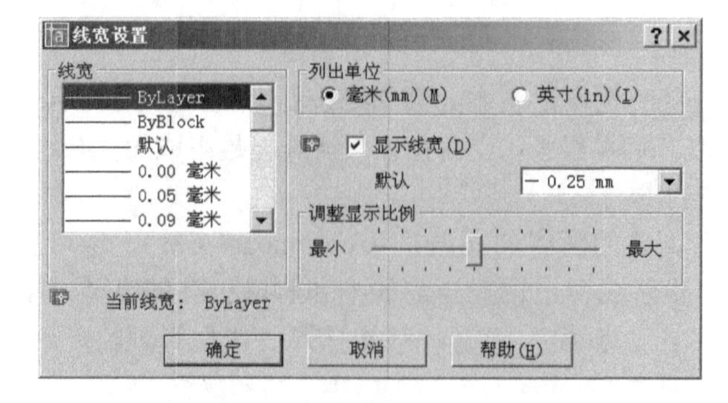


图 2-29　“线宽设置”对话窗口

**注意**：“线宽设置”对话窗口中的“默认”下拉列表框，用于设置图层的默认线宽，一般采用细线，宽度为 0.25 mm。

**技巧**：点击 AutoCAD 2005 操作界面下方状态栏中的“线宽”开关按钮，可以控制线宽显示/不显示。

### (三) 管理图层

在 AutoCAD 中，用户使用“图层特性管理器”对话窗口不仅可以创建图层，设置图层的颜色、线型、线宽，还可以对图层进行更多的设置与管理，如图层的打开/关闭、冻结/解冻、锁定/解锁、重命名、删除及图层的显示控制等。

#### 1. 图层名称

名称是图层的唯一标识，即图层的名字。默认情况下，图层的名称按图层 0、图层 1、图层 2……的编号依次递增，用户可以根据需要为图层创建一个能够表达其用途的名称。双击名称可进行编辑修改，按 Enter 键确认。

#### 2. 图层开关

用户通过单击“开”列对应的小灯泡图标可以打开或关闭图层。在开状态下，灯泡的颜色为黄色，该图层上的图形可以显示，也可以打印输出。在关状态下，灯泡的颜色为灰色(拉黑)，该图层上的图形不能显示，也不能打印输出。在关闭当前图层时，系统将显示一个消息对话窗口，警告正在关闭当前层。

#### 3. 冻结/解冻

在“图层特性管理器”对话窗口中，用户通过单击“在所有视口冻结”列对应的太阳或雪花图标，可以冻结或解冻图层。

如果图层被冻结，此时显示雪花图标，则该图层上的图形对象不能被显示出来，也不能打印输出，而且也不能编辑或修改该图层上的图形对象。被解冻的图层将显示太阳图标，此时的图层能够显示，也能够打印输出，并且可以在该图层上编辑图形对象。

用户不能冻结当前层，也不能将冻结层改为当前层，否则将会显示警告信息对话窗口。

**注意**：从可见性来说，冻结的图层与关闭的图层是相同的，但冻结的对象不参加处理过程中的运算，关闭的图层则要参加运算。所以，在复杂的图形中冻结不需要的图层可以加快系统重新生成图形时的速度，但是用户不能冻结当前层。

#### 4. 锁定/解锁

在“图层特性管理器”对话窗口中，用户通过单击“锁定”列对应的关闭或打开小锁图标，可以锁定或解锁图层。

锁定状态并不影响该图层上图形对象的显示，用户不能编辑锁定图层上的对象，但还可以在锁定的图层上绘制新图形对象。此外，用户还可以在锁定的图层上使用查询命令和对象捕捉功能。

**技巧**：可以通过锁定图层，防止本图层上的图形被误修改、删除，在本层中新添加的图形也继承了这种保护特性。

### 5. 打印样式和打印开关

在“图层特性管理器”对话窗口中，用户可以通过“打印样式”列确定各图层的打印样式，但如果使用的是彩色绘图仪，则不能改变这些打印样式。用户通过单击“打印”列对应的打印机图标，可以设置图层是否能够被打印，这样可以在保持图形显示可见性不变的前提下控制图形的打印特性。

打印功能只对可见的图层起作用，即只对没有冻结和没有关闭的图层起作用。

## (四) “图层”工具栏

“图层”工具栏在“标准”工具栏的下面，如图 2-30 所示，各项功能自左向右介绍如下：

(1) “图层特性管理器”按钮图标。该按钮用于打开“图层特性管理器”对话窗口。

(2) “图层”下拉列表框。该列表中列出了符合条件的所有图层，若需将某个图层设置为当前图层，则在列表框中选取该层图标即可。通过列表框可以实现图层之间的快速切换，提高绘图效率，还可点击每个图层上显示的打开/关闭、冻结/解冻、锁定/解锁等切换按钮来快速地对图层进行相应操作。

(3) “当前图层”按钮图标。该按钮用于将选定对象所在的图层设置为当前图层。

(4) “上一个图层”按钮图标。该按钮用于返回到刚操作过的上一个图层。

图 2-30　“图层”工具栏

## (五) “对象特性”工具栏

“对象特性”工具栏一般放置在“图层”工具栏的右侧，如图 2-31 所示，其各列表框的功能自左向右介绍如下：

(1) “颜色”下拉列表框。“颜色”下拉列表框用于列出当前图形可选择的各种颜色，点击“选择颜色”项会弹出“选择颜色”对话窗口，可选择更多的颜色。

(2) “线型”列表框。“线型”列表框用于列出当前图形可选用的各种线型，点击“其他”项会弹出“线型管理器”对话窗口，可加载更多的线型。

(3) “线宽”列表框。“线宽”列表框用于列出当前图形可选用的各种线宽。

(4) “打印样式”列表框。“打印样式”列表框用于显示当前图层的打印格式，若未设置则该项为不可选。

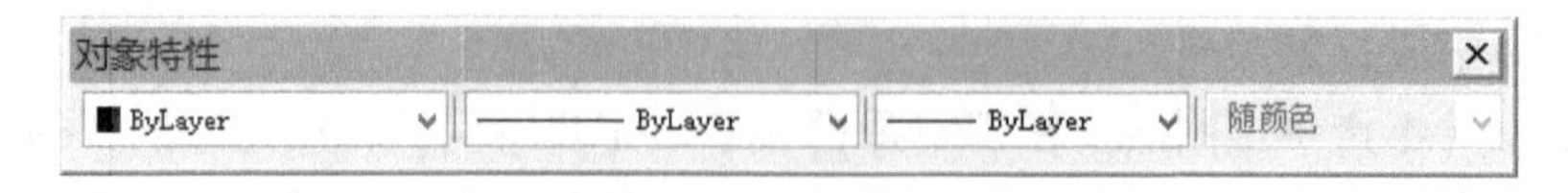


图 2-31　“对象特性”工具栏

**注意**：通常使用图层来管理图形对象，一般情况下图形对象的颜色、线型、线宽这三个属性值都是 Bylayer(随层)，与图层属性设置一致。可以通过“对象特性”工具栏手动修改图形对象的颜色、线型、线宽。

## 六、辅助设置

### （一）栅格与栅格捕捉设置

捕捉模式用于限制十字光标的移动间距，使其按照用户定义的间距移动。栅格是分布在绘图界限里的点矩阵，类似于坐标纸。使用栅格就好像在图形下面放了一张网格纸，可直观显示对象之间的距离，并有助于对象的对齐。由于栅格不属于图形的一部分，因此不能被输出和打印。在“草图设置”对话窗口的“捕捉和栅格”选项卡中常常进行如下设置，如图 2-32 所示：

(1) 启用捕捉、启用栅格：打开或关闭捕捉模式、栅格模式，也可以单击状态栏上的“捕捉”、“栅格”开关按钮进行状态切换。

(2) 捕捉(栅格)X 轴间距：指定 X 轴方向的捕捉(栅格)间距。

(3) 捕捉(栅格)Y 轴间距：指定 Y 轴方向的捕捉(栅格)间距。

一般这四个间距值都设成一样的值，方便图形布局，其他采用默认值。

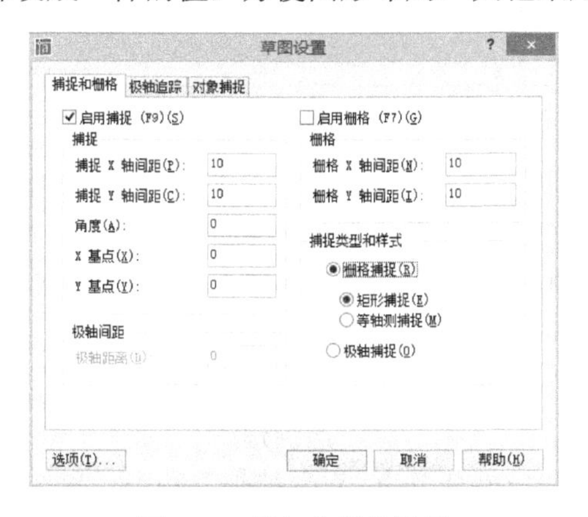


图 2-32　捕捉和栅格设置

通常间距值采用简便方法进行估算，即采用图形界限的长/宽÷(20～40)来估算 X 轴间距、Y 轴间距，也就是说在图形界限内横向、纵向有 20～40 个栅格点为宜，太多了密密麻麻(甚至不显示栅格点)，太少了稀稀疏疏，都不便于布局图形。

### （二）对象捕捉设置

在绘制图形过程中，常常需要通过拾取点来确定某些特殊点，如圆心、切点、端点、中点或垂足等。靠人的眼力来准确地拾取到这些点，是非常困难的，AutoCAD 提供了“对象捕捉”功能，可以迅速、准确地捕捉到这些特殊点，从而提高了绘图的速度和精度。对象捕捉可以分为两种方式，单一对象捕捉和自动对象捕捉。

对象捕捉的种类如下：

(1) 端点(END)：捕捉直线段或圆弧等对象的端点。

(2) 中点(MID)：捕捉直线段或圆弧等对象的中点。

(3) 交点(INT)：捕捉直线段或圆弧等对象之间的交点。

(4) 外观交点(APPINT)：捕捉二维图形中看上去是交点，而在三维图形中并不相交

的点。

(5) 延长线(EXT)：捕捉直线段或圆弧等对象延长线上的点。

(6) 圆心(CEN)：捕捉圆或圆弧的圆心。

(7) 象限点(QUA)：捕捉圆或圆弧的最近象限点。

(8) 切点(TAN)：捕捉所绘制的圆或圆弧上的切点。

(9) 垂直(PER)：捕捉所绘制的线段与其他线段的正交点。

(10) 平行线(PAR)：捕捉与某线平行的点。

(11) 节点(NOD)：捕捉单独绘制的点。

(12) 最近点(INS)：捕捉对象上距光标中心最近的点。

(13) 插入点(INS)：捕捉块(包括文本块)的插入基点。

也可以点击“对象捕捉”工具栏中相应按钮来捕捉这些特殊点，如图 2-33 所示，只是临时有效，与“对象捕捉”设置捕捉模式不同，对象捕捉模式是长期有效的，直到取消为止。

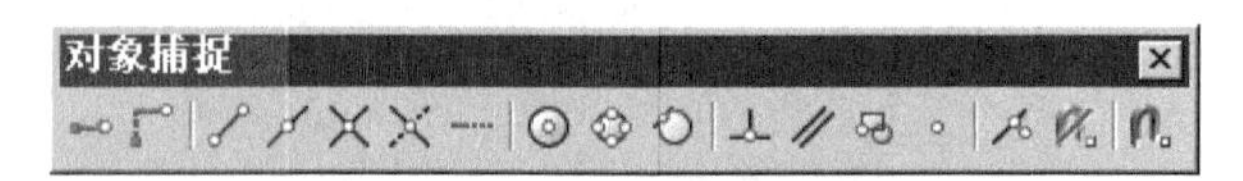


图 2-33　“对象捕捉”工具栏

**注意**：对象捕捉模式常用的有端点捕捉、中点捕捉、交点捕捉和延长线捕捉，并不是把对象捕捉模式全部打开，否则会因为在光标附近捕捉到太多的特征点反而不好选中想要的特征点，换一句话说，有些捕捉模式使用时会有冲突，如圆心捕捉、切点捕捉就有冲突。

### (三) 对象追踪

对象追踪包括“极轴追踪”和“对象捕捉追踪”两种方式。应用极轴追踪可以在设定的角度线上精确移动光标和捕捉任意点，对象捕捉追踪是对象捕捉与极轴追踪功能的综合，也就是说可以通过指定对象点及指定角度线的延长线上的任意点来进行捕捉。

#### 1. 极轴追踪

创建和修改对象时，可以通过使用极轴追踪来显示由指定的极轴角定义的临时对齐路径。在“草图设置”对话窗口中，选择“极轴追踪”选项卡，如图 2-34 所示。

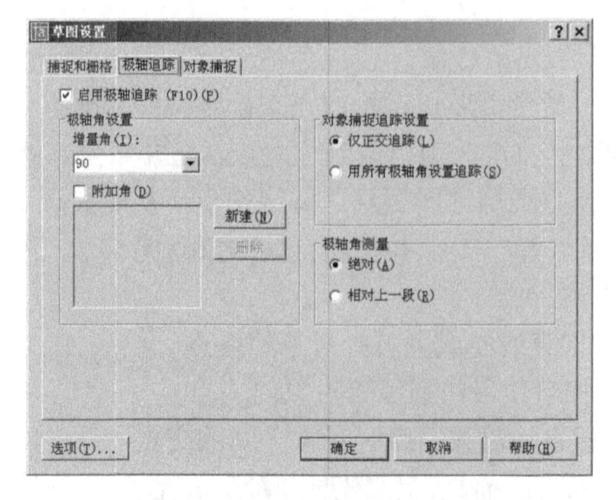


图 2-34　“草图设置”对话窗口的“极轴追踪”选项卡

“极轴追踪”选项卡中各选项的含义如下：

(1) 启用极轴追踪：打开或关闭极轴追踪，也可以单击状态栏上“极轴”按钮来实现。

(2) 增量角：通过增量角下拉列表，选择极轴追踪角度。

(3) 附加角：若选中此项，则可以设置附加的追踪角度，单击“新建”按钮，在文本框里输入角度值。

(4) 对象捕捉追踪设置：此区域有两个单选项，确定在对象捕捉时是仅采用正交追踪还是用所有极轴角设置追踪，默认选择采用正交追踪。

(5) 极轴角测量：此区域有两个单选项，用于指定极轴追踪增量是基于用户坐标系(UCS)还是相对于最新创建的对象。

**2. 对象捕捉追踪**

再次强调，对象捕捉追踪必须与对象捕捉同时工作，先通过对象捕捉捕捉到某特征点，对象捕捉追踪才可源自特征点延长线上的任意点。对象捕捉追踪可通过单击状态栏上的“对象追踪”按钮来打开或关闭。

例如，以中点追踪的方式画圆心是图中矩形对角线交点、半径为 15 的圆，具体操作步骤如下：

(1) 打开中点捕捉模式，启用对象追踪。

(2) 单击画圆命令(或输入 C)，移动光标到矩形上边的中点并停留，上下推移鼠标，拉出一条垂直追踪线(或称橡皮线)，再移动光标到矩形右边的中点并停留，左右推移鼠标拉出一条水平追踪线，然后移动光标到矩形的中心处，两条追踪线会有交点，单击鼠标左键即可拾取矩形对角线交点，如图 2-35 所示。

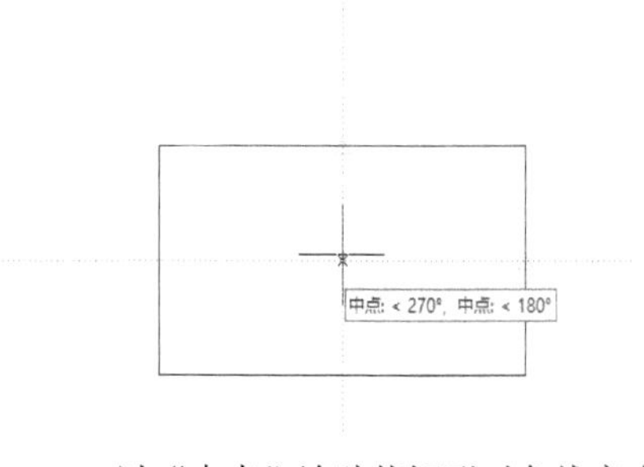


图 2-35　以“中点”追踪找矩形对角线交点

(3) 输入半径值 15，按 Enter 键就完成了画圆任务。

# 任务二　基本图形的绘制

**任务要求：**

(1) 识记：AutoCAD 中各基本图形命令的各参数含义。

(2) 领会：利用对象捕捉、坐标输入和正交、极轴追踪等方式精确控制图形的位置、大小和方向。

(3) 应用：绘制常用的各种二维平面基本图形。

任何一幅工程图都是由一些基本图形元素组合而成的，如直线、圆、圆弧、组线、文字等，掌握基本图形元素的绘图方法，是学习 AutoCAD 软件的重要基础。

为了满足不同用户的需要，体现操作的灵活性、方便性，AutoCAD 提供了多种方法来实现相同的功能。用户可以使用“绘图”菜单、“绘图”工具栏、绘图命令和“屏幕菜单”四种方法来绘制图形。

(1) 使用“绘图”菜单。“绘图”菜单是绘制图形最基本、最常用的方法，如图 2-36 所

示。“绘图”菜单中包含了 AutoCAD 2005 的大部分绘图命令，用户通过选择该菜单中的命令或子命令(级联菜单)，可绘制出相应的图形。

(2) 使用“绘图”工具栏。“绘图”工具栏的每个工具按钮都对应于“绘图”菜单中相应的绘图命令，用户单击它们即可执行相应的绘图命令，如图 2-37 所示。

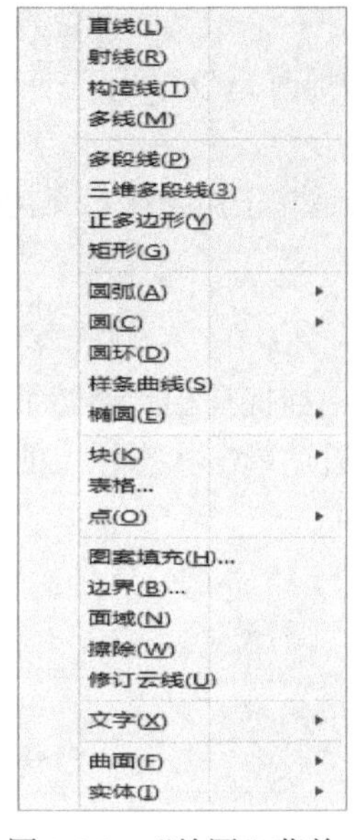


图 2-36　“绘图”菜单

图 2-37　“绘图”工具栏

(3) 使用绘图命令。用户使用绘图命令也可以绘制图形，这时可以在命令行中输入绘图命令，按 Enter 键或空格键，并根据命令行的提示信息进行绘图操作。这种方法快捷，准确性高，但需要用户掌握绘图命令及其选择项的具体功能。

(4) 使用“屏幕菜单”。屏幕菜单是 AutoCAD 的另一种菜单形式，用户选择其中的“工具 1”和“工具 2”子菜单，可以使用绘图时的相关工具。“工具 1”和“工具 2”子菜单中的每个命令选项分别与 AutoCAD 2005 的绘图命令相对应，如图 2-38 所示。

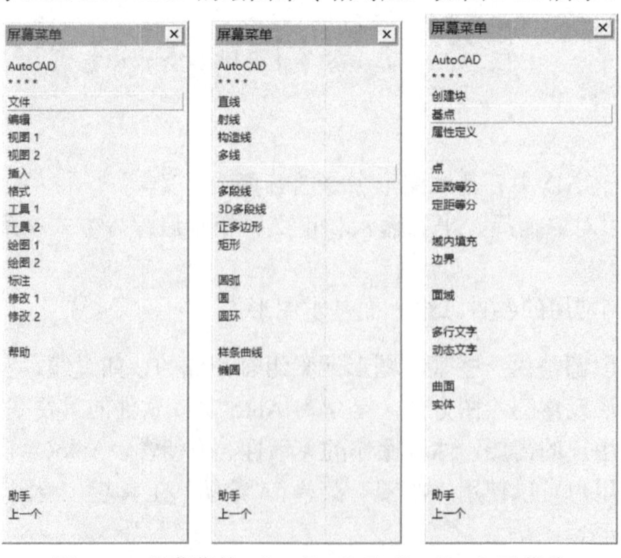


图 2-38　屏幕菜单、“工具 1”及“工具 2”子菜单

默认情况下，系统不显示“屏幕菜单”。若要显示它，用户可选择“工具”→“选项”命令，打开“选项”对话窗口，并在“显示”选项卡的“窗口元素”选项组中选中“显示屏幕菜单”复选框即可。

**注意：** 完整的命令英文单词可以不用记忆，本书中还会介绍常用命令的快捷命令。查看/修改快捷命令的方法是：在 AutoCAD 2005 菜单栏选择“工具”→“自定义”→“编辑自定义文件”→“程序参数(acad.pgp)(p)”，打开 Acad.pgp 文件(TXT 格式文件)。

## 一、点、直线、射线和构造线

### (一) 点

#### 1. 单点、多点

点命令可以在绘图窗口中一次指定多个点，直到按 Esc 键结束，其快捷命令为 PO。工具栏上“点”按钮是“多点”。

要设置点的样式，可选择“格式”→“点样式”命令，打开“点样式”对话窗口，如图 2-39 所示，然后从中选择所需的点样式，单击“确定”按钮。

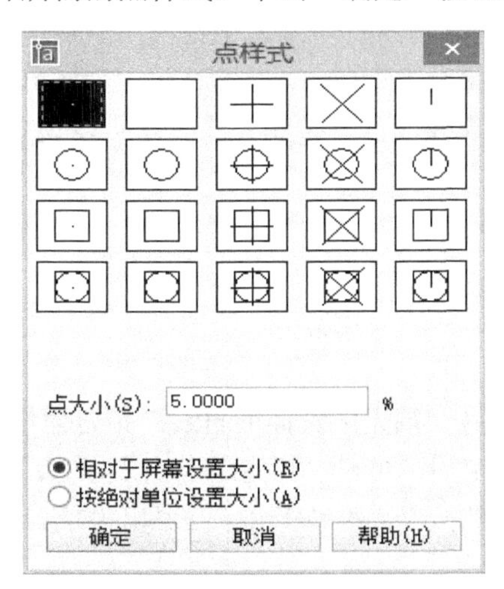


图 2-39　“点样式”对话窗口

#### 2. 定数等分

定数等分命令可以在指定的对象上绘制等分点，或者在等分点处插入块，其快捷命令为 DIV。“绘图”工具栏上没有此命令，菜单栏上有。

“定数等分”的对象可以是直线、圆、圆弧、多段线、样条曲线等，但不能是块、尺寸标注、文本及剖面线。一次只能等分一个对象，最多只能将一个对象分为 32 767 份。因为输入的是等分数，而不是放置点的个数，所以如果用户将所选对象分成 $N$ 份，则实际上只生成 $N-1$ 个点。图 2-40 中的直线段被平均分成了 5 等分。

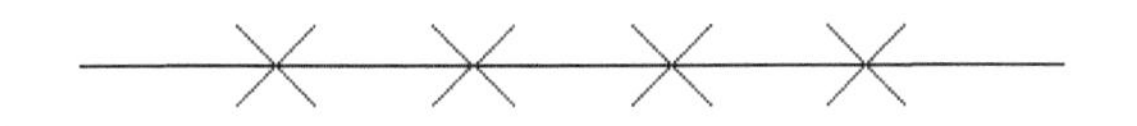

图 2-40　定数等分示例

### 3. 定距等分

等距等分命令可以在指定的对象上按指定的长度绘制点或者插入块。其快捷命令为ME。“绘图”工具栏上没有此命令，菜单栏上有。

“定距等分”的对象可以是直线、圆、圆弧、多段线、样条曲线等，但不能是块、尺寸标注、文本及剖面线。放置点或块的起点位置是离选择对象点较近的端点。若对象总长不能被指定间距整除，则选定对象的最后一段小于指定间距数值。一次只能测量一个对象。

**技巧**：上述单点、多点、定数等分、定距等分得到的点都是节点，如果要捕捉这些点，需在“对象捕捉”设置对话窗口中启用“节点”捕捉模式。

## (二) 直线

直线命令用于绘制一段或几段直线，或者由首尾相连的多条直线段构成平面、空间折线或封闭多边形。其快捷命令为L。

直线是各种绘图中最常用、最简单的一类图形对象，在几何学中，两点决定一直线，因此用户只要指定了起点和终点即可绘制一条直线。在AutoCAD中，可以用二维(X，Y)或三维(X，Y，Z)坐标来指定端点，也可以混合使用二维坐标和三维坐标。如果输入二维坐标，则AutoCAD将会用当前的高度作为Z坐标值，默认值为0。

在命令行中直线的选项参数为[闭合(C)/放弃(U)]。“闭合(C)”选项表示首尾闭合，绘制封闭图形，只有在至少有两条线段已经绘制完成时才可以使用“闭合”选项。“放弃(U)”选项表示撤销上一步。

**注意**：由多条直线段首尾相连构成的封闭多边形，这些直线段仍然是独立的，不是一个整体。

## (三) 射线

“射线”为一端固定，另一端无限延伸的直线。指定射线的起点和通过点，即可绘制一条射线。当射线的起点指定后，可在“指定通过点:”提示下指定多个通过点，来绘制以起点为端点的多条射线，直到按Esc键或Enter键退出为止。射线主要用于绘制辅助线。

## (四) 构造线

构造线为两端可以无限延伸的直线，它没有起点和终点，可以放置在三维空间的任何地方。它通常被用作辅助绘图线，并单独地放在一层中。构造线命令可以绘制水平、垂直、与X轴成一定角度或任意的构造线，还可以绘制已知角的角平分线、平行构造线。构造线的快捷命令为XL。

构造线的命令行选项参数为

[水平(H)/垂直(V)/角度(A)/二等分(B)/偏移(O)]

其中各选项的功能如下：

(1) “水平(H)”或“垂直(V)”选项：用于创建经过指定点(中点)且平行于X轴或Y轴的构造线。

(2) “角度(A)”选项：用于先选择一条参考线，再指定参考线与构造线的角度，或者先指定构造线的角度，再设置必经的点，从而创建与X轴成指定角度的构造线。

(3) “二等分(B)”选项：用于创建二等分指定角的构造线，这时需要指定等分角的顶点、起点和端点，如图 2-41 所示。

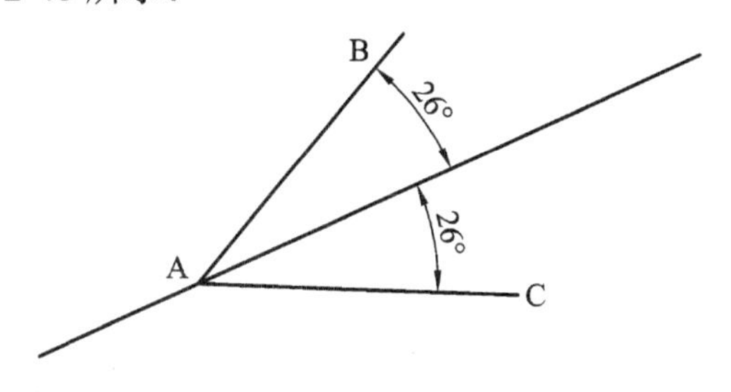


图 2-41　画∠BAC 的角平分线

(4) “偏移(O)”选项：用于创建平行于指定基线的构造线，这时需要指定偏移距离，选择基线，然后指明构造线位于基线的哪一侧。

## 二、矩形和正多边形

### (一) 矩形

矩形命令可绘制出倒角矩形、圆角矩形、有宽度的矩形、有厚度或标高值的矩形等多种矩形。画矩形示例如图 2-42 所示。绘制矩形的快捷命令为 REC。

图 2-42　矩形示例

默认情况下，用户可以通过指定两个对角点来绘制矩形。当指定了矩形的第一个角点后，命令行将显示“指定另一个角点或[尺寸(D)]:”提示信息，可直接指定另一个角点来绘制矩形，也可以选择“尺寸(D)”选项，通过指定矩形的长度、宽度和矩形另一角点的方向来绘制矩形。

矩形的命令行其他选项参数为

[倒角(C)/标高(E)/圆角(F)/厚度(T)/宽度(W)]

其中各选项的功能如下：

(1) “倒角(C)”选项：用于绘制一个带倒角的矩形，此时需要指定矩形的两个倒角距离。

(2) “标高(E)”选项：用于指定矩形所在的平面高度，默认情况下矩形在 XY 平面内，该选项一般用于绘制三维图形。

(3) “圆角(F)”选项：用于绘制一个带圆角的矩形，此时需要指定圆角矩形的圆角半径。

(4) “厚度(T)”选项：用已设定的厚度绘制矩形，该选项一般用于绘制三维图形。

(5) “宽度(W)”选项：用已设定的线宽绘制矩形，此时需要指定矩形的线宽。

**技巧：**采用一对对角点的方式画矩形，可以采用输入相对坐标的方法来控制矩形的长、宽尺寸。

在图 2-43 中，A、B 点是矩形的一对对角点。A 点是利用鼠标在屏幕上拾取的，B 点是在命令行输入了相对坐标“@50，–30”，画出的矩形长度为 50，宽度为 30。

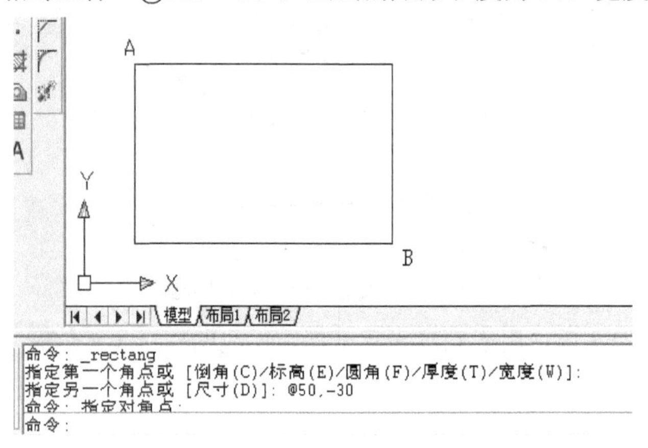


图 2-43　矩形长、宽尺寸控制

(二) 正多边形

正多边形命令可以绘制边数为 3～1024 条的正多边形。画正多边形示例如图 2-44 所示。绘制正多边形的快捷命令为 POL。

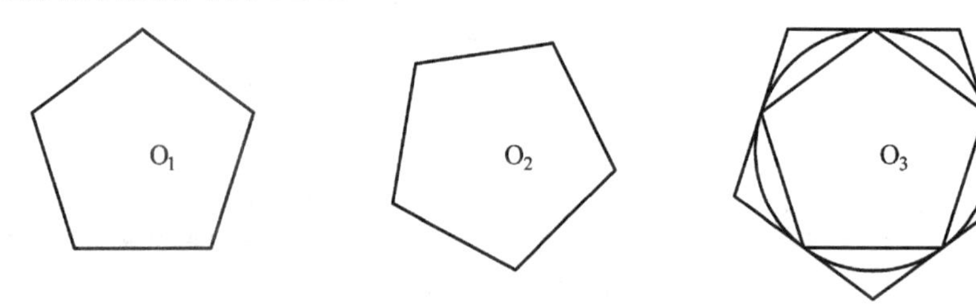


图 2-44　正多边形示例

默认情况下，用户可以使用正多边形的外接圆或内切圆来绘制正多边形。当在“指定正多边形的中心点或[边(E)]:”提示下指定多边形的中心点后，命令行将显示“输入选项[内接于圆(I)/外切于圆(C)]<I>:”提示信息。选择“内接于圆(I)”选项，表示绘制的多边形将内接于设想的圆。选择“外切于圆(C)”选项，表示绘制的多边形外切于设想的圆。

此外，如果在“指定正多边形的中心点或[边(E)]:”提示下选择“边(E)”选项，则可以以指定的两个点作为多边形一条边的两个端点来绘制多边形。采用“边(E)”选项绘制多边形时，AutoCAD 总是从第 1 个端点到第 2 个端点，沿当前角度方向绘制出多边形。

## 三、圆、圆弧、椭圆和椭圆弧

在 AutoCAD 2005 中，圆、圆弧、椭圆和椭圆弧都属于曲线对象，它们的绘制方法相对前面所介绍的线性对象来说要复杂一点，并且方法也比较多。

(一) 圆

绘制圆的快捷命令为 C。

画圆示例如图 2-45 所示。用户可以使用以下五种方法绘制圆：

(1) 根据圆心与半径或圆心与直径绘圆。

(2) 根据圆上的三点绘圆，要求三点不能共线。

(3) 根据直径上两点绘圆。

(4) 根据与两个对象相切并指定半径绘圆。

(5) 根据与三个对象相切绘圆(“相切、相切、相切”这种模式只有菜单栏里才有)。

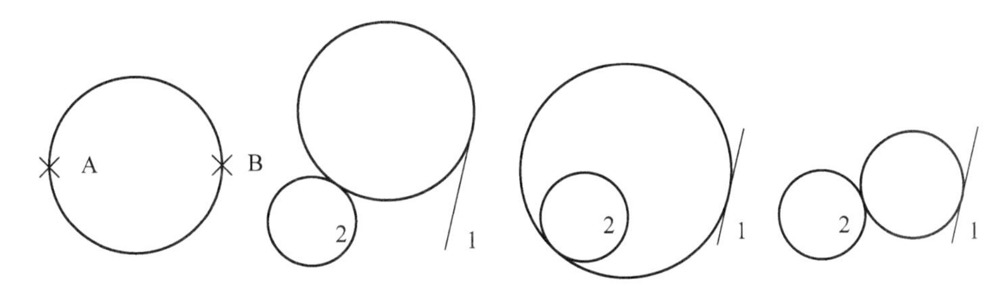


图 2-45　画圆示例

使用“相切、相切、半径”命令时，系统总是在距拾取点最近的部位绘制相切的圆。因此，拾取相切对象时，所拾取的位置不同，最后得到的结果有可能也不相同，如果输入的半径值过大或过小，则这样的圆是不存在的。

**技巧**：“相切、相切、半径”、“相切、相切、相切”这两种画圆方式应用很灵活，当画圆弧不便时，可用这两种方法先画出圆再做修剪。

### (二) 圆弧

圆弧可细分为劣弧(圆弧圆心角小于 180°)、半圆、优弧(圆弧圆心角为 180°～360°)。绘制圆弧的快捷命令为 A。

在 AutoCAD 2005 中，菜单栏中绘制圆弧的方法最多，有 11 种，如图 2-46 所示，相应命令的功能如下：

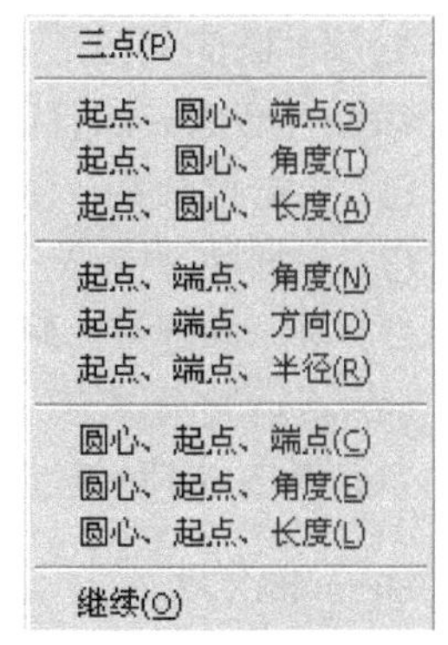


图 2-46　“画圆弧”菜单

(1) “三点”命令：指定圆弧的起点、通过的第二个点和端点来绘制一段圆弧。

(2) “起点、圆心、端点”命令：指定圆弧的起点、圆心和端点绘制圆弧。

(3) “起点、圆心、角度”命令：指定圆弧的起点、圆心和角度绘制圆弧。此时，用户需要在“指定包含角：”提示下输入角度值。如果当前环境设置逆时针为角度方向，并输入正的角度值，则所绘制的圆弧是从起始点绕圆心沿逆时针方向绘出；如果输入负角度值，则沿顺时针方向绘制圆弧。

(4) “起点、圆心、长度”命令：指定圆弧的起点、圆心和弦长绘制圆弧。此时，用户所给定的弦长不得超过起点到圆心距离的两倍。另外，在命令行的“指定弦长：”提示下，所输入的值如果为负值，则该值的绝对值将作为对应整圆的空缺部分圆弧的弦长。

(5) “起点、端点、角度”命令：指定圆弧的起点、端点和角度绘制圆弧。

(6) “起点、端点、方向”命令：指定圆弧的起点、端点和方向绘制圆弧。当命令行显示“指定圆弧的起点切向：”提示时，可以通过拖动鼠标的方式动态地确定圆弧在起点处的切线方向与水平方向的夹角。其具体方法是拖动鼠标，AutoCAD 会在当前光标与圆弧起点之间形成一条橡皮筋线，此橡皮筋线即为圆弧在起点处的切线。通过拖动鼠标确定圆弧在起点处的切线方向后单击鼠标拾取键，即可得到相应的圆弧。

(7) “起点、端点、半径”命令：指定圆弧的起点、端点和半径绘制圆弧。

(8) “圆心、起点、端点”命令：指定圆弧的圆心、起点和端点绘制圆弧。

(9) “圆心、起点、角度”命令：指定圆弧的圆心、起点和角度绘制圆弧。

(10) “圆心、起点、长度”命令：指定圆弧的圆心、起点和长度绘制圆弧。

(11) “继续”命令：选择该命令，并在命令行的“指定圆弧的起点或[圆心(C)]：”提示下直接按 Enter 键，系统将以最后一次绘制的线段或圆弧过程中确定的最后一点作为新圆弧的起点，以最后所绘线段方向或圆弧终止点处的切线方向为新圆弧在起点处的切线方向。然后再指定一点，就可以绘制出一个圆弧。

画圆弧示例如图 2-47 所示。

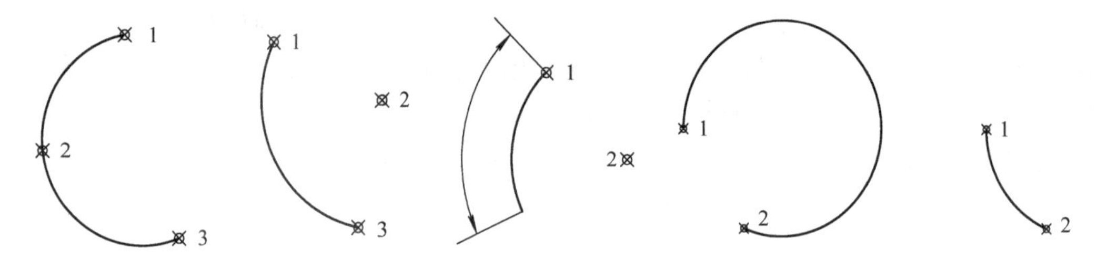


图 2-47　画圆弧示例

## (三) 椭圆

绘制椭圆的关键是要确定椭圆的中心点、长轴和短轴。绘制椭圆的快捷命令为 EL。

绘制椭圆的方法有以下几种：

(1) 根据椭圆某一轴上的两个端点及另一轴的半长轴值绘制椭圆。

(2) 根据椭圆中心、某一轴上的一个端点和另一轴的半长轴值绘制椭圆。

(3) 根据椭圆某一轴上的两端点以及旋转角绘制椭圆。

(4) 根据椭圆中心、某一轴上的一个端点和旋转角绘制椭圆。

前两种方法使用较多。

## (四) 椭圆弧

在 AutoCAD 2005 中，绘制椭圆弧的命令和绘制椭圆的命令相同。相对于绘制椭圆来说，绘制椭圆弧比较简单。首先确定椭圆形状，再指定椭圆弧的起始角度和终止角度确定椭圆弧，或者输入参数或角度，绘制一定范围内的椭圆弧。

绘制椭圆弧的快捷命令与绘制椭圆的命令相同，即 EL，提示“指定椭圆的轴端点或[圆弧(A)/中心点(C)]:”时输入“A”即是绘制椭圆弧。另外在“绘图”工具栏上有绘制椭圆弧的按钮 。

## 四、多段线和多线

### (一) 多段线

#### 1. 绘制多段线

在 AutoCAD 中“多段线”是一种非常有用的线段对象，它是由多段直线段或圆弧段组成的一个组合体。它们既可以一起编辑，也可以分别编辑，还可以具有不同的宽度。多段线除了能控制线宽外，还可以画锥形线、封闭多段线，也可用不同的方法画多段线弧，而且多段线可以方便地改变形状和进行曲线拟合。

绘制多段线的快捷命令为 PL。默认情况下，当用户指定了多段线另一端点的位置后，将从起点到该点绘出一段多段线。多段线的命令行选项参数为

[圆弧(A)/闭合(C)/半宽(H)/长度(L)/放弃(U)/宽度(W)]

其中各选项的功能如下：

(1) “圆弧(A)”选项：用于设置从绘制直线方式切换到绘制圆弧方式。

(2) “半宽(H)”选项：用于设置多段线的半宽度，即多段线的宽度等于输入值的 2 倍，用户可以分别指定对象的起点半宽和端点半宽。

(3) “长度(L)”选项：用于指定绘制的直线段的长度。此时，AutoCAD 将以该长度沿着上一段直线的方向来绘制直线段。如果前一对象是圆弧，则该段直线的方向为上一圆弧端点的切线方向。

(4) “放弃(U)”选项：用于删除多段线上的上一段直线段或者圆弧段，以方便用户及时修改在绘制多段线过程中出现的错误。

(5) “宽度(W)”选项：用于设置多段线的宽度，用户可以分别指定对象的起点宽度和端点宽度。具有宽度的多段线填充与否可以通过 FILL 命令来设置。如果用户将模式设置成“开(ON)”，则绘制的多段线是填充的；如果将模式设置成“关(OFF)”，则所绘制的多段线是不填充的。

(6) “闭合(C)”选项：用于封闭多段线并结束命令。此时，系统将以当前点为起点，以多段线的起点为端点，以当前宽度和绘图方式(直线方式或者圆弧方式)绘制一段线段，以封闭该多段线，然后结束命令。

在绘制多段线时，如果在“指定下一个点或[圆弧(A)/半宽(H)/长度(L)/放弃(U)/宽度(W)]：”命令提示下输入 A，可以切换到圆弧绘制方式。此时，命令行显示的提示信息为

指定圆弧的端点或[角度(A)/圆心(CE)/闭合(CL)/方向(D)/半宽(H)/直线(L)/半径(R)/第二个点(S)/放弃(U)/宽度(W)]：

其中各选项参数意义如下：

(1) “角度(A)”选项：用于根据圆弧对应的圆心角来绘制圆弧段。选择该选项后需要在命令行提示下输入圆弧的包含角。圆弧的方向与角度的正负有关，同时也与当前角度的测量方向有关。

(2) “圆心(CE)”选项：用于根据圆弧的圆心位置来绘制圆弧段。选择该选项，需要在命令行提示下指定圆弧的圆心。当确定了圆弧的圆心位置后，用户可以再指定圆弧的端点、包含角或对应弦长中的一个条件来绘制圆弧。

(3) “闭合(CL)”选项：用于根据最后点和多段线的起点为圆弧的两个端点，绘制一个圆弧，以封闭多段线。闭合后，将结束多段线绘制命令。

(4) “方向(D)”选项：用于根据起点处的切线方向来绘制圆弧。选择该选项，用户可通过输入起点方向与水平方向的夹角来确定圆弧的起点切向。用户也可以在命令行提示下确定一点，系统将把圆弧的起点与该点的连线作为圆弧的起点切向。当确定了起点切向后，再确定圆弧的另一个端点即可绘制圆弧。

(5) “半宽(H)”选项：用于设置圆弧起点的半宽度和终点的半宽度。

(6) “直线(L)”选项：用于将多段线命令由绘制圆弧方式切换到绘制直线的方式。此时将返回到“指定下一个点或[圆弧(A)/半宽(H)/长度(L)/放弃(U)/宽度(W)]：”提示信息。

(7) “半径(R)”选项：可根据半径来绘制圆弧。选择该选项后，需要输入圆弧的半径，并通过指定端点和包含角中的一个条件来绘制圆弧。

(8) “第二个点(S)”选项：可根据三点来绘制一个圆弧。

(9) “放弃(U)”选项：用于取消上一次绘制的圆弧。

(10) “宽度(W)”选项：用于设置圆弧的起点宽度和终点宽度。

例如，绘制如图 2-48 所示图形，命令行的提示信息和操作步骤如下：

命令：pline

指定起点：(在屏幕上拾取一点作为 A 点)

当前线宽为 0.0000

指定下一个点或[圆弧(A)/半宽(H)/长度(L)/放弃(U)/宽度(W)]：50(在屏幕上从 A 点向右水平拉出，再输入 50，得到 B 点)

指定下一点或[圆弧(A)/闭合(C)/半宽(H)/长度(L)/放弃(U)/宽度(W)]：a

指定圆弧的端点或[角度(A)/圆心(CE)/闭合(CL)/方向(D)/半宽(H)/直线(L)/半径(R)/第二个点(S)/放弃(U)/宽度(W)]：w

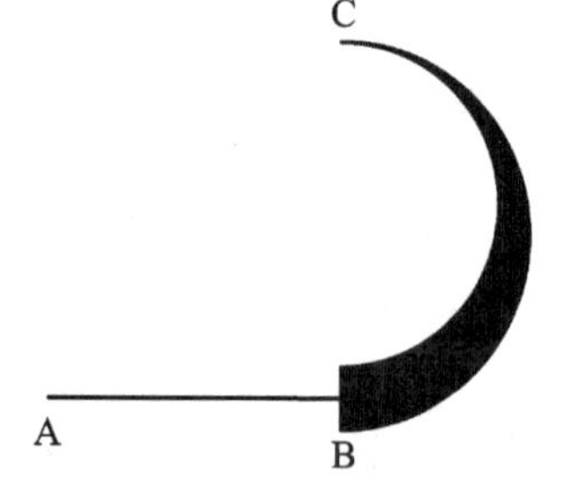

图 2-48　多段线示例

指定起点宽度<0.0000>：10

指定端点宽度<10.0000>：0

指定圆弧的端点或[角度(A)/圆心(CE)/闭合(CL)/方向(D)/半宽(H)/直线(L)/半径(R)/第二个点(S)/放弃(U)/宽度(W)]：r

指定圆弧的半径：30

指定圆弧的端点或[角度(A)]：a

指定包含角：180

指定圆弧的弦方向<0>：(在 B 点正上方单击，系统会自动找到 C 点)

指定圆弧的端点或[角度(A)/圆心(CE)/闭合(CL)/方向(D)/半宽(H)/直线(L)/半径(R)/第二个点(S)/放弃(U)/宽度(W)]：*取消*(按 Esc 键退出多段线绘制)

### 2. 编辑多段线

多段线在机械制图中用得比较多，常用来绘制一个零件的轮廓线。除了直接绘制多段线以外，还可以把首尾相连的、甚至封闭的直线段和圆弧转化为多段线，这就要用到编辑多段线命令——PEDIT。编辑多段线的快捷命令为 PE。

PEDIT 命令中的编辑选项包括打开、闭合、合并、宽度、编辑顶点、拟合、样条曲线、非曲线化、放弃等，使用这些命令可以打开封闭的多段线，可以在封闭的多段线中添加线、弧等多段线，还可以改变多段线的形状。如果选择了多段线，则命令行显示的提示信息为

输入选项[闭合(C)/打开(O)/合并(J)/宽度(W)/拟合(F)/样条曲线(S)/非曲线化(D)/线型生成(L)/放弃(U)]:

如果选择的对象不是多段线，则系统将显示“是否将其转换为多段线？<Y>”提示信息，此时如果输入 Y，则可以将选中对象转换为多段线，然后在命令行中显示与前面相同的提示信息。

编辑多段线时，命令行中主要选项的功能如下：

(1) “闭合(C)”选项：用于封闭所编辑的多段线，即自动以最后一段的绘图模式(直线或者圆弧)连接原多段线的起点和终点。

(2) “合并(J)”选项：用于将直线段、圆弧或者多段线连接到指定的非闭合多段线上。如果编辑的是多个多段线，则系统将提示用户输入合并多段线的允许距离；如果编辑的是单个多段线，则系统将连续选取首尾连接的直线、圆弧、多段线等对象，并将它们连成一条多段线。执行该选项时，要连接的各相邻对象必须在形式上彼此首尾相连。

(3) “宽度(W)”选项：用于重新设置所编辑的多段线的宽度。当输入新的线宽值后，所选的多段线均变成该宽度。

(4) “拟合(F)”选项：用于采用双圆弧曲线拟合多段线的拐角。

(5) “样条曲线(S)”选项：用样条曲线拟合多段线，且拟合时以多段线的各顶点作为样条曲线的控制点。

(6) “非曲线化(D)”选项：用于删除在执行“拟合”或者“样条曲线”选项操作时插入的额外顶点，并拉直多段线中的所有线段，同时保留多段线顶点的所有切线信息。

(7) “线型生成(L)”选项：用于设置非连续线型多段线在各顶点处的绘线方式。选择该选项，命令行将显示“输入多段线线型生成选项[开(ON)/关(OFF)]<关>：”提示信息。当选择 ON 时，多段线以全长绘制线型；当选择 OFF 时，多段线的各个线段独立绘制线型，当长度不足以表达线型时，以连续线代替。

(8) “放弃(U)”选项：用于取消编辑命令的上一次操作。

(9) “编辑顶点(E)”选项：用于编辑多段线的顶点，该选项只能对单个的多段线进行操作。

### (二) 多线

#### 1. 绘制多线

多线是一种由多条平行线组成的组合对象，平行线之间的间距和数目是可以调整的，这些直线的线型可以相同，也可以不同。多线常用于绘制建筑图中的墙体、电子线路图等平行线对象。多线示例如图 2-49 所示。绘制多线的快捷命令为 ML。

在绘制多线的命令行中，提示信息“当前设置：对正=上，比例=20.00，样式=STANDARD”显示了当前多线绘图格式的对正方式、比例及多线样式。默认情况下，用户需要指定多线的起始点，以当前的格式绘制多线，其绘制方法与绘制直线相似。

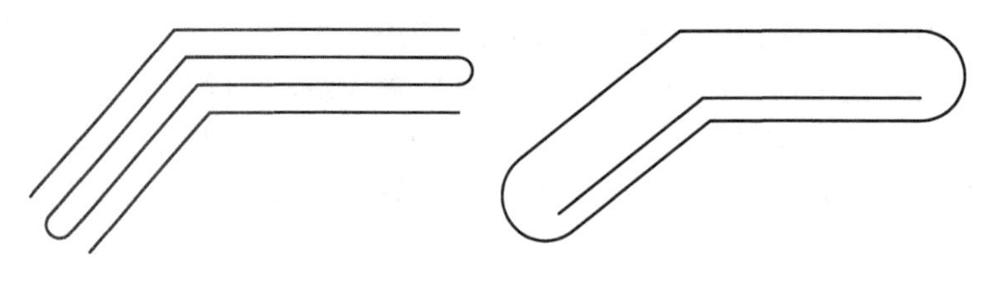

图 2-49　多线示例

多线的命令行选项参数为

[对正(J)/比例(S)/样式(ST)]

其中各选项的功能如下：

(1) “对正(J)”选项：用于指定多线的对正方式。选择该选项时，命令行显示“输入对正类型[上(T)/无(Z)/下(B)]<上>：”提示信息。其中，“上(T)”选项表示当从左向右绘制多线时，多线上最顶端的线将随着光标移动；“无(Z)”选项表示绘制多线时，多线的中心线将随着光标点移动；“下(B)”选项表示当从左向右绘制多线时，多线上最底端的线将随着光标移动。

(2) “比例(S)”选项：用于指定所绘制多线的宽度相对于多线定义宽度的比例因子，该比例不影响多线的线型比例。

(3) “样式(ST)”选项：用于指定绘制多线的样式，默认样式为标准(STANDARD)型。当命令行显示“输入多线样式名或[?]：”提示信息时，可以直接输入已有的多线样式名，也可以输入“?”显示已定义的多线样式。

## 2. 设置多线样式

在 AutoCAD 2005 中使用菜单命令“格式”→“多线样式”可以设置多线样式，定义元素特性、多线特性等，多线样式设置窗口如图 2-50 所示，用户可以根据需要创建多线样式，设置其线条数目和线的拐角方式。

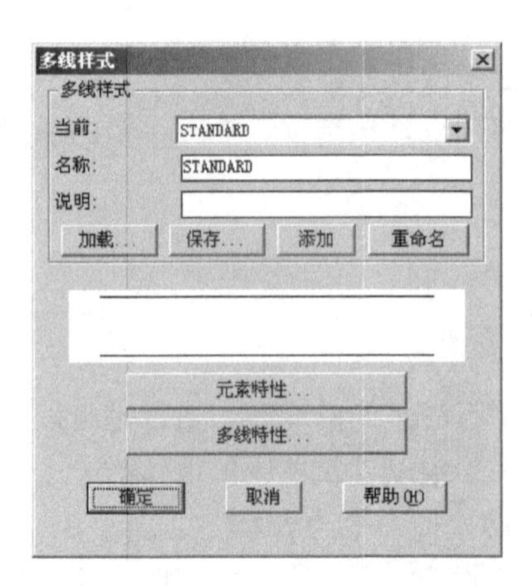


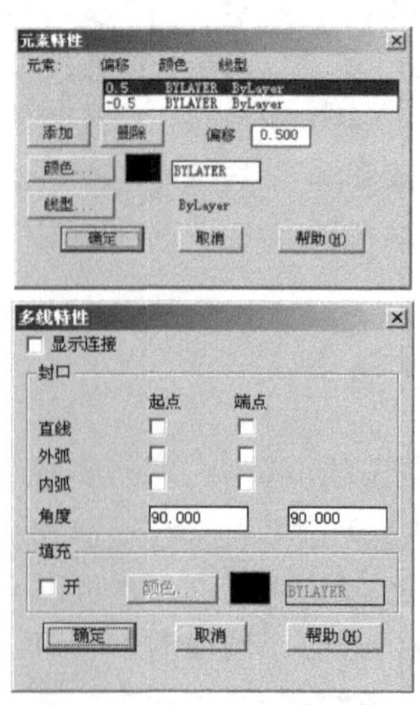


图 2-50　多线样式设置窗口

“元素特性”对话窗口：用于设置多线样式的元素特性，包括多线的线条数目、每条线的颜色和线型等特性。“元素”列表框中列举了当前多线样式中各线条元素及其特性，包括线条元素相对于多线中心线的偏移量、线条颜色和线型。如果用户要增加多线中线条的数目，可单击“添加”按钮，这时在“元素”列表框中将加入一个偏移量为 0 的新线条元素，并通过“偏移”文本框设置线条元素的偏移量。单击“颜色”按钮，使用打开的“选择颜色”对话窗口设置当前线条的颜色。单击“线型”按钮，使用打开的“线型”对话窗口设置线条元素的线型。如果在“元素”列表框中选中某一线条元素，然后单击“删除”按钮，则会删除该线条。

“多线特性”对话窗口：用于设置多线的特性，如封口、填充等。如果选中“显示连接”复选框，则可以在多线的拐角处显示连接线，否则不显示。“封口”选项组用于控制多线起点和端点处的样式，用户可以为多线的每个端点选择一条直线或弧线，并输入角度。其中，“直线”穿过整个多线的端点；“外弧”连接最外层元素的端点；“内弧”连接成对元素，如果有奇数个元素，则中心线不相连。“填充”选项组用于设置是否填充多线的背景，选中“开”复选框，此时“颜色”按钮变为可用，单击它可以从打开的“选择颜色”对话窗口中选择一种填充颜色作为多线的背景。

**注意：**实际画出的多线相临平行线之间的间距=“多线样式”中设定的偏移量×绘制多线时的“比例”因子。

**3．编辑多线**

在 AutoCAD 2005 中，选择菜单命令“修改”→“对象”→“多线”，可打开“多线编辑工具”对话窗口，用户可以使用其中的 12 种编辑工具编辑多线，如图 2-51 所示。用户可根据需要点击某个编辑工具，按“确定”返回绘图区，再分别点击要编辑的两条多线即可。

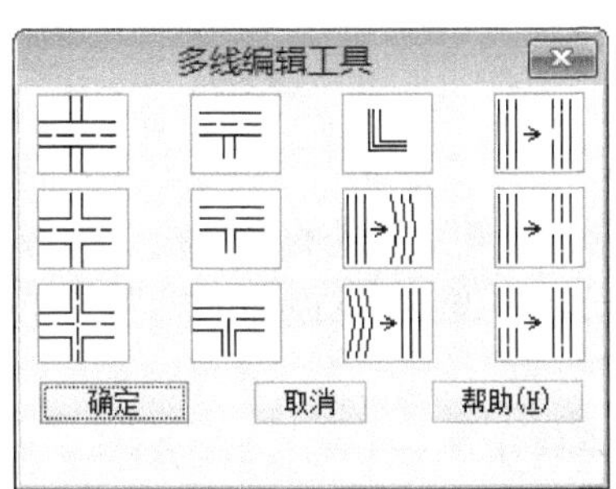


图 2-51　多线编辑工具窗口

**注意：**多线是个组合对象，它是一个整体，用修剪等命令是不起作用的，除非用“分解”命令打散才行，但多线分解后就变成了若干条直线段，多线样式中设置的效果会丢失，如填充等。

## 五、圆环、修订云线和样条曲线

### （一）圆环

圆环表面由两个同心圆和实心填充块组成，但它是一个整体，点击拖拉圆环的象限点会使圆环发生不规则变形。绘制圆环的快捷命令为 DO。“绘图”工具栏上无圆环命令，菜单栏上有。

要创建圆环，应指定它的内、外直径和圆心。如果圆环内径值为 0，则将绘制一个半径为圆环外径的填充圆。系统变量 FILLMODE 的值不同，圆环状态也不同，如图 2-52 所示。

图 2-52　画圆环示例

**技巧**：在画通信工程图时，可以用圆环来表示两条线相交相连，不是跨接，此时应把内径改为 0，如图 2-53 所示。

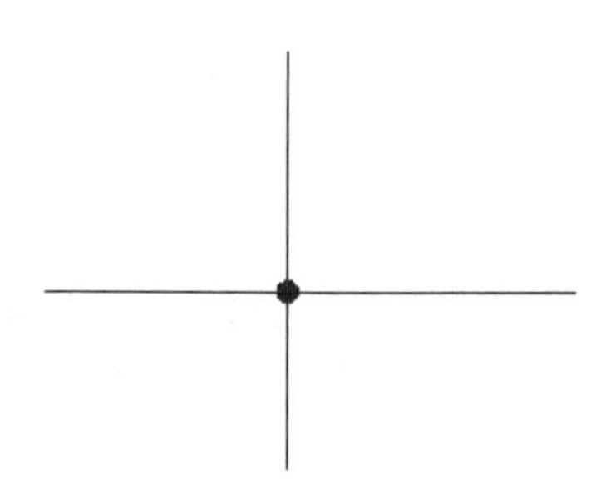

图 2-53　用圆环来表示两条线相交相连

(二) 修订云线

“修订云线”用于创建由连续圆弧组成的多段线以构成云图对象。通常在检查或用红线圈阅图形时，可以使用修订云线功能亮显标记以提高工作效率。

修订云线的命令行选项参数为

[弧长(A)/对象(O)/样式(S)]

其中各选项的功能如下：

(1) “弧长(A)”选项：用于指定云线的最小弧长和最大弧长，默认情况下弧长的最小值为 0.5 个单位，弧长的最大值不能超过最小值的 3 倍。

(2) “对象(O)”选项：用于选择一个封闭图形，如矩形、多边形等，并将其转换为修订云线，命令行将显示“选择对象：反转方向[是(Y)/否(N)]<否>：”提示信息。此时，如果输入 Y，则圆弧方向向内；如果输入 N，则圆弧方向向外。

(3) “样式(S)”选项：用于指定修订云线的样式，包括“普通”和“手绘”两种。

绘制修订云线时，可以使用拾取点选择较短的弧线段来更改圆弧的大小，也可以通过调整拾取点来编辑修订云线的单个弧长和弦长。

用户可以从头开始创建修订云线，相当于手绘，更多情况是将对象(例如圆、椭圆、多段线或样条曲线)转换为修订云线。将对象转换为修订云线时，如果 DELOBJ 设置为 1(默认值)，则原始对象将被删除。

**技巧**：在通信工程制图中，“修订云线”可用来画计算机网络云图等，方法就是将一个椭圆转换为修订云线，如图 2-54 所示。

图 2-54　将一个椭圆转换为修订云线——网络云图

绘制网络云图时，命令行的提示信息和具体操作步骤如下：

命令：_revcloud

最小弧长：10 最大弧长：30 样式：普通

指定起点或[弧长(A)/对象(O)/样式(S)]<对象>：(按 Enter 键)

选择对象：(选中椭圆)

反转方向[是(Y)/否(N)]<否>：(按 Enter 键)

至此，椭圆转换为修订云线完成。

### (三) 样条曲线

“样条曲线”是一种通过或接近指定点的拟合曲线，是由多条线段光滑过渡组成的。在 AutoCAD 中，样条曲线的类型是非均匀关系基本样条曲线(Non-Uniform Rational Basis Splines，NURBS)。这种类型的曲线适宜于表达具有不规则变化曲率半径的曲线，例如机械图形的断切面、地形外貌轮廓线等。

绘制样条曲线的快捷命令为 SPL。绘制样条曲线时需要指定起点、起点切向、拟合公差等，还可以绘制闭合的样条曲线，如图 2-55 所示。

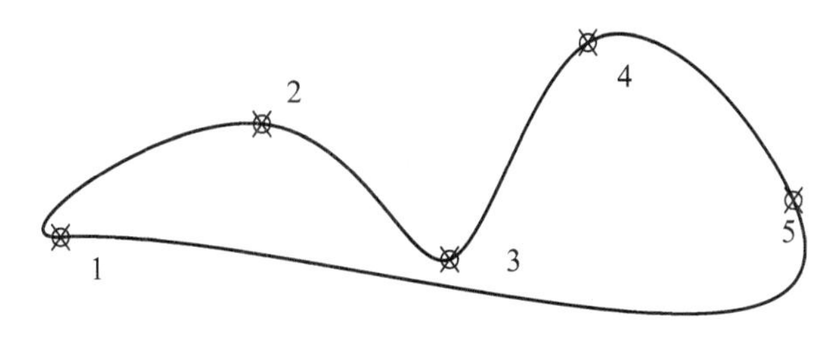


图 2-55　样条曲线示例

在默认情况下，用户可以指定样条曲线的起点，然后指定样条曲线上的另一个点后，系统继续给出的提示信息为

指定下一点或[闭合(C)/拟合公差(F)]<起点切向>：

在该提示下，用户可以通过继续定义样条曲线的控制点来创建样条曲线，也可以使用其他选项，其功能如下：

(1) “起点切向”选项：在完成控制点的指定后按 Enter 键，此时要求用户确定样条曲线在起点处的切线方向，同时在起点与当前光标点之间出现一根橡皮筋线来表示样条曲线

在起点处的切线方向。如果在“指定起点切向：”提示信息下移动鼠标，样条曲线在起点处的切线方向的橡皮筋线也会随着光标点的移动发生变化，同时样条曲线的形状也发生相应的变化。用户可在该提示下直接输入表示切线方向的角度值，或者通过移动鼠标的方法来确定样条曲线起点处的切线方向，即单击鼠标的左键拾取一点，以样条曲线起点到该点的连线作为起点的切向。当指定了样条曲线在起点处的切线方向后，还需要指定样条曲线终点处的切线方向。

(2) “闭合(C)”选项：用于封闭样条曲线，并显示“指定切向：”提示信息，要求用户指定样条曲线在起点同时也是终点处的切线方向(因为样条曲线的起点与终点重合)。当确定了切线方向后，即可绘出一条封闭的样条曲线。

(3) “拟合公差(F)”选项：用于设置样条曲线的拟合公差。所谓拟合公差，是指实际样条曲线与输入的控制点之间所允许偏移距离的最大值。当给定拟合公差时，绘出的样条曲线不会全部通过各个控制点，但总是通过起点与终点。这种方法特别适用于拟合点比较多的情况。当输入了拟合公差值后，又返回“指定下一点或[闭合(C)/拟合公差(F)]<起点切向>：”提示信息，可根据前面介绍的方法绘制样条曲线，所不同的是，该样条曲线不再全部通过除起点和终点外的各个控制点。

当选择“对象(O)”时，可以将多段线编辑得到的二次或者三次拟合样条曲线转换成等价的样条曲线。

## 六、面域、图案填充和边界

### (一) 面域

面域是具有边界的平面区域，它是一个面对象，内部可以包含孔。虽然从外观来说，面域和一般的封闭线框没有区别，但实际上面域就像是一张没有厚度的纸，除了包括边界外，还包括边界内的平面。在 AutoCAD 2005 中，用户可以将由某些对象围成的封闭区域转换为面域，这些封闭区域可以是圆、椭圆、封闭的二维多段线、封闭的样条曲线等对象，也可以是由圆弧、直线、二维多段线、椭圆弧、样条曲线等对象构成的封闭区域。

面域的快捷命令为 REG。根据提示信息选择一个或多个用于转换为面域的封闭图形，当按下 Enter 键后即可将它们转换为面域。

圆、多边形等封闭图形属于线框模型，而面域属于实体模型，它是可以着色的。面域还可以进行布尔运算，包括交集、差集、并集，从而可以创造出复杂的平面图形，反之线框图形是无法使用布尔运算的。在 AutoCAD 2005 中，用户可以使用“修改”→“实体编辑”子菜单中的相关命令，对面域进行布尔运算，如图 2-56 所示。

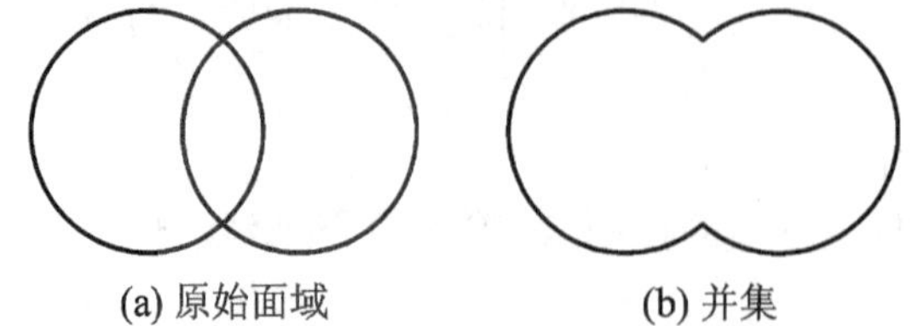

(a) 原始面域　　(b) 并集

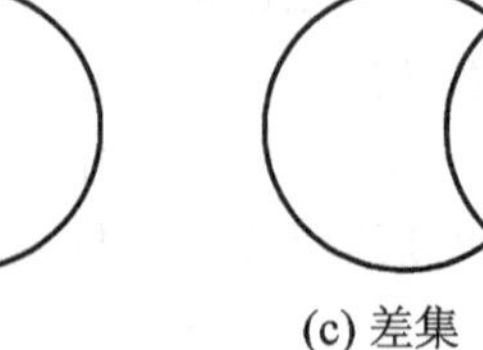

(c) 差集

(d) 交集

图 2-56　面域的布尔运算

## (二) 图案填充

图案填充是使用指定线条图案来充满指定区域的图形对象，常常用于表达剖切面和不同类型物体对象的外观纹理等，被广泛应用在绘制机械图、建筑图、地质构造图等各类图形中。

图案填充的快捷命令为 H。命令执行后，会打开“边界图案填充”对话窗口，如图 2-57 所示。在该对话窗口中，用户可以设置图案填充时的图案特性、填充边界及填充方式等。

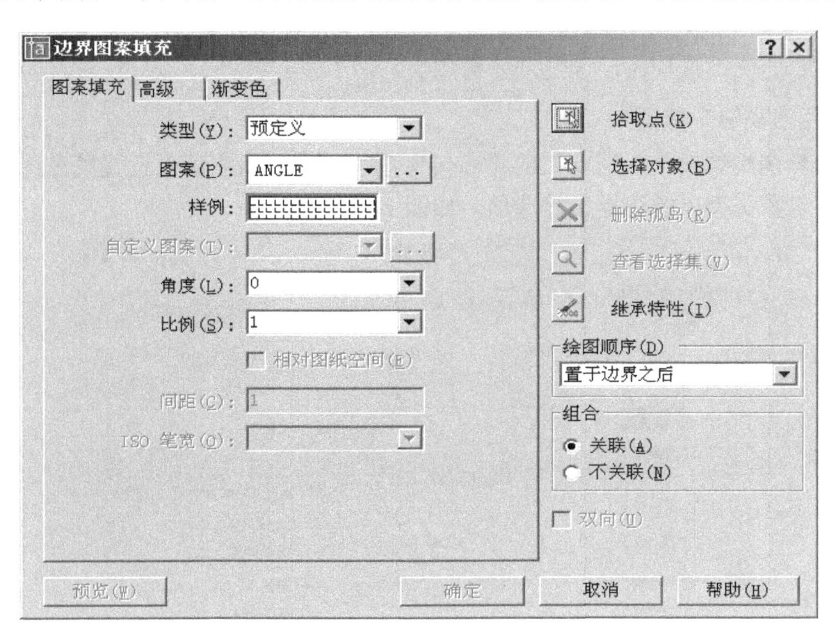


图 2-57　“边界图案填充”对话窗口

### 1. 使用“图案填充”选项卡

在“边界图案填充”对话窗口中的“图案填充”选项卡中，用户可以设置图案填充的类型、图案、角度、比例等内容。该选项卡中各选项的功能如下：

(1) “类型”下拉列表框：用于设置填充的图案类型，包括“预定义”、“用户定义”和“自定义”3 个选项。如果选择“预定义”选项，就可以使用 AutoCAD 提供的图案；如果选择“用户定义”选项，则需要用户临时定义图案，该图案由一组平行线或者相互垂直的两组平行线组成；如果选择“自定义”选项，则可以使用用户事先定义好的图案。

(2) “图案”下拉列表框：用于设置填充的图案。当在“类型”下拉列表框中选择“预定义”选项时，该下拉列表框才可用。用户可以从该下拉列表框中根据图案名来选择图案，也可以单击其后的 ... 按钮，在打开的“填充图案选项板”对话窗口中进行选择。该对话窗口有 4 个选项卡，分别对应 4 种图案类型。

(3) “样例”预览窗口：用于显示当前选中的图案样例。单击所选的样例图案，也可打开“填充图案选项板”对话窗口，供用户选择图案。

(4) “自定义图案”下拉列表框：当填充的图案采用“自定义”类型时，该选项才可用。用户可以在下拉列表框中选择图案，也可以单击其后的 ... 按钮，从“填充图案选项板”

对话窗口的“自定义”选项卡中进行选择。

(5) “角度”下拉列表框：用于设置填充的图案旋转角度，每种图案在定义时的旋转角度都为零。

(6) “比例”下拉列表框：用于设置图案填充时的比例值。每种图案在定义时的初始比例为 1，用户可以根据需要放大或缩小。如果在“类型”下拉列表框中选择“用户定义”选项，则该选项不可用。

(7) “相对图纸空间”复选框：用于决定该比例因子是否为相对于图纸空间的比例。

(8) “间距”文本框：用于设置填充平行线之间的距离，当在“类型”下拉列表框中选择“用户自定义”选项时，该选项才可用。

**2. 使用“高级”选项卡**

在“边界图案填充”对话窗口的“高级”选项卡中，用户可以设置填充图形中的孤岛检测样式、对象类型以及边界集等选项，如图 2-58 所示。

图 2-58　“边界图案填充”对话窗口的“高级”选项卡

图中各选项的功能说明如下：

(1) “孤岛检测样式”选项组：用于设置孤岛的填充方式，其中包括“普通”、“外部”和“忽略”三种方式。

① “普通”方式：从最外边界向里画填充线，遇到与之相交的内部边界时断开填充线，遇到下一个内部边界时再继续绘制填充线。

② “外部”方式：从最外边界向里画填充线，遇到与之相交的内部边界时断开填充线，不再继续往里绘制填充线。

③ “忽略”方式：忽略边界内的对象，所有内部结构都被填充线覆盖。

(2) “对象类型”选项组：用于设置是否将填充边界以对象的形式保留下来及保留的类型。其中，选中“保留边界”复选框，可将填充边界以对象的形式保留，并可以从“对象类型”下拉列表框中选择填充边界的保留类型，如“多段线”或“面域”选项等。

(3) “边界集”选项组：用于定义填充边界的对象集，即 AutoCAD 将根据哪些对象来确定填充边界。默认情况下，系统根据“当前视口”中的所有可见对象确定填充边界。用户也可以单击“新建”按钮，切换到绘图窗口，然后通过指定对象类定义边界集，此时“边界集”下拉列表框中将显示为“现有集合”选项。

(4) “孤岛检测方式”选项组：用于设置孤岛检测方式，包括“填充”和“射线法”两种。

① “填充”单选按钮：选择该单选按钮，可以将孤岛作为填充边界。

② “射线法”单选按钮：选择该单选按钮，可以从拾取点向离该点最近的对象画射线，相交后在逆时针方向沿着与拾取点最近的对象轮廓确定填充边界，将孤岛不作为填充边界。

(5) “允许的间隙”文本框：在该参数范围内，可以将一个几乎封闭的区域看作是一个闭合的填充边界。默认值为 0 时，对象是完全封闭的区域。

**注意：**在进行图案填充时，通常将位于一个已定义好的填充区域内的封闭区域称为孤岛。

### 3. 使用“渐变色”选项卡

在 AutoCAD 2005 中，用户可以使用“边界图案填充”对话窗口的“渐变色”选项卡创建一种或两种颜色形成的渐变色，并对图形进行填充，如图 2-59 所示。

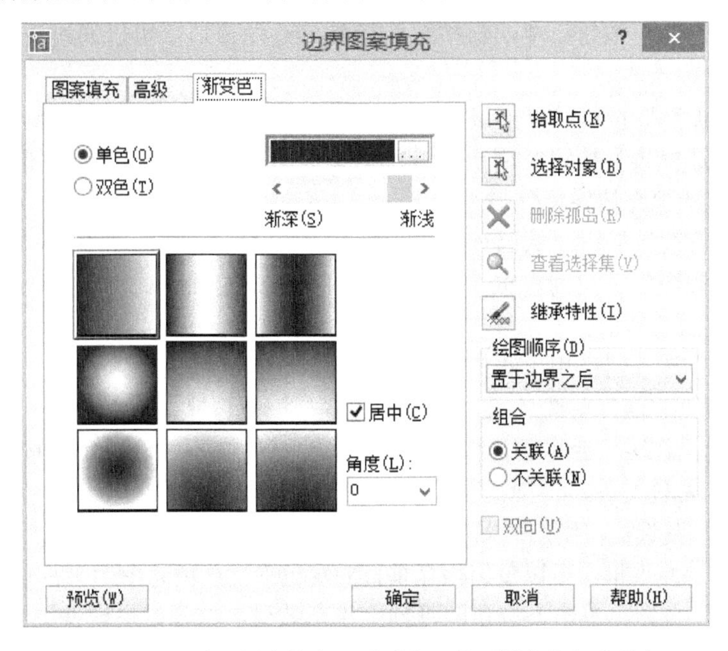


图 2-59　“边界图案填充”对话窗口的“渐变色”选项卡

各选项的功能说明如下：

(1) “单色”单选按钮：选择该单选按钮，可以使用从较深着色到较浅色调平滑过渡的单色填充。此时，AutoCAD 显示“浏览”按钮和“色调”滑块。其中，单击“浏览”按钮将显示“选择颜色”对话窗口，从中可以选择 AutoCAD 索引颜色、真彩色或配色系统颜色，显示的默认颜色为图形的当前颜色；通过“色调”滑块，可以指定一种颜色的色调(选定颜色与白色的混合)或着色(选定颜色与黑色的混合)。

(2) “双色”单选按钮：选择该单选按钮，可以指定两种颜色之间平滑过渡的双色渐变填充。此时 AutoCAD 在“颜色 1”和“颜色 2”后分别显示带“浏览”按钮的颜色样本。

(3) “居中”复选框：用于指定对称的渐变配置。如果没有选中此选项，则渐变填充

将向左上方变化，创建光源在对象左边的图案。

(4) “角度”下拉列表框：相对当前 UCS 指定渐变填充的角度，该选项与指定给图案填充的角度互不影响。

(5) “渐变图案”预览窗口：显示当前设置的渐变色效果，共有 9 种效果。

**注意：**在 AutoCAD 2005 中，尽管可以使用渐变色来填充图形，但该渐变色只能由两种颜色创建，不能使用位图填充图形。

**4．其他设置参数**

在“边界图案填充”对话窗口中，用户还可以使用拾取点、选择对象、继承特性及组合等选项，设置其他相关内容，各选项的功能如下：

(1) “拾取点”按钮：可以以拾取点的形式来指定填充区域的边界。单击该按钮，AutoCAD 将切换到绘图窗口，用户可在需要填充的区域内任意指定一点，系统会自动计算出包围该点的封闭填充边界，同时亮显该边界。如果在拾取点后系统不能形成封闭的填充边界，则会显示错误提示信息。

(2) “选择对象”按钮：单击该按钮将切换到绘图窗口，可以通过选择对象的方式来定义填充区域的边界。

(3) “删除孤岛”按钮：单击该按钮可以取消系统自动计算或用户指定的孤岛。

(4) “查看选择集”按钮：用于查看已定义的填充边界。单击该按钮，切换到绘图窗口，此时已定义的填充边界将亮显。

(5) “继承特性”按钮：从已有的图案填充对象设置将要填充的图案填充方式。

(6) “绘图顺序”下拉列表框：用于设置图案填充的顺序。用户可以将图案填充放置在任何对象的前面或后面。

(7) “组合”选项组：用于设置图案填充与填充边界的关系，包括“关联”和“不关联”两种。选中“关联”单选按钮，填充的图案与填充边界保持着关联关系，当对填充边界进行某些编辑操作时，会重新生成图案填充；当选中“不关联”单选按钮时，图案填充与填充边界没有关联关系。

(8) “双向”复选框：当在“图案填充”选项卡的“类型”下拉列表框中选择“用户定义”选项时选中该复选框，可以使用相互垂直的两组平行线填充图形；否则为一组平行线。

(9) “预览”按钮：单击该按钮即可预览填充效果，以便用户调整填充设置。

**技巧：**要修改已有的填充图案，先双击或选中后按 Enter 键打开它，会弹出“边界图案填充”对话窗口，可以更换填充图案、调整填充比例等。

**注意：**填充图案时要注意填充的区域是封闭的，尽量把要填充的区域缩放到绘图窗口中，否则有可能找不到边界，甚至出现电脑假死的情况。

### (三) 边界

“边界”命令可以快速得到封闭区域外围轮廓线。边界的快捷命令为 BO。“绘图”工具栏上无边界命令，菜单栏上有。

边界命令执行后，弹出“边界创建”对话窗口，如图 2-60 所示，与“边界图案填充”窗口相类似，它的参数含义也与之相同。命令完成后，得到对封闭区域外围轮廓进行描边的多段线，它也是封闭的，同时还是一个整体；或者创建一个面域，这与“对象类型”设置有关。

图 2-60　“边界创建”对话窗口

# 任务三　图 形 编 辑

**任务要求：**

(1) 识记：常用编辑命令的各参数含义。

(2) 领会：选择集的构成方法，各图形编辑命令的操作步骤。

(3) 应用：使用图形编辑操作命令完成图形修改，最终得到所需图形。

制图时要讲究准确、高效，这样才能在以后工作中更好更快地完成任务。具体可从四方面入手：一是制图前对抄画图形或工程草图进行整体分析，分析它由哪些基本图形组成，先画这些基本图形，确定基本框架。二是使用图形编辑命令将已画好的基本图形修改、调整为最终所需图形，应该花时间多练习、多上机操作，才能做到熟练操作。三是在绘制图形时可能会有多种方法，原则是怎么简单怎么来，怎么熟悉怎么来。四是追求细节完美，细节决定成败，应做到仔细观察、大胆尝试、细心操作、用心尽心。

## 一、选择图形

在对图形进行编辑操作之前，首先需要确定所要编辑的对象，因此就需要选择对象。AutoCAD 会用虚线亮显所选的对象，而这些对象也就构成了选择集。选择集可以包含单个对象，也可以包含更复杂的对象编组。

在 AutoCAD 中，选择对象的方法很多。例如，可以通过单击对象逐个拾取，也可利用矩形窗口或交叉窗口选择；可以选择最近创建的对象、前面的选择集或图形中的所有对象，也可以向选择集中添加对象或从中删除对象。

### (一) 用鼠标、键盘选择图形对象

#### 1. 鼠标操作

(1) 单击：单击图形对象可选中图形对象，多次单击可向选择集添加图形对象。

(2) 窗选(或称为正选)：按下鼠标左键从左往右拉出矩形选择框，拉出矩形选择框的边线是实线，所有被这个矩形窗口包含的图形对象将被选中，不在该窗口内或者只有部分在该窗口内的对象则不被选中。

(3) 框选(或称为反选)：用交叉窗口选择对象，即按下鼠标左键从右往左拉出矩形选择框，拉出矩形选择框的边线是虚线，所有被这个矩形窗口包含的图形对象、部分在该窗口内的对象都会被选中。全部位于窗口之内或者与窗口边界相交的对象都将被选中。

(4) 栏选：通过绘制一条开放的多点栅栏(多段直线)来选择，其中所有与栅栏线相接触的对象均会被选中。

#### 2. 键盘操作

(1) 按 Ctrl + A 可全选。

(2) 按下 Shift 键，可从选择集中删除对象，默认“选择模式”选项组中不勾选“用 Shift 键添加到选择集”复选框，如图 2-61 所示。

(3) 按 Esc 键可撤销当前选择集。

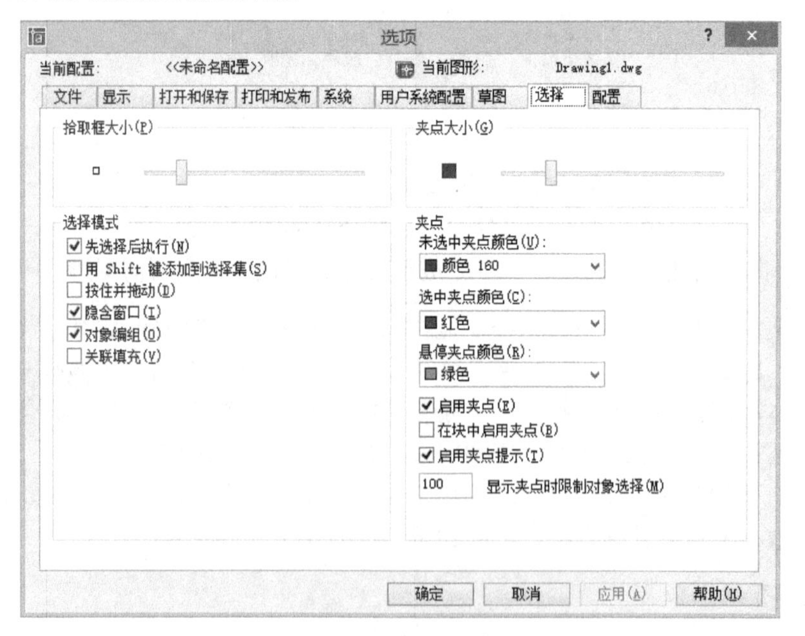


图 2-61　“选项”窗口的“选择”选项卡

### (二) 快速选择

在 AutoCAD 中，当用户需要选择具有某些共同特性的对象时，可利用“快速选择”对话窗口，在其中根据对象的图层、线型、颜色、图案填充等特性和类型，创建选择集。选择菜单命令“工具”→“快速选择”，可打开“快速选择”对话窗口，如图 2-62 所示。

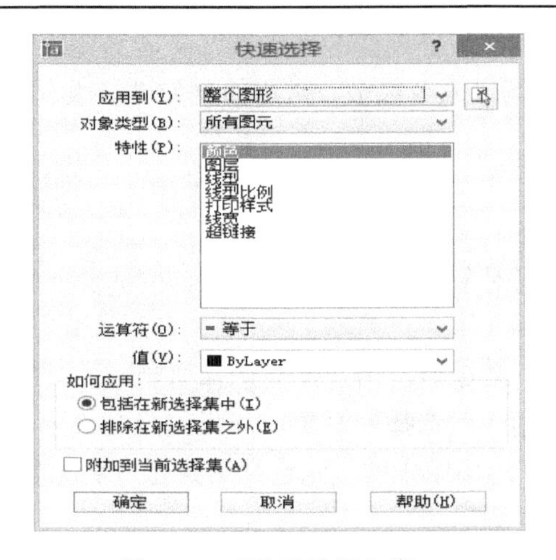


图 2-62　“快速选择”窗口

“快速选择”窗口中各选项的功能如下：

(1) “应用到”下拉列表框：用于选择过滤条件的应用范围，可以应用于整个图形，也可以应用到当前选择集中。如果有当前选择集，则“当前选择”选项为默认选项；如果没有当前选择集，则“整个图形”选项为默认选项。

(2) “选择对象”按钮 ：单击该按钮将切换到绘图窗口中，用户可以根据当前所指定的过滤条件来选择对象。选择完毕后，按 Enter 键结束选择并回到“快速选择”对话窗口中，同时 AutoCAD 会将“应用到”下拉列表框中的选项设置为“当前选择”。

(3) “对象类型”下拉列表框：用于指定要过滤的对象类型。如果当前没有选择集，则在该下拉列表框中将包含 AutoCAD 所有可用的对象类型；如果已有一个选择集，则包含所选对象的对象类型。

(4) “特性”列表框：用于指定作为过滤条件的对象特性。

(5) “运算符”下拉列表框：用于控制过滤的范围。运算符包括 =、<>、>、<、*、全部选择等。其中 > 和 < 运算符对某些对象特性是不可用的，* 运算符仅对可编辑的文本起作用。

(6) “值”下拉列表框：用于设置过滤的特性值。

(7) “如何应用”选项组：如果选择“包括在新选择集中”单选按钮，则由满足过滤条件的对象构成选择集；如果选择“排除在新选择集之外”单选按钮，则由不满足过滤条件的对象构成选择集。

(8) “附加到当前选择集”复选框：用于指定由 QSELECT 命令所创建的选择集是追加到当前选择集中，还是替代当前选择集。

## 二、图形基本编辑(删除、复制、镜像、偏移、阵列)

在 AutoCAD 中，单纯地使用绘图命令或绘图工具只能创建出一些基本图形对象，而要绘制复杂的图形，在很多情况下必须借助于“修改”菜单中的图形编辑命令，如图 2-63 所示。

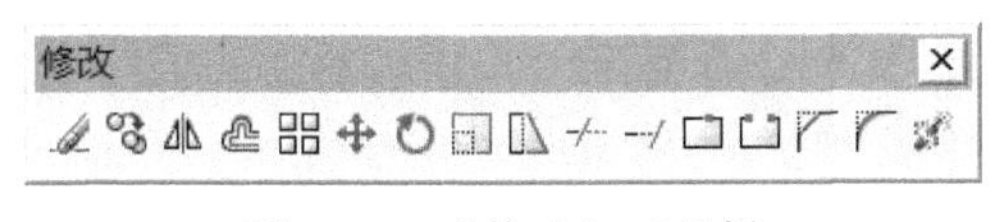


图 2-63　“修改”工具栏

合理使用编辑命令，既能保证绘图的准确性，又能简化绘图操作，从而极大地提高绘图效率。AutoCAD 的修改编辑命令很多，常用的就如“修改”工具栏所示，本书将依次介绍这些修改编辑命令。

### (一) 删除

删除命令用于删除图形对象，其快捷命令为 E。按键盘上的 Del 或 Delete 键也可以删除图形对象。

通常，当发出“删除”命令后，用户需要选择要删除的对象，然后按 Enter 键或空格键结束对象选择，同时将删除已选择的对象。如果用户在“选项”对话窗口的“选择”选项卡中，选中“选择模式”选项组中的“先选择后执行”复选框，那么就可以先选择对象，然后单击“删除”按钮将其删除。

### (二) 复制

复制命令用于复制图形对象，从已有的对象复制出副本，并放置到指定的位置，其快捷命令为 CO。

执行复制命令时，首先需要选择对象，然后指定位移的基点和位移矢量(相对于基点的方向和大小)。从 AutoCAD 2005 版开始，默认是多重复制。也可以使用 Windows 组合键 Ctrl + C、Ctrl + V 实现复制、粘贴的目的。

### (三) 镜像

镜像命令可以将对象以镜像线对称复制，其快捷命令为 MI。

执行镜像命令时，需要用户选择要镜像的对象，然后依次指定镜像线上的两个端点，这时命令行将显示“是否删除源对象？[是(Y)/否(N)]<N>:”提示信息。如果直接按 Enter 键，则镜像复制对象，并保留原来的对象；如果输入 Y，则在镜像复制对象的同时删除原对象。

在 AutoCAD 中，使用系统变量 MIRRTEXT 可以控制文字对象的镜像效果。如果 MIRRTEXT 的值为 1，则文字对象完全镜像；如果 MIRRTEXT 的值为 0，则文字对象不完全镜像，如图 2-64 所示。

图 2-64　“移动”两字不完全镜像、“通信”两字完全镜像

### (四) 偏移

偏移命令可以对指定的直线、圆弧、圆等对象作同心偏移复制。在实际应用中，常利用“偏移”命令的这些特性创建平行线或等距离分布图形。偏移的快捷命令为 O。

执行“偏移”命令时，其命令行显示“指定偏移距离或[通过(T)]<通过>:”提示信息，此时应注意以下几个方面：

(1) 如果指定偏移距离，则选择要偏移复制的对象，然后指定偏移方向，以复制出对象。通过指定偏移距离的方式来复制对象时，距离值必须大于 0。

(2) 如果在命令行输入 T，再选择要偏移复制的对象，然后指定一个通过点，则复制出的对象将经过通过点。

(3) 偏移命令是一个单对象编辑命令，在使用过程中，只能以直接拾取方式选择对象。

(4) 使用“偏移”命令复制对象时，复制结果不一定与原对象相同。例如，对圆弧作偏移后，新圆弧与旧圆弧同心且具有同样的包含角，但新圆弧的长度要发生改变；对圆或椭圆作偏移后，新圆、新椭圆与旧圆、旧椭圆有同样的圆心，但新圆的半径或新椭圆的轴长要发生变化。对直线段、构造线、射线作偏移，是平行复制。

例如，绘制如图 2-65 所示图形(里面矩形已存在)，命令行显示的提示信息和操作步骤如下：

命令：_offset

指定偏移距离或[通过(T)]<20.0000>：15(输入偏移距离 15，按 Enter 键)

选择要偏移的对象或<退出>：(单击选中实线矩形)

指定点以确定偏移所在一侧：(移动光标到实线矩形的外侧任意位置并单击鼠标左键。)

选择要偏移的对象或<退出>：(按 Enter 键退出)

(最后一步选中外围矩形，手动把它的线型改为虚线。)

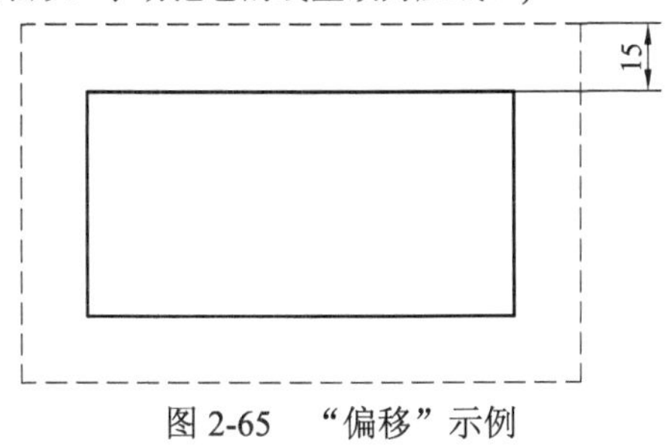


图 2-65　“偏移”示例

### (五) 阵列

阵列本质上是多重复制，可以在矩形或环形(圆形)阵列中摆放所创建对象的副本，对于创建多个定间距的对象，阵列比复制要快。

阵列的快捷命令为 AR。执行阵列命令后会弹出如图 2-66 所示的设置窗口。

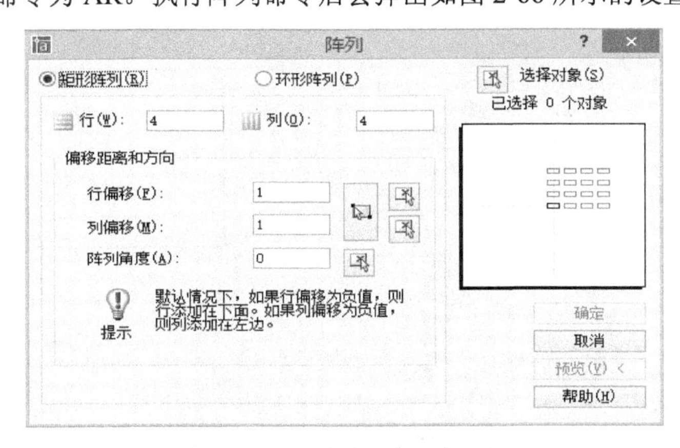


图 2-66　“阵列”窗口(矩形)

## 1．矩形阵列

矩形阵列可以控制行和列的数目以及它们之间的距离。

矩形阵列窗口中的各选项的含义如下：

(1) “行”文本框：用于设置矩形阵列的行数。

(2) “列”文本框：用于设置矩形阵列的列数。

(3) “偏移距离和方向”选项组：在“行偏移”、“列偏移”、“阵列角度”文本框中可以输入矩形阵列的行距、列距和阵列角度，也可以单击文本框右边的按钮，在绘图窗口中通过指定点来确定距离和方向。

(4) “选择对象”按钮：单击该按钮将切换到绘图窗口，在该窗口中可以选择进行阵列复制的对象。

(5) 预览窗口：显示当前的阵列模式、行距和列距以及阵列角度。

(6) “预览”按钮：单击该按钮将切换到绘图窗口，在该窗口中可预览阵列复制效果。

矩形阵列示例如图 2-67 所示。

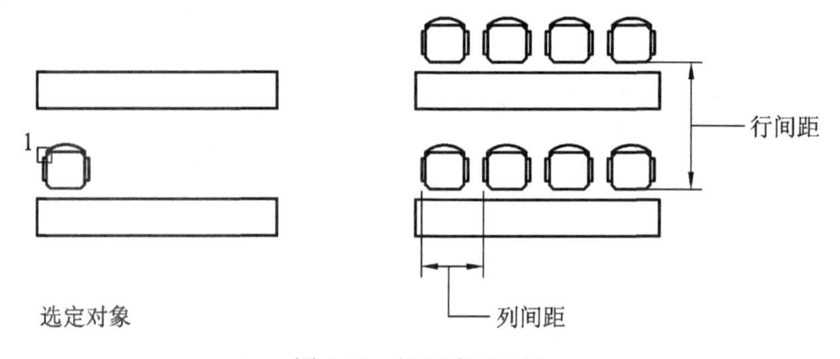


图 2-67　矩形阵列示例

## 2．环形阵列

环形阵列可以控制对象副本的数目并决定是否旋转副本。若要创建环形阵列，则可以在“阵列”对话窗口中选择“环形阵列”选项，确定阵列的中心点、个数和圆心角后完成阵列，如图 2-68 所示。

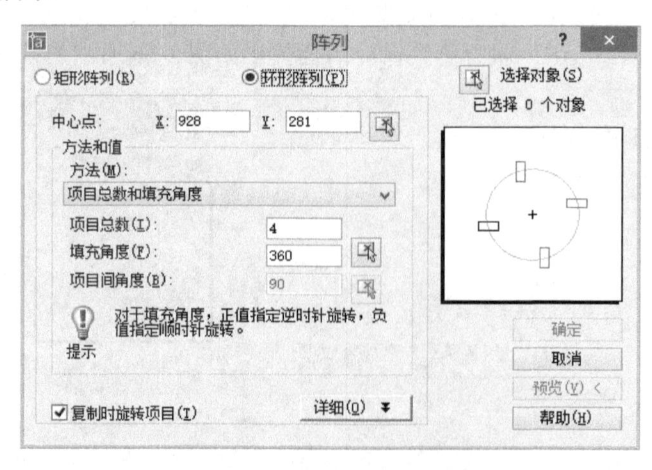


图 2-68　“阵列”窗口(环形)

环形阵列对话窗口中各选项的含义如下：

(1) “中心点”选项组：在 X 和 Y 文本框中，输入环形阵列的中心点坐标，也可以单击右边的按钮切换到绘图窗口中，直接指定一点作为阵列的中心点。

(2) “方法和值”选项组：设置环形阵列复制的方法和值。其中，在“方法”下拉列表框中选择环形的方法，包括“项目总数和填充角度”、“项目总数和项目间的角度”、“填充角度和项目间的角度”三种。选择的方法不同，设置的值也不同。用户可以直接在对应的文本框中输入值，也可以通过单击相应按钮，在绘图窗口中指定。环形阵列按逆时针还是顺时针方向绘制，这取决于设置填充角度时输入的是正值还是负值。

(3) “复制时旋转项目”复选框：用于设置在阵列时是否将复制出的对象旋转。

(4) “详细”按钮：单击该按钮，对话窗口中将显示对象的基点信息，用户可以利用这些信息设置对象的基点。

环形阵列示例如图 2-69 所示。

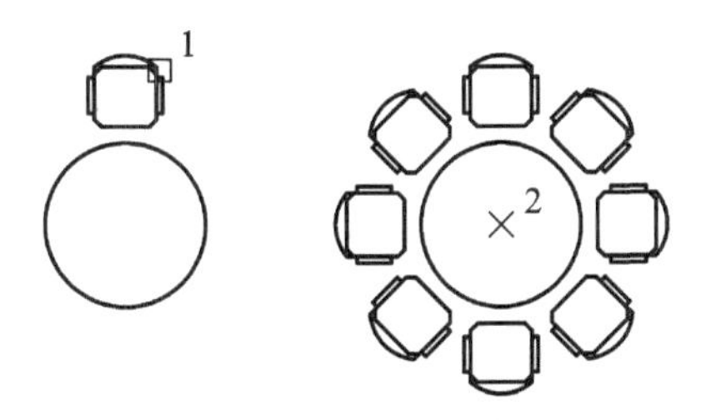


图 2-69　环形阵列示例

## 三、图形位置改变(移动、旋转、缩放、拉伸、对齐)

### (一) 移动

对象被移动改变了位置而不改变其方向和大小。通过使用坐标和对象捕捉，可以精确地移动对象。移动的快捷命令为 M。

要移动对象，用户首先选择要移动的对象，然后指定位移基点和位移矢量。在命令行的“指定基点或位移：”提示下，如果通过鼠标单击或以键盘输入形式给出了基点坐标，则命令行将显示“指定位移的第二点或<用第一点作位移>”提示信息，如果按 Enter 键，那么所给出的基点坐标值就被作为偏移量，也就是将该点作为原点(0，0)，然后将图形相对于该点移动由基点设定的偏移量。

### (二) 旋转

旋转命令可以将对象绕基点旋转指定的角度，其快捷命令为 RO。

执行旋转命令时选择要旋转的对象(可以依次选择多个对象)，并指定旋转的基点，此时命令行将显示“指定旋转角度或[参照(R)]：”提示信息。如果直接输入角度值，则可以将对象绕基点转动该角度，角度为正时逆时针旋转，角度为负时顺时针旋转；如果选择“参照(R)”选项，则以参照方式旋转对象，需要依次指定参照方向的角度值和相对于参照方向的角度值。

（三）缩放

缩放命令可以将对象按指定的比例因子相对于基点进行尺寸缩放，其快捷命令为 SC。

执行缩放命令时先选择对象，然后指定基点，命令行将显示“指定比例因子或[参照(R):”提示信息。如果直接指定缩放的比例因子，则对象将根据该比例因子相对于基点缩放，当比例因子大于 0 而小于 1 时缩小对象，当比例因子大于 1 时放大对象。如果选择“参照(R)”选项，则对象将按参照的方式缩放，需要依次输入参照长度的值和新的长度值，AutoCAD 根据参照长度与新长度的值自动计算比例因子(比例因子=新长度值/参照长度值)，然后进行缩放。

（四）拉伸

拉伸命令可以移动或拉伸对象，操作方式根据图形对象在选择框中的位置决定，其快捷命令为 S。

执行拉伸命令时，可以使用交叉窗口方式或者交叉多边形方式选择对象，然后依次指定位移基点和位移矢量，AutoCAD 将会移动全部位于选择窗口之内的对象，而拉伸(或压缩)与选择窗口边界相交的对象。

对于直线、圆弧、图案填充、多段线等对象，如果其所有部分均在选择窗口内，则它们将被移动，如果它们只有一部分在选择窗口内，则遵循以下拉伸规则：

(1) 直线：位于窗口外的端点不动，位于窗口内的端点移动。

(2) 圆弧：与直线类似，但在圆弧改变的过程中，圆弧的弦高保持不变，同时由此来调整圆心的位置和圆弧起始角、终止角的值。

(3) 区域填充：位于窗口外的端点不动，位于窗口内的端点移动。

(4) 多段线：与直线或圆弧相似，但多段线两端的宽度、切线方向及曲线拟合信息均不改变。

(5) 其他对象：如果其定义点位于选择窗口内，则对象发生移动，否则不动。其中圆对象的定义点为圆心，形和块对象的定义点为插入点，文字和属性定义的定义点为字符串基线的左端点。

**注意：**拉伸命令要选择图形对象时一定要以反选框(交叉窗口选择框)来选择，且以最近一次反选框为准。

（五）对齐

选择“修改”→“三维操作”→“对齐”命令，可以使当前对象与其他对象对齐。对齐命令既适用于二维对象，也适用于三维对象，其快捷命令为 AL。在“修改”工具栏上没有此命令，菜单栏中有。

在对齐二维对象时，用户可以指定 1 对或 2 对对齐点(源点和目标点)，在对齐三维对象时，则需要指定 3 对对齐点。

在对齐对象时，命令行显示“是否基于对齐点缩放对象？[是(Y)/否(N)]<否>：”提示信息，如果选择“否(N)”选项，则对象改变位置，且对象的第一源点与第一目标点重合，第二源点位于第一目标点与第二目标点的连线上，即对象先平移，后旋转；如果选择“是(Y)”

选项，则对象除平移和旋转外，还基于对齐点进行缩放。由此可见，“对齐”命令是“移动”命令和“旋转”命令甚至是“缩放”命令的组合。对齐示例如图 2-70 所示。

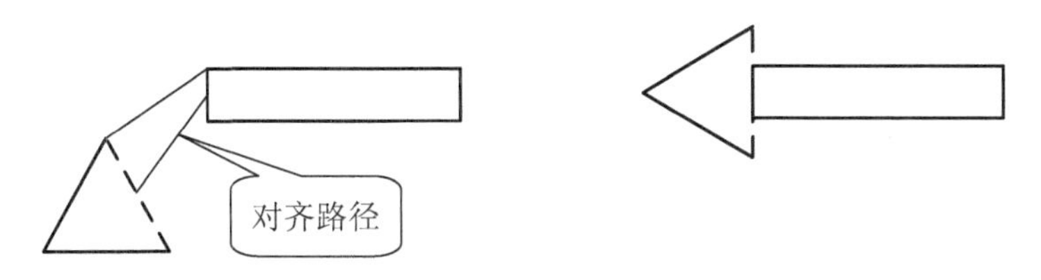


图 2-70　对齐示例(将左下的三角形对齐到矩形的左侧边)

## 四、图形变形(修剪、打断、倒角、圆角、分解)

### (一) 修剪、延伸

#### 1. 修剪

可以通过修剪命令来缩短或拉长图形对象，使之与其他对象的边相接，也可以以某一对象为剪切边来修剪其他对象。修剪的快捷命令为 TR。

执行修剪命令，并选择了作为剪切边的对象后(可以是多个对象)，按 Enter 键命令行显示的提示信息为

选择要修剪的对象，按住 Shift 键选择要延伸的对象，或[投影(P)/边(E)/放弃(U)]:

在 AutoCAD 2005 中，可以作为剪切边的对象有直线、圆弧、圆、椭圆或椭圆弧、多段线、样条曲线、构造线、射线以及文字等。剪切边也可以同时作为被剪边。默认情况下，选择要修剪的对象(即选择被剪边)，系统将以剪切边为界，将被剪切对象上位于拾取点一侧的部分剪切掉。如果按下 Shift 键，同时选择与修剪边不相交的对象，则修剪边将变为延伸边界，将选择的对象延伸至与修剪边界相交。此外，修剪命令提示中其他选项的功能说明如下：

(1) “投影(P)”选项：用于指定执行修剪的空间。该选项主要应用于三维空间中两个对象的修剪，这时可将对象投影到某一平面上执行修剪操作。

(2) “边(E)”选项：选择该选项时，命令行显示“输入隐含边延伸模式[延伸(E)/不延伸(N)]<不延伸>”提示信息。如果选择“延伸(E)”选项，当剪切边太短而且没有与被修剪对象相交时，可延伸修剪边，然后进行修剪；如果选择“不延伸(N)”选项，这时只有当剪切边与被修剪对象真正相交时，才能进行修剪。

(3) “放弃(U)”选项：用于取消上一次的操作。

**技巧：** 如果未指定剪切边并在“选择对象”提示下按 Enter 键，则所有对象都将成为可能的边界，这称为隐含选择，AutoCAD 将自动选择图形中最近的选定对象作为剪切边。

#### 2. 延伸

延伸命令可以延长指定的对象与另一对象相交或外观相交，其快捷命令为 EX。

延伸命令的使用方法和修剪命令的使用方法相似，不同的地方在于：使用延伸命令时，如果在按下 Shift 键的同时选择对象，则执行修剪命令；使用修剪命令时，如果在按下 Shift 键的同时选择对象，则执行延伸命令。也就是说修剪和延伸通过按 Shift 键进行互换。

### (二) 打断、打断于点

#### 1. 打断

打断可部分删除对象或把对象分解成两部分，常用于留出空间来插入块或文字，其快捷命令为 BR。

执行打断命令并选择需要打断的对象，这时命令行显示的提示信息为

指定第二个打断点或[第一点(F)]:

默认情况下，以选择对象时的拾取点作为第一个断点，这时需要指定第二个断点。如果直接选取对象上的另一点或者在对象的一端之外拾取一点，则删除对象上位于两个拾取点之间的部分。如果选择“第一点(F)”选项，则可以重新确定第一个断点。

在确定第二个打断点时，如果在命令行输入@，可以使第一个、第二个断点重合，从而将对象一分为二(实际上就是“打断于点”)。

如果对圆、矩形等封闭图形使用打断命令，则 AutoCAD 将沿逆时针方向把第一断点到第二断点之间的那段圆弧删除。例如，在如图 2-71 所示图形中，使用打断命令时，单击点 A、B 和单击点 B、A 产生的结果是不同的。

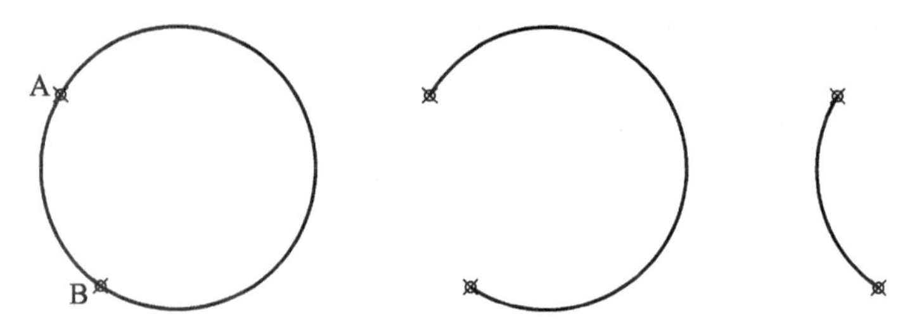


图 2-71　打断示例(点选位置不同，结果不同)

#### 2. 打断于点

打断于点命令可以将对象在一点处断开成两个对象，该命令是从“打断”命令中派生出来的，与使用“打断”不同的是，第二点的坐标@是系统自动输入的。

执行打断于点命令时，只需要选择需要被打断的对象，然后指定打断点即可从该点打断对象。例如，在图 2-72 中，右边图形是将左边直线段打断于中点后的结果。

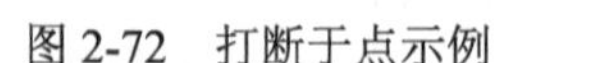

图 2-72　打断于点示例

### (三) 倒角

倒角命令可为对象绘制倒角，其快捷命令为 CHA。

执行倒角命令时，命令行显示的提示信息为

选择第一条直线或[多段线(P)/距离(D)/角度(A)/修剪(T)/方式(M)/多个(U)]:

默认情况下，用户需要选择进行倒角的两条直线，这两条直线必须相邻，然后按当前的倒角大小对这两条直线修倒角。倒角命令提示中其他选项的含义如下：

(1) “多段线(P)”选项：用于以当前设置的倒角大小对多段线的各顶点(交角)修倒角。

(2) “距离(D)”选项：用于设置倒角距离尺寸。倒角距离是每个对象与倒角线相接或与其他对象相交而进行修剪或延伸的长度。如果两个倒角距离都为 0，则倒角操作将修剪或延伸这两个对象直至它们相交，但不创建倒角线。倒角距离不一样，倒角效果与点选位置有关，如图 2-73 所示。

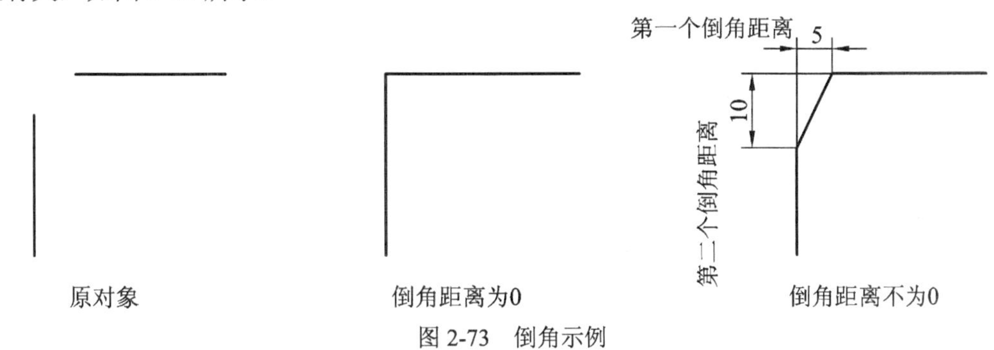


图 2-73　倒角示例

(3) “角度(A)”选项：用于根据第一个倒角距离和角度来设置倒角尺寸。

(4) “修剪(T)”选项：用于设置倒角后是否保留原拐角边，此时命令行显示“输入修剪模式选项[修剪(T)/不修剪(N)]<修剪>:”提示信息。其中，选择“修剪(T)”选项，表示倒角后对倒角边进行修剪；选择“不修剪(N)”选项，表示不进行修剪。

(5) “方法(M)”选项：用于设置倒角的方法，此时命令行显示“输入修剪方法[距离(D)/角度(A)]<距离>:”提示信息。其中，选择“距离(D)”选项，将以两条边的倒角距离来修倒角；选择“角度(A)”选项，将以一条边的距离以及相应的角度来修倒角。

(6) “多个(U)”选项：用于陆续对多个对象修倒角。

**注意**：修倒角时，倒角距离或倒角角度不能太大，否则无效。当两个倒角距离均为 0 时，倒角命令将延伸两条直线使之相交，不产生倒角。此外，如果两条直线平行或发散，则不能修倒角。

### (四) 圆角

圆角命令可以对对象用圆弧修圆角。圆角就是通过一个指定半径的圆弧来光滑地连接两个对象，其快捷命令为 F。

执行圆角命令时，命令行显示的提示信息为

选择第一个对象或[多段线(P)/半径(R)/修剪(T)/多个(U)]:

对对象修圆角的方法与对对象修倒角的方法相似，在命令行提示中，选择“半径(R)”选项，即可设置圆角的半径大小。其他选项参数的意义与倒角的相同。

可以修圆角的图形对象有：圆弧、圆、椭圆和椭圆弧、直线、多段线、射线、样条曲线、构造线。

使用圆角还是一种用指定半径创建与两个选定对象相切的圆弧的方便途径，即画外切圆弧。使用单个圆角命令便可以为多段线的所有角点加圆角。

如果要进行圆角的两个对象位于同一图层上，则在该图层创建圆角弧。否则，将在当前图层创建圆角弧，此图层影响对象的特性(包括颜色和线型)。

**技巧**：把圆角半径设置为 0，则被圆角的对象将被修剪或延伸直到它们相交，并不创

建圆弧，常用来把两条线反向延长交于一点，如图 2-74 所示。

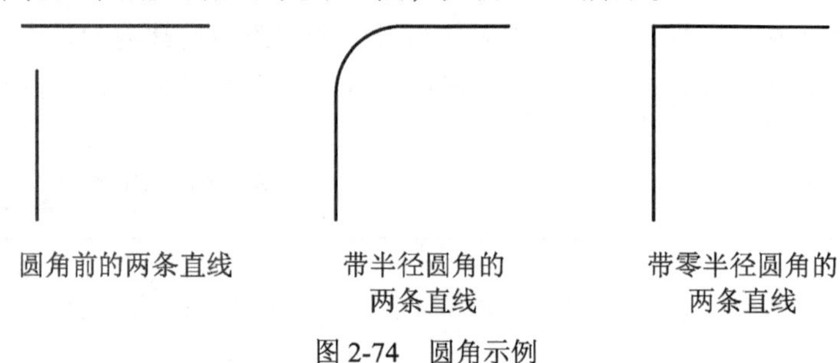


图 2-74　圆角示例

**注意**：在 AutoCAD 中，允许对两条平行线倒圆角，此时圆角半径不用设置，系统自动将圆角半径设为两条平行线距离的一半。

（五）分解

对于矩形、块等对象，它们是由多个对象编组成的组合对象，如果用户需要对单个成员进行编辑，就需要先将它分解开。

分解的快捷命令为 X。分解命令执行很简单，选择需要分解的对象后按下 Enter 键，即可分解图形并结束该命令。

例如，一个圆角矩形经过分解以后，变成 4 段直线段和 4 个圆弧，4 段直线段被移开后如图 2-75 所示。

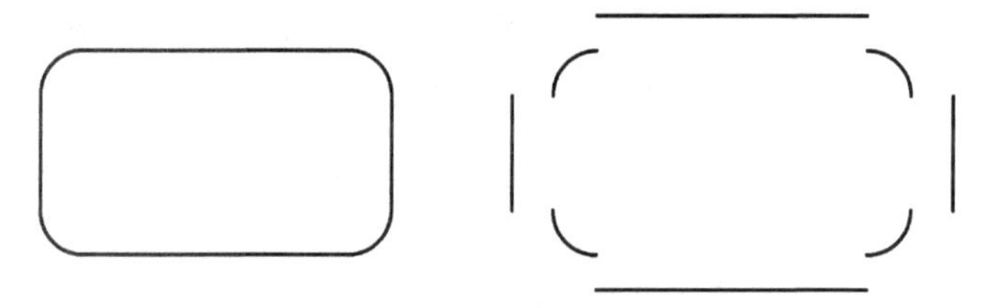

图 2-75　圆角矩形被分解成 8 个图形

## 五、夹点编辑

当选中对象时，在其中部或两端将显示若干个小方框(即夹点)，利用它们可对图形进行简单编辑。夹点编辑是一种集成的编辑模式，具有非常实用的功能，它为用户提供了一种方便快捷的编辑操作途径。例如，使用夹点可以对对象进行拉伸、移动、旋转、缩放及镜像等操作，如图 2-76 所示。

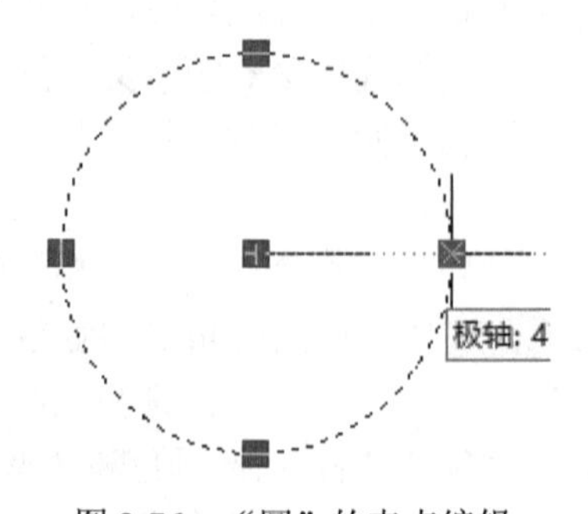


图 2-76　“圆”的夹点编辑

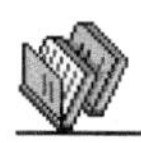



夹点具有两种状态：一是冷夹点(蓝色)，没有被点击选中，不能进行夹点编辑；二是热夹点(红色)，已被点击选中并处于夹点编辑模式下，多次按空格键，可在拉伸、移动、旋转、缩放及镜像这 5 种夹点编辑模式中循环切换。

**1. 拉伸对象**

在不执行任何命令的情况下选择对象，显示其夹点，然后单击其中一个夹点，该夹点将被作为拉伸的基点，AutoCAD 将把对象拉伸或移动到新的位置。对于某些夹点，移动它们时只能移动对象而不能拉伸对象，如文字、块、直线中点、圆心、椭圆中心和点对象上的夹点。

**2. 移动对象**

移动对象仅仅是位置上的平移，而对象的方向和大小并不会被改变。要非常精确地移动对象，可使用捕捉模式、坐标、夹点和对象捕捉模式。

用户通过输入点的坐标或拾取点的方式来确定平移对象的目的点后，即可以基点为平移的起点，以目的点为终点将所选对象平移到新位置。

**3. 旋转对象**

默认情况下，输入旋转的角度值后或通过拖动方式确定了旋转角度后，即可将对象绕基点旋转指定的角度。用户也可以选择“参照”选项，以参照方式旋转对象，这与“旋转”命令中的“参照”选项功能相同。

**4. 缩放对象**

默认情况下，当确定了缩放的比例因子后，AutoCAD 将相对于基点进行缩放对象操作。当比例因子大于 1 时，放大对象；当比例因子介于 0～1 之间时，缩小对象。

**5. 镜像对象**

镜像功能与“镜像”命令的功能类似。用户指定了镜像线上的第 2 个点后，AutoCAD 将以基点作为镜像线上的第 1 点，新指定的点为镜像线上的第 2 个点，将对象进行镜像操作并删除原对象。

在使用夹点移动、旋转及镜像对象时，如果在命令行输入 C，则可以在进行编辑操作时复制图形。

## 任务四　块、文字与表格

**任务要求：**

(1) 识记：块操作、文字及表格处理的各参数含义。

(2) 领会：使用块的好处，文字排版和表格调整的方法、步骤。

(3) 应用：使用块提高绘图效率，按通信工程制图规范要求进行文字排版、表格排版并进行美化调整。

### 一、块

块也称为图块，它是由一个或多个对象组成的对象集合。在绘制图形时，如果图形中

有大量相同或相似的内容，或者所绘制的图形与已有的图形文件相同，则可以把要重复绘制的图形创建成块，在需要时直接插入它们，也可以将已有的图形文件直接插入到当前图形中。另外，还可以按不同的比例和旋转角度插入块。

在 AutoCAD 中块有如下特点：

(1) 提高绘图速度。用 AutoCAD 绘图时，常常要绘制一些重复出现的图形。如果把这些经常要绘制的图形做成块保存起来，绘制它们时就可以用插入块的方法实现，即把绘图变成拼图，避免了大量的重复性工作，从而提高了绘图速度。

(2) 节省存储空间。AutoCAD 要保存图中每一个对象的相关信息，如对象的类型、位置、图层、线型及颜色等，这些信息要占用存储空间。如果一幅图中绘有大量相同的图形，则会占据较大的磁盘空间。但如果把相同图形事先定义成一个块，绘制它们时就可以直接把块插入到图中的各个相应位置，既满足绘图要求，又节省磁盘空间。虽然在块的定义中包含了图形的全部对象，但系统只需要一次这样的定义。对块的每次插入，AutoCAD 仅需要记住这个块对象的有关信息(如块名、插入点坐标及插入比例等)即可，从而节省了磁盘空间。对于复杂但需多次绘制的图形，这一优点更为明显。

(3) 便于修改图形。插入块时即插入了块参照。该信息不仅仅是从块定义复制到绘图区域，它还建立了块参照与块定义间的链接。因此，如果修改块定义，则所有的块参照也会自动更新。实际工作中，一张工程图纸往往需要多次修改，如果一个一个地修改，既费时又不方便，只要简单地重定义块，那么所有在图中插入的块参照都会自动修改。

(4) 可以添加属性。很多块还要求有文字信息以进一步解释其用途。AutoCAD 允许为块创建这些文字属性，而且还可以在插入的块中显示或不显示这些属性，也可以从图中提取这些信息并将它们传送到数据库中。

### (一) 创建块

创建块的快捷命令为 B。执行创建块命令后，会弹出“块定义”对话窗口，如图 2-77 所示。

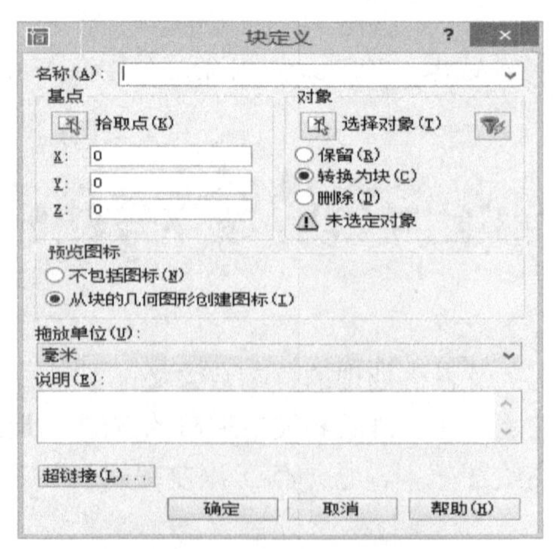


图 2-77　“块定义”对话窗口

“块定义”对话窗口中主要选项的功能说明如下：

(1) “名称”文本框：用于输入块的名称，最多可使用 255 个字符。当行中包含多个块时，还可以在下拉列表框中选择已有的块。

(2) “基点”选项组：用于设置插入块的基点位置，是插入块时的基准，也是插入块时进行旋转或调整比例的基准点。其默认值是坐标原点，用户可以直接在 X、Y、Z 文本框中输入，也可以单击“拾取点”按钮，切换到绘图窗口并选择基点。从理论上讲，用户可以选择块上的任意一点作为插入基点，但为了作图方便，应根据图形的结构选择基点。一般基点选在块的对称中心、左下角或其他有特征的位置。

(3) “对象”选项组：用于设置组成块的对象，包括以下按钮或选项。

① “选择对象”按钮：用于切换到绘图窗口选择组成块的各对象。

② “快速选择”按钮：单击该按钮，在弹出的“快速选择”对话窗口中设置所选择对象的过滤条件。

③ “保留”单选按钮：用于确定创建块后在绘图窗口上是否保留组成块的各对象。

④ “转换为块”单选按钮：用于确定创建块后是否将组成块的各对象保留并把它们转换成块。

⑤ “删除”单选按钮：用于确定创建块后是否删除绘图窗口上组成块的原对象。

(4) “预览图标”选项组：用于设置是否根据块的定义保存预览图标。如果保存了预览图标，通过 AutoCAD 设计中心将能够预览该图标。该选项组包括“不包括图标”和“从块的几何图形创建图标”两个单选按钮。

图 2-77 中的其他选项参数使用非常少。

**注意：**创建块时，如果新块名与已定义的块名重复，系统将显示警告对话窗口，要求用户重新定义块名称，如果不更改，则是重定义块。

### (二) 内部块、外部块

块分为内部块、外部块。内部块就是上述用“创建块”命令创建的块，只能在块所在的图形中使用，如果想供其他图形使用，则需要创建外部块。外部块是使用 WBLOCK(写块)命令把内部块以单独的图形文件保存到指定文件夹中的块。

“写块”的快捷命令是 W，工具栏和菜单栏中都没有，需要记下来。例如，如图 2-78 所示，把块 A 通过“写块”命令保存到指定文件夹中，文件名为 A.dwg(文件名可以自行修改)。当然，还可以把“整个图形”或选定的图形“对象”作为外部块保存起来。

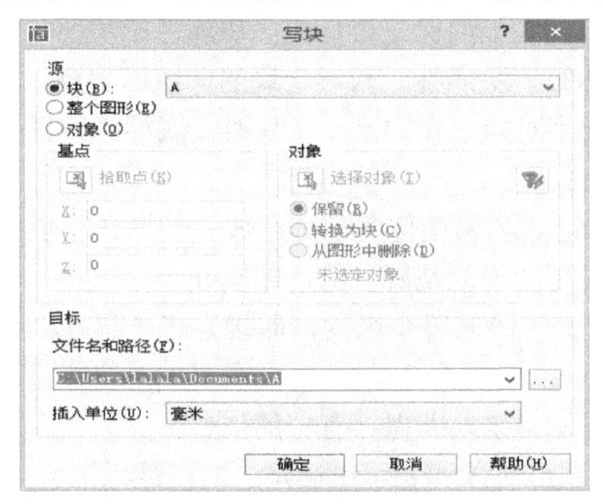


图 2-78　“写块”对话窗口

### (三) 插入块

插入块即插入块参照(或称插入块的引用)，其快捷命令为 I。

执行“插入块”命令后，会打开“插入”对话窗口，如图 2-79 所示。用户可以利用它在图形中插入块或其他图形，同时还可以改变所插入块或图形的比例与旋转角度。

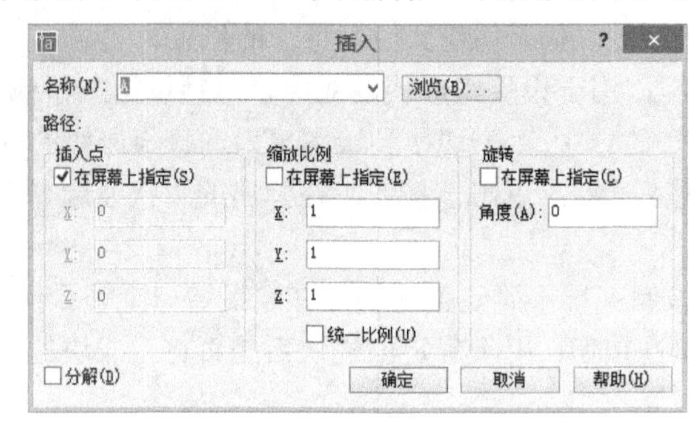


图 2-79　“插入”对话窗口

“插入”对话窗口中各主要选项的功能说明如下：

(1) “名称”下拉列表框：用于选择块或图形的名称。用户也可以单击其后的“浏览”按钮，打开“选择图形文件”对话窗口，从中选择保存的块和外部图形。

(2) “插入点”选项组：用于设置块的插入点位置。用户可直接在 X、Y、Z 文本框中输入点的坐标，也可以通过选中“在屏幕上指定”复选框，在屏幕上指定插入点位置。

(3) “缩放比例”选项组：用于设置块的插入比例。用户可直接在 X、Y、Z 文本框中输入块在 3 个方向的比例，也可以通过选中“在屏幕上指定”复选框，在屏幕上指定缩放比例。此外，该选项组中的“统一比例”复选框用于确定所插入块在 X、Y、Z 3 个方向的插入比例是否相同，选中时表示比例相同，用户只需在 X 文本框中输入比例值即可。

(4) “旋转”选项组：用于设置块插入时的旋转角度。用户可直接在“角度”文本框中输入角度值，也可以选中“在屏幕上指定”复选框，在屏幕上指定旋转角度。

(5) “分解”复选框：选中该复选框，可以将插入的块分解成组成块的各基本对象。

### (四) 块属性

块属性是将数据附着到块上的标签或标记。块属性中可能包含的数据包括零件编号、价格、注释、物主的名称等。块属性是附属于块的非图形信息，是块的组成部分，是特定的可包含在块定义中的文字对象。在定义一个块时，属性必须预先定义而后被选定。

块属性具有以下特点：

(1) 块属性由属性标记名和属性值两部分组成。例如，可以把“层高”定义为属性标记名，而具体的每个楼层高度值就是属性值，即属性。

(2) 定义块前应先定义该块的每个属性，即规定每个属性的标记名、属性提示、属性默认值、属性的显示格式(可见或不可见)及属性在图中的位置等。一旦定义了属性，该属性将以其标记名在图中显示出来，并保存有关的信息。

(3) 定义块时，应将图形对象和表示属性定义的属性标记名一起用来定义块对象。

(4) 插入有属性的块时，系统将提示用户输入需要的属性值。插入块后，属性用它的值表示。因此，同一个块在不同点插入时，可以有不同的属性值。如果属性值在属性定义时规定为常量，则系统将不再询问它的属性值。

(5) 插入块后，用户可以改变属性的显示可见性，对属性作修改及把属性单独提取出来写入文件，以供统计、制表使用，还可以与其他高级语言或数据库进行数据通信。

**1. 定义块属性**

选择菜单命令“绘图”→“块”→“定义属性”，打开“属性定义”对话窗口，如图 2-80 所示。

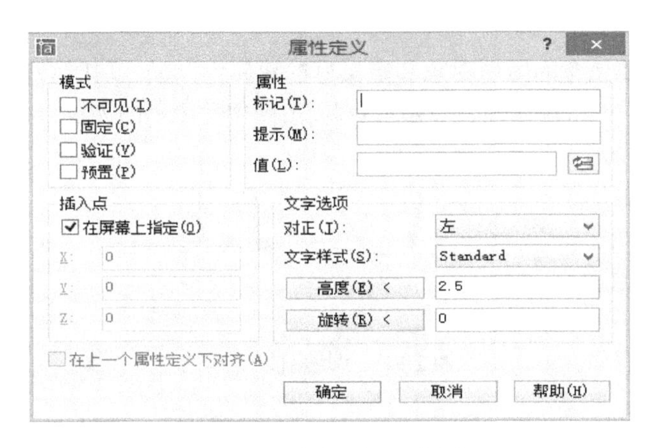


图 2-80　“属性定义”对话窗口

“属性定义”对话窗口中各参数选项的含义如下：

(1) “模式”选项组：用于设置属性的模式，包括如下选项：

①“不可见”复选框：用于设置插入块后是否显示其属性值。如果选中该复选框，则属性不可见；否则，将在块中显示相应的属性值。

② “固定”复选框：用于设置属性是否为固定值。如果选中该复选框，则属性为固定值，由属性定义时通过“属性定义”对话窗口中的“值”文本框设置，插入块时该属性值不再发生变化。否则，可将属性不设为固定值，插入块时可以输入任意的值。

③ “验证”复选框：用于设置是否对属性值进行验证。选中该复选框，插入块时系统将显示一次提示，让用户验证所输入的属性值是否正确；否则，不要求用户验证。

④ “预置”复选框：用于确定是否将属性值直接预置成它的默认值。选中该复选框，插入块时，系统将把“属性定义”对话窗口的“值”文本框中输入的默认值自动设置成实际属性值，不再要求用户输入新值；反之，用户可以输入新属性值。

(2) “属性”选项组：用于定义块的属性。用户可以在“标记”文本框中输入属性的标记，在“提示”文本框中输入插入块时系统显示的提示信息，在“值”文本框中输入属性的默认值。

(3) “插入点”选项组：用于设置属性值的插入点，即属性文字排列的参照点。用户可直接在 X、Y、Z 文本框中输入点的坐标，也可以单击“拾取点”按钮，在绘图窗口上拾取一点作为插入点。确定该插入点后系统将以该点为参照点，按照在“文字选项”选项组的“对正”下拉列表中确定文字排列方式放置属性值。

(4) “文字选项”选项组：用于设置属性文字的格式，包括如下选项：

① “对正”下拉列表框：用于设置属性文字相对于参照点的排列形式。

② “文字样式”下拉列表框：用于设置属性文字的样式。

③ “高度”按钮：用于设置属性文字的高度。用户可以直接在对应的文本框中输入高度值，也可以单击该按钮后在绘图窗口中指定高度。

④ “旋转”按钮：用于设置属性文字行的旋转角度。

确定了“属性定义”对话窗口中的各项内容后，单击对话窗口中的“确定”按钮，系统将完成一次属性定义，用户可以用上述方法为块定义多个属性。

**2. 应用块属性**

创建块时选中要包含的图形对象和定义好的块属性，插入块时会提示输入属性值，如图 2-81 所示，图中 V 是块属性，点击属性标记(图中是 0.8)的夹点，可以修改标记放置位置，使之协调好看些。

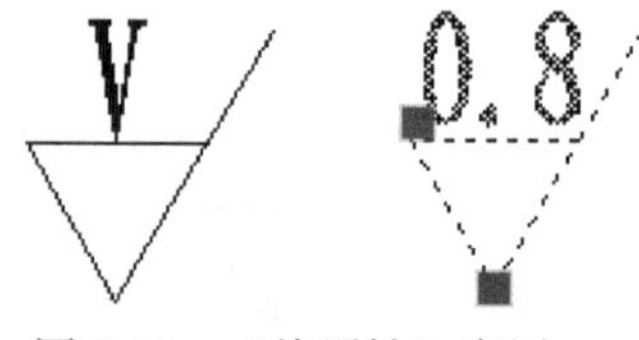


图 2-81　“块属性”应用

**3. 修改块属性**

选择“修改”→“对象”→“文字”→“编辑”命令或双击块属性，打开“增强属性编辑器”对话窗口。使用“标记”、“提示”和“值”文本框可以编辑块中定义的标记、提示及默认值属性，如图 2-82 所示。

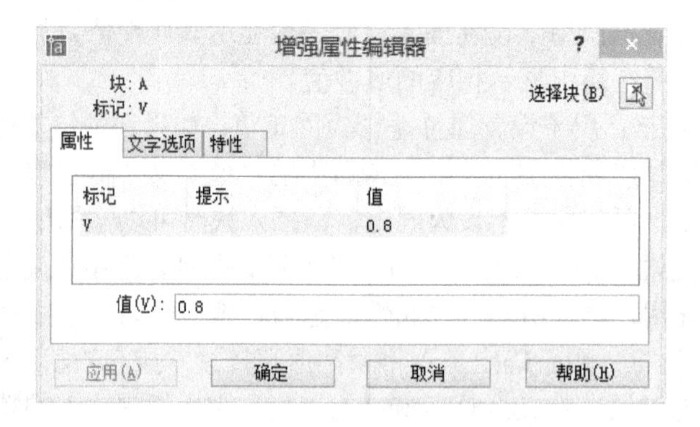


图 2-82　编辑块属性

## 二、文字

文字对象是 AutoCAD 图形中很重要的图形元素，也是机械制图和工程制图中不可缺少的组成部分。在一个完整的图样中，通常都包含一些文字注释，用于标注图样中的一些非图形信息。

### (一) 创建文字样式

在 AutoCAD 中，所有文字都有与之相关联的文字样式。在创建文字注释和尺寸标注时，

AutoCAD 通常使用默认的文字样式 Standard(标准)。用户也可以根据具体要求重新设置文字样式，或创建新的样式。选择菜单命令“格式”→“文字样式”，打开“文字样式”对话窗口，如图 2-83 所示。用户利用该对话窗口可以修改或创建文字样式，并设置文字的当前样式。

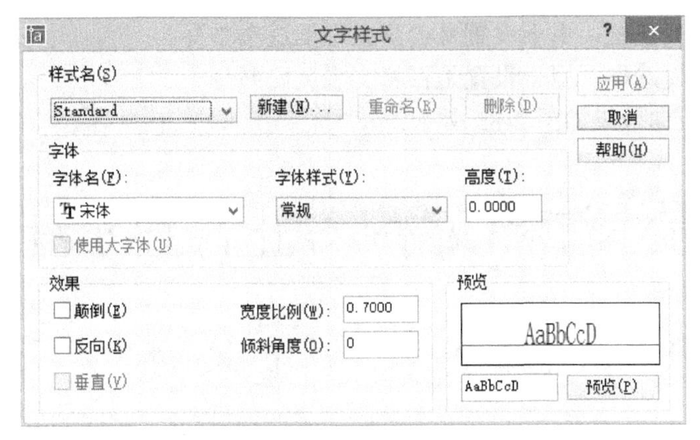


图 2-83　“文字样式”对话窗口

“文字样式”对话窗口中各选项参数的含义如下：

(1) “样式名”选项组：用于显示文字样式的名称、创建新的文字样式、为已有的文字样式重命名或删除文字样式，包括如下选项：

① “样式名”下拉列表框：列出了当前可以使用的文字样式，默认文字样式为 Standard。

② “新建”按钮：单击该按钮可打开“新建文字样式”对话窗口，如图 2-84 所示，在“样式名”文本框中输入新建文字样式名称后，单击“确定”按钮可以创建新的文字样式。新建文字样式将显示在“样式名”下拉列表框中。

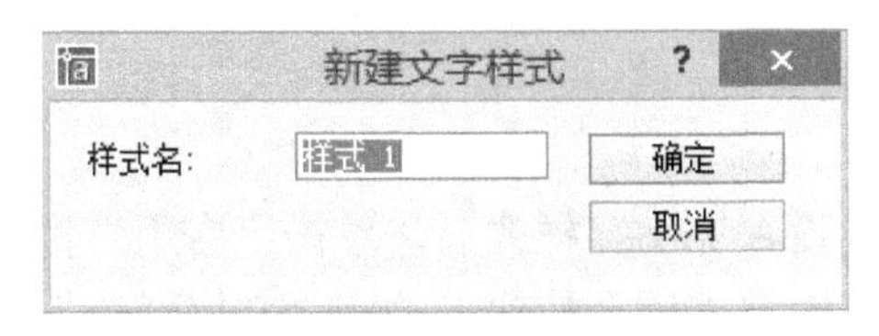


图 2-84　“新建文字样式”对话窗口

③ “重命名”按钮：单击该按钮将打开“重命名文字样式”对话窗口，用户可在“样式名”文本框中输入新的名字，但无法重命名默认的 Standard 样式。

④ “删除”按钮：单击该按钮可以删除某一已有的文字样式，但无法删除已经被使用的文字样式和默认的 Standard 样式。

(2) “字体”选项组：用于设置文字样式使用的字体和字高等属性，包括如下选项：

① “字体名”下拉列表框：用于选择字体。

**注意**：AutoCAD 支持的字体主要分为两类：一类是 AutoCAD 开发的字体，以 .shx 为后缀；另一类是 Windows 系统自带的字体——TrueType 字体。

② “高度”文本框：用于输入文字的高度(相当于 Word 中的字号，即文字大小)。

③ “使用大字体”复选框：当选中“使用大字体”复选框时，对于有些字体还可以通过“字体样式”下拉列表框选择文字的格式，如斜体、粗体、常规等。

**注意**：如果将文字的高度设为 0，在输入单行文字时，则命令行将显示“指定高度:”提示信息，要求用户指定文字的高度。如果在“高度”文本框中输入了文字高度，则 AutoCAD 将按此高度标注文字，而不再提示“指定高度:”提示信息。

(3) “效果”选项组：用于设置文字的显示效果，包括如下选项：

① “颠倒”复选框：用于设置是否将文字倒过来书写。

② “反向”复选框：用于设置是否将文字反向书写。

颠倒效果和反向效果如图 2-85 所示。

正常显示注释文字

(a) 颠倒效果

正常显示注释文字

(b) 反向效果

图 2-85　文字效果

③ “垂直”复选框：用于设置是否将文字垂直书写，但垂直效果对汉字无效。

④ “宽度比例”文本框：用于设置文字字符的高度和宽度之比。当“宽度比例”为 1 时，将按系统定义的高宽比书写文字；当“宽度比例”小于 1 时，字符会变窄；当“宽度比例”大于 1 时，字符会变宽。

⑤ “倾斜角度”文本框：用于设置文字的倾斜角度。角度为 0 时不倾斜，角度为正值时向右倾斜，角度为负值时向左倾斜。

(4) “预览”选项组：用于预览所选择或所设置的文字样式效果。在“预览”按钮左侧的文本框中输入要预览的字符，单击“预览”按钮，可以将输入的字符按当前文字样式显示在预览框中。

(5) “应用”按钮：当设置完文字样式后，单击“应用”按钮即可应用文字样式。

(6) “关闭”按钮：单击“关闭”按钮，关闭“文字样式”对话窗口。

**技巧**：根据有关国家标准和行业标准，通信工程制图的文字样式一般采用长仿宋体，宽度比例设为 0.7。

### (二) 单行文字

选择菜单命令“绘图”→“文字”→“单行文字”可以创建单行文字对象。创建单行文字的快捷命令为 DT，此命令的完整形式是 TEXT，工具栏上没有。执行该命令时，命令行显示的提示信息为

当前文字样式：Mytext 当前文字高度：2.5000

指定文字的起点或[对正(J)/样式(S)]:

#### 1. 输入单行文字

输入单行文字共有以下三个步骤：

(1) 指定文字的起点。默认情况下，通过指定单行文字行基线的起点位置创建文字。

如果当前文字样式的高度设置为 0，则系统将显示“指定高度:”提示信息，要求指定文字高度；否则，不显示该提示信息，而使用“文字样式”对话窗口中设置的文字高度。

(2) 指定文字的旋转角度。在(1)之后，系统显示“指定文字的旋转角度<0>:”提示信息，要求指定文字的旋转角度。文字旋转角度是指文字行排列方向与水平线的夹角，默认角度为 0。

(3) 输入文字。用户可以切换到中文输入法，输入中文文字。移动光标单击或按 Enter 键，可以从另一个位置或回车换行继续输入一行文字。

**技巧**：在输入文字时有可能会显示一串“？？？？”这样的乱码，这是因为当前文字样式不支持中文显示，只要对当前的文字样式选择一种支持中文显示的字体，如“宋体”就能正常显示了。另外，在打开一张图纸时，由于在本机上没有图纸中内嵌字体，也会显示乱码，这时可用字体替换的方法来解决，如图 2-86 所示，用本机上的一种字体，如 gbcbig.shx 来替换图纸内嵌字体 hztxt.shx。

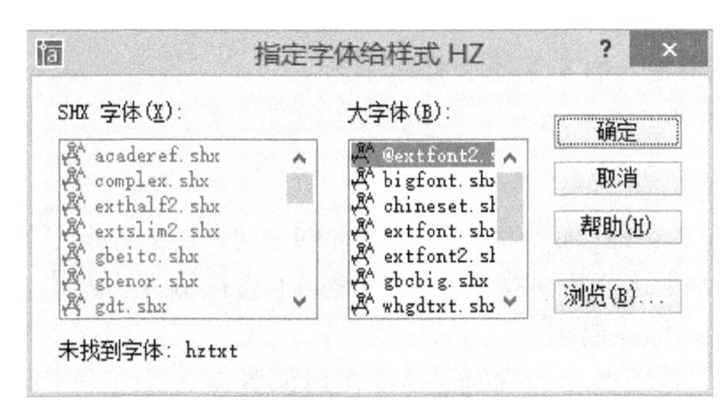


图 2-86　字体替换窗口

### 2. 设置对正方式

在“指定文字的起点或[对正(J)/样式(S)]:”提示信息后输入 J，可以设置文字的排列方式。此时命令行显示的提示信息为

[对齐(A)/调整(F)/中心(C)/中间(M)/右(R)/左上(TL)/中上(TC)/右上(TR)/左中(ML)/正中(MC)/右中(MR)/左下(BL)/中下(BC)/右下(BR)]:

在 AutoCAD 2005 中，系统为文字提供了多种对正方式，具体效果可查看帮助。

## (三) 多行文字

多行文字是大段文字。创建多行文字的快捷命令为 T，执行该命令后，会陆续提示以下信息：

指定第一角点：(指定多行文字框的第一角点位置)

指定对角点或[高度(H)/对正(J)/行距(L)/旋转(R)/样式(S)/宽度(W)]:(指定对角点或选项)

两个对角点可以拖动鼠标来确定，两个对角点形成的矩形框作为文字行的宽度，以第一个角点作为矩形框的起点。随后弹出“多行文字”编辑窗口，如图 2-87 所示，由顶部带标尺的编辑框和“文字格式”工具栏组成，类似于 QQ 文字聊天界面。在编辑框中输入段落文字，使用“文字格式”工具栏上的相应按钮对段落文字进行排版效果控制。

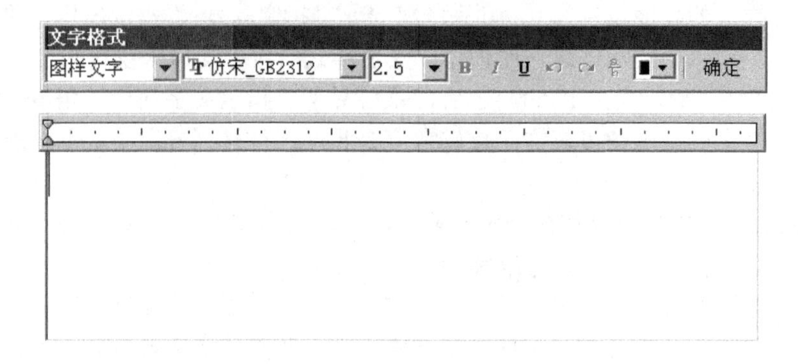


图 2-87　“多行文字”编辑窗口

**注意**：不管是单行文字还是多行文字，在输入文字时，按“空格”键表示插入一个空格字符，按 Enter 键表示回车换行。因此，要确认输入文字，单行文字命令是移开光标单击或按 Enter 键，多行文字命令是单击“多行文字”编辑窗口中的“确认”按钮。千万不能按 Esc 键退出，否则输入的文字不会记录下来。

### (四) 特殊字符

在实际设计绘图中，往往需要标注一些特殊的字符，例如在文字上方或下方添加划线、°、±、$\phi$等符号。由于这些特殊字符不能从键盘上直接输入，因此 AutoCAD 提供了相应的控制符，以实现这些标注要求。

AutoCAD 的控制符由两个百分号(%)及在后面紧接一个字符构成，常用的控制符见表 2-1。在“输入文字：”提示下，输入控制符时，这些控制符也临时显示在屏幕上，当结束文本创建命令时，这些控制符将从屏幕上消失，转换成相应的特殊符号。

**表 2-1　AutoCAD 2005 中常用的控制符**

| 控制符 | 功　能 |
|---|---|
| %%O | 打开或关闭文字上划线 |
| %%U | 打开或关闭文字下划线 |
| %%D | 标注度(°)符号 |
| %%P | 标注正负(±)符号 |
| %%C | 标注直径($\phi$)符号 |

**技巧**：大段文字的输入习惯于用 Word 字处理软件，排版好的文章段落可通过“复制”、“粘贴”的办法插入到 AutoCAD 绘图窗口中。这时，先用多行文字命令打开一个“多行文字”编辑窗口，再“复制”、“粘贴”到编辑框中即可，有些排版格式可能要进行微调。

### (五) 编辑文字

如果要编辑修改单行文字或多行文字命令所创建的文字，可在菜单栏中选择“修改”→“对象”→“文字”→“编辑”命令，或双击单行文字对象或多行文字对象，也可以输入快捷命令 ED，打开相应的编辑窗口，在编辑窗口中对文字对象的内容或格式进行修改。

## 三、表格

在 AutoCAD 2005 中新增了绘制表的功能，用户不仅可以创建不同类型的表，还可以在其他软件中复制表，以简化制图操作。

### (一) 创建表格样式

在 AutoCAD 2005 的菜单栏中，选择“格式”→“表样式”命令，打开“表格样式”设置窗口，如图 2-88 所示。通过该窗口，用户可以创建新的表样式，选择一种合适的基础样式，设置表的数据、列标题和标题样式。

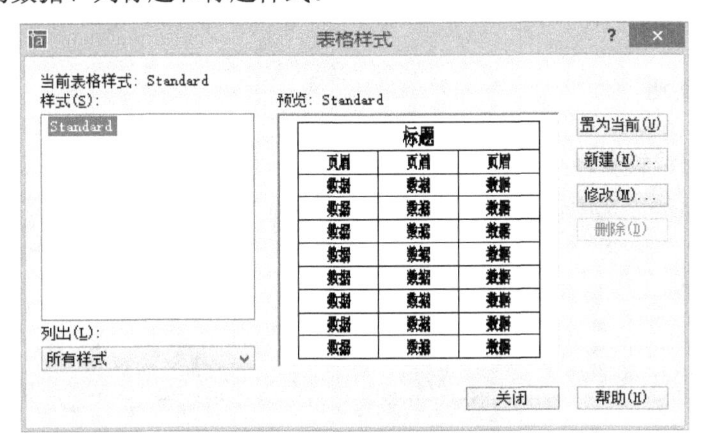


图 2-88　“表格样式”设置窗口

### (二) 插入表格

单击菜单命令“绘图”→“表”或单击“绘图”工具栏中的“表格”按钮，可插入表格。执行命令后，打开“插入表格”窗口，如图 2-89 所示。

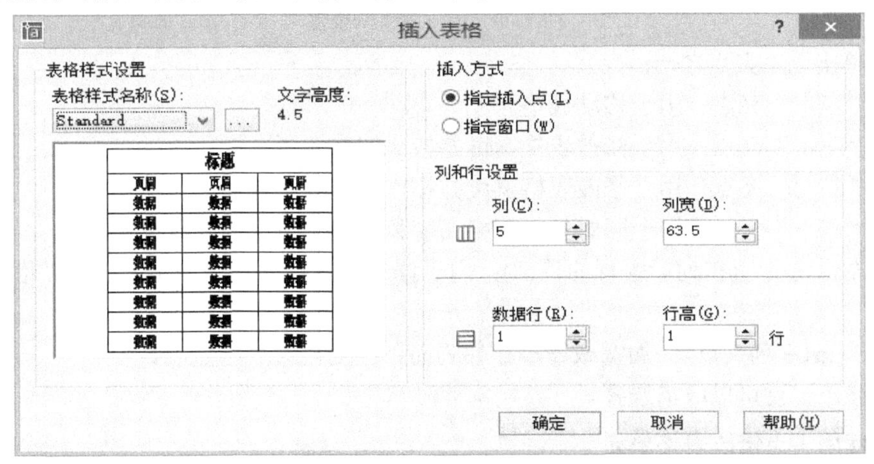


图 2-89　“插入表格”窗口

插入表格步骤如下：

(1) 通过“插入表格”窗口可以指定插入点、列和行的数目、列宽、行高等。参数设

置好后，单击“确定”按钮，关闭窗口，返回绘图区。

(2) 指定插入点。拖动表格至合适位置后，单击鼠标左键，完成表格的创建。

### (三) 从 Excel 中复制表格

用 Excel 软件制作表格是非常方便的，另外还可以利用它的函数进行相关计算，如统计材料报价、工程概预算等。从 Microsoft Excel 中直接复制表格的方法如下：

(1) 用 Excel 把表格做好，选择“复制”(Ctrl + C)。

(2) 回到 AutoCAD 绘图窗口中，单击菜单命令“编辑”→“选择性粘贴”，在弹出窗口的“作为”框中选择“Autocad 图元”即可。插入的表格可利用表格工具来修改表格内容和行、列、单元格的格式。

### (四) 编辑表格

#### 1. 使用夹点编辑表格

(1) 单击表格线以选中该表格，显示夹点，如图 2-90 所示。

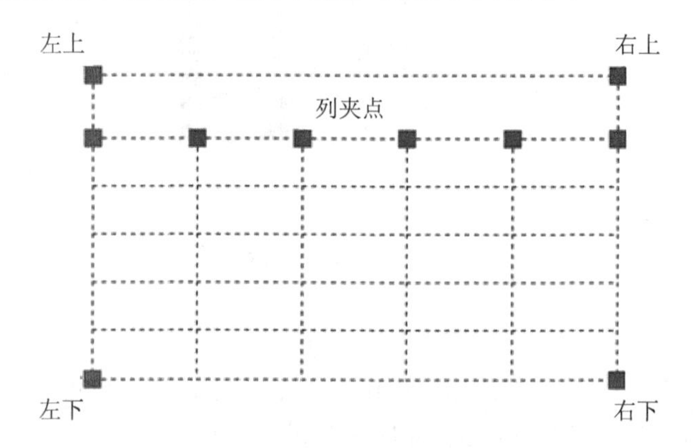


图 2-90　表格夹点示意图

(2) 单击以下夹点之一：

① “左上”夹点：用于移动表格。

② “左下”夹点：用于修改表格高度并按比例修改所有行。

③ “右上”夹点：用于修改表格宽度并按比例修改所有列。

④ “右下”夹点：用于同时修改表格高度和宽度并按比例修改行和列。

⑤ “列夹点”(在列标题行的顶部)：用于修改列的宽度，并加宽或缩小表格以适应此修改。

⑥ “Ctrl + 列夹点”：加宽或缩小相邻列而不改变被选表格宽度。

(3) 按 Esc 键可以取消选择。

#### 2. 使用夹点修改表格单元

(1) 选择一个或多个要修改的表格单元。

(2) 如果要修改选定表格单元的行高，可以拖动顶部或底部的夹点。

(3) 如果要修改选定单元的列宽，可以拖动左侧或右侧的夹点。如果选中多个单元，则每列的列宽将作同样的修改。

(4) 如果要合并选定的单元，则单击鼠标右键打开相应的快捷菜单，选择“合并单元”命令即可。如果选择了多个行或列中的单元，可以按行或按列合并。

(5) 按 Esc 键可以删除选择。

## 四、清理多余项目

AutoCAD 中的“清理”命令能及时清理文件中没有使用的样式、图层及块等，可以去掉无用的项目，从而减少文件大小，使文件层次与结构更加清晰。

清理命令的快捷命令为 PU 或 PURGE，或选择菜单命令“文件”→“绘图实用程序”→“清理”。

执行清理命令后，弹出如图 2-91 所示的对话窗口，显示可被清理的项目。默认选中“查看能清理的项目”，在下方的“图形中未使用的项目”窗口中列出了当前图形中未使用的、可被清理的命名对象。可以通过单击加号或双击对象类型列出任意对象类型的项目，通过选择要清理的项目来清理项目。当在“图形中未使用的项目”窗口中选中“所有项目”或“块”时，其内部可能包含有嵌套项目，此时若勾选“清理嵌套项目”，内部嵌入的项目则一并清理掉。

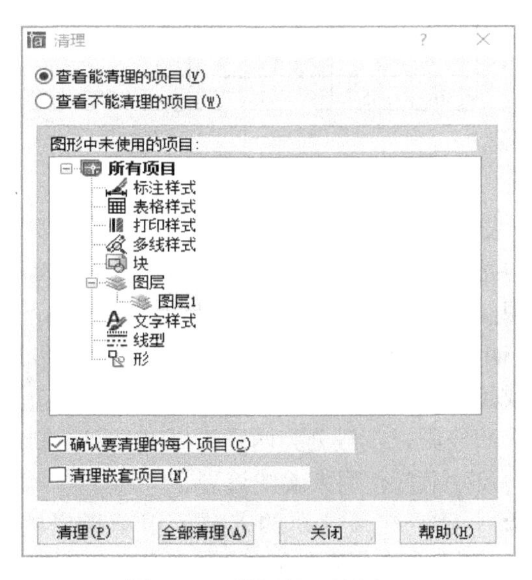


图 2-91 “清理”对话窗口

# 任务五 尺寸标注

**任务要求：**

(1) 识记：尺寸标注的组成要素，尺寸标注样式窗口中各参数含义。

(2) 领会：创建和修改尺寸标注样式的方法、步骤。

(3) 应用：遵照通信工程制图规范要求创建尺寸标准样式，使用标注栏各工具快速完成尺寸标注并进行编辑调整、修饰美化调整。

尺寸标注是工程制图工作中的一项重要内容，图纸中各个图形对象的真实大小和相互位置只有经过尺寸标注后才能确定。AutoCAD 提供了较为完整的尺寸标注工具，用户使用它们足以完成图纸中要求的尺寸标注。

## 一、尺寸标注概述

### (一) 尺寸标注组成

一个典型的 AutoCAD 尺寸标注通常由尺寸文字、尺寸线、尺寸线箭头、定义点、尺寸界线等要素组成，如图 2-92 所示。有些尺寸标注还有引线、圆心标记、公差等要素。实质上，一个尺寸标注就是一个块，由多个元素构成。

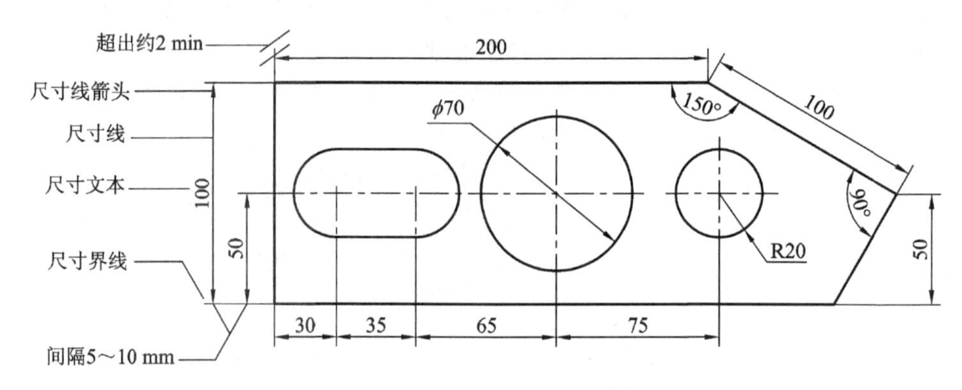


图 2-92　“尺寸标注”示例

(1) 尺寸文字：用于表明图形的实际测量值。标注文字可以只反映基本尺寸，也可以带尺寸公差。标注文字应按标准字体书写，同一张图纸上的字高要一致。在图中遇到图线时需将图线断开，如果图线断开影响图形表达，则应调整尺寸标注的位置。

(2) 尺寸线：用于表明标注的范围。AutoCAD 通常将尺寸线放置在测量区域中，如果空间不足，则将尺寸线或尺寸文字移到测量区域的外部，这取决于标注样式的放置规则。尺寸线是一条带有双箭头的线段，一般分为两段，可以分别控制它们的显示；对于角度标注，尺寸线是一段圆弧。尺寸线应使用细实线绘制。

(3) 尺寸线箭头：箭头显示在尺寸线的末端，用于指出测量的开始和结束位置。AutoCAD 默认使用闭合的填充箭头符号。此外，AutoCAD 还提供了多种箭头符号，以满足不同的行业需要，如建筑标记、小斜线箭头、点和斜杠等。

(4) 定义点：它是尺寸标注对象标注的起点，系统测量的数据均以定义点为计算点。定义点通常是尺寸界线的引出点。

(5) 尺寸界线：从标注起点引出的表明标注范围的直线，可以从图形的轮廓线、轴线、对称中心线引出。同时，轮廓线、轴线及对称中心线也可以作为尺寸界线。尺寸界线应使用细实线绘制。

### (二) 尺寸标注的类型

AutoCAD 2005 提供了 12 种尺寸标注类型，分别为：快速标注、线性标注、对齐标注、坐标标注、半径标注、直径标注、角度标注、基线标注、连续标注、引线标注、公差标注、圆心标注等，如图 2-93 所示。

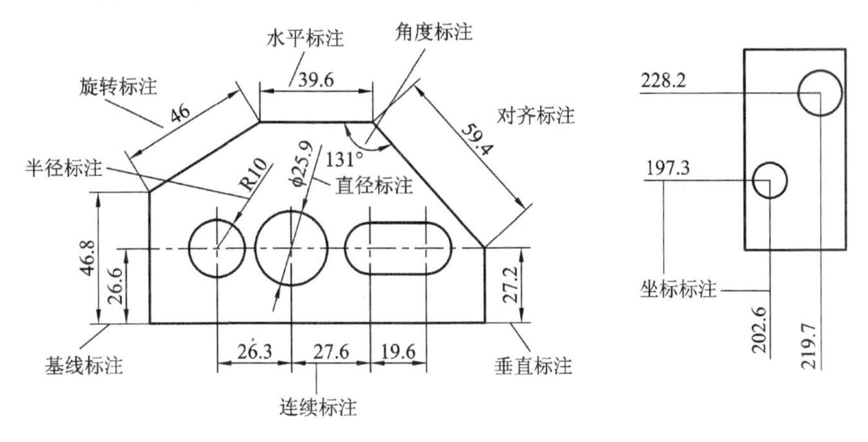


图 2-93　尺寸标注类型示例

## (三) 尺寸标注的规则

在 AutoCAD 2005 中，对绘制的图形进行尺寸标注时应遵循以下规则：

(1) 物体的真实大小应以图样上所标注的尺寸数值为依据，与图形的大小及绘图的准确度无关。

(2) 当图样中的尺寸以毫米为单位时，不需要标注计量单位的代号或名称。如果采用其他单位，则必须注明相应计量单位的代号或名称，如度、厘米及米等，以反缀的形式体现。

(3) 图样中所标注的尺寸为该图样所表示的物体的最后完工尺寸，否则应另加说明。

(4) 一般物体的每一尺寸只标注一次，并应标注在最后反映该结构最清晰的图形上。

## (四) 尺寸标注的步骤

一般来说，尺形标注的步骤如下：

(1) 为尺寸标注创建一个独立的图层，使之与图形的其他信息分隔开。尺寸标注的线型一定是细实线。

(2) 为尺寸标注文本建立专门的文本类型。

(3) 打开“标注样式”设置窗口，然后通过设置尺寸线、尺寸界线、比例因子、尺寸格式、尺寸文本、尺寸单位、尺寸精度以及公差等，并保持所作的设置生效。

(4) 利用对象捕捉方式快速拾取定义点。

## (五) 尺寸关联

所谓尺寸关联，是指所标注尺寸与被标注对象有关联关系。如果标注的尺寸值是按自动测量值标注，且尺寸标注是按尺寸关联模式标注的，那么改变被标注对象的大小后相应的标注尺寸也将发生改变，即尺寸界线、尺寸线的位置都将改变到相应新位置，尺寸值也改变成新测量值。反之，改变尺寸界线起始点的位置，尺寸值也会发生相应的变化。

## 二、标注样式

在 AutoCAD 2005 中，用户使用“标注样式”可以控制标注的格式和外观，建立强制执行图形的绘图标准，并有利于对标注格式及用途进行修改。在前面章节中已经详细介绍了创建图层、文字样式的方法，下面将着重介绍如何使用“标注样式管理器”设置窗口来创建标注样式。

为了满足不同国家和地区的需要，AutoCAD 提供了一套尺寸标注系统变量，使用户可以按照自己的制图习惯和标准进行绘图。我国用户可以按照国标进行设置，这些设置都是通过“标注样式管理器”、“修改标注样式”等设置窗口来完成的。

### (一) 创建标注样式

单击菜单命令“格式”→“标注样式”，打开“标注样式管理器”设置窗口，如图 2-94 所示。

“标注样式管理器”设置窗口中主要按钮的功能如下：

(1) “置为当前”：选中一种标注样式作为当前标准样式。

(2) “新建”：新建一种标注样式。单击该按钮，打开“创建新标注样式”对话窗口，如图 2-95 所示。

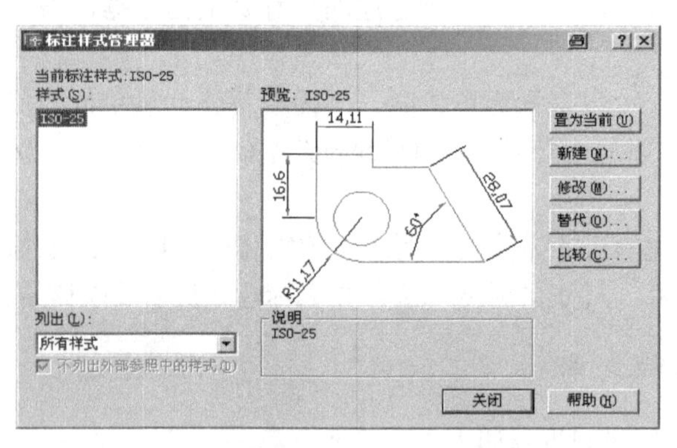


图 2-94　“标注样式管理器”设置窗口

图中，各参数含义如下：

① “新样式名”文本框：用于输入新样式的名称。

② “基础样式”下拉列表框：用于选择一种基础样式，新样式将在该基础样式的基础上进行修改。

③ “用于”下拉列表框：用于指定新建标注样式的适用范围，包括“所有标注”、“线性标注”、“角度标注”、“半径标注”、“直径标注”、“坐标标注”、“引线与公差”等选项。

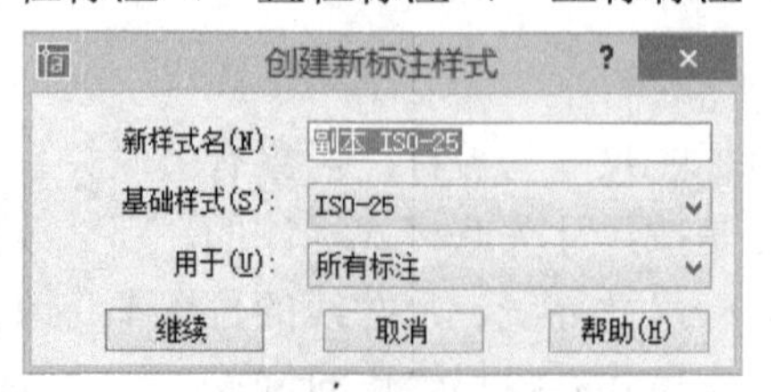


图 2-95　“创建新标注样式”对话窗口

(3) “修改”：用于修改标注样式的相应设置。单击该按钮，会打开“修改标注样式”设置窗口，后面会重点介绍。

(4) “替代”：用于临时修改尺寸标注的系统变量设置，并按该设置进行后续的尺寸标注。该操作只影响后续的尺寸标注，对已经存在的尺寸标注不会有影响。

(5) “比较”：用于比较选定的两种标注样式设置参数的不同之处。

## (二) 修改标注样式

在“标注样式管理器”对话窗口中，单击“修改”按钮后会打开“修改标注样式”设置窗口，共有六个选项卡。

### 1.“直线和箭头”选项卡

“直线和箭头”选项卡用于设置尺寸线、尺寸界线、箭头和圆心标记的格式与位置，一般采用默认值，也可根据需要进行修改，如图 2-96 所示。

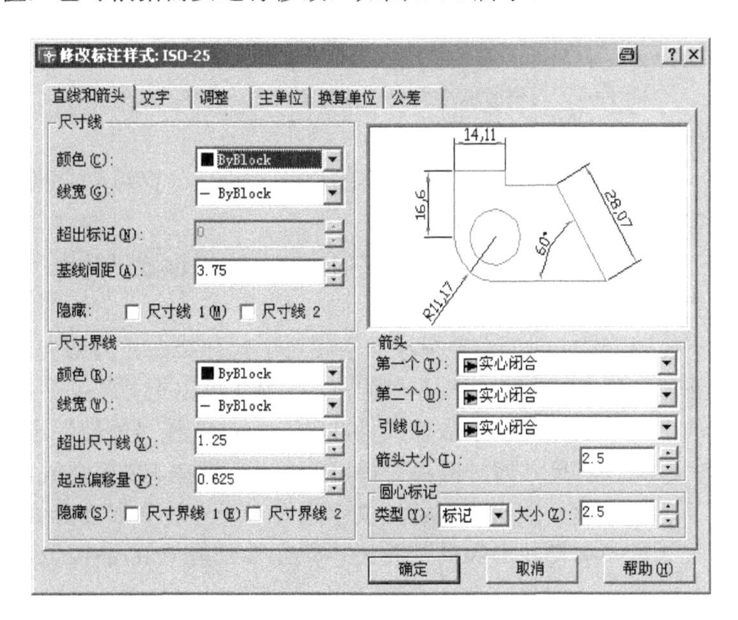


图 2-96　“修改标注样式”设置窗口的“直线和箭头”选项卡

“直线和箭头”选项卡中各选项的功能如下：

(1) “尺寸线”选项组：用于设置尺寸线的颜色、线宽、超出标记以及基线间距等属性。

(2) “尺寸界线”选项组：用于设置尺寸界线的颜色、线宽、超出尺寸线的长度和起点偏移量、隐藏控制等属性。

(3) “箭头”选项组：用于设置尺寸线和引线箭头的类型及尺寸大小等。通常情况下，尺寸线的两个箭头应一致。

(4) “圆心标记”选项组：用于设置圆心标记的类型和大小。

### 2.“文字”选项卡

“文字”选项卡用于设置标注文字的外观、位置和对齐方式，如图 2-97 所示。

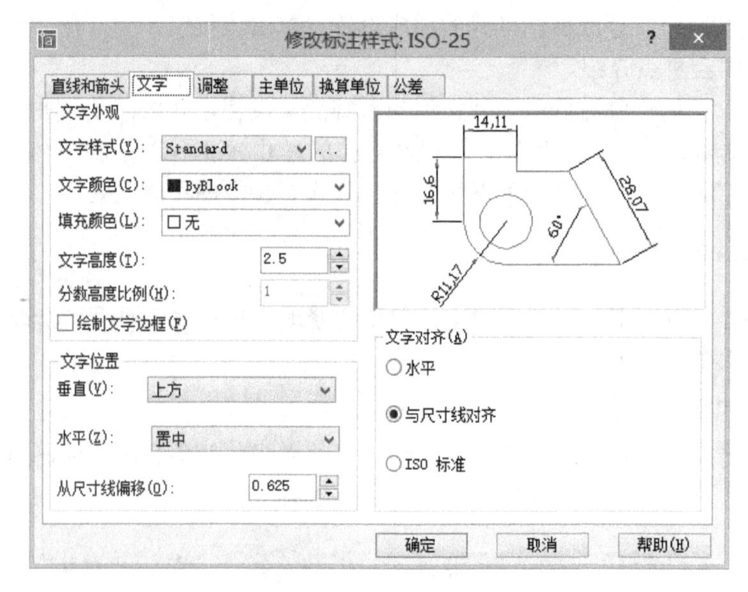


图 2-97　“修改标注样式”设置窗口的“文字”选项卡

“文字”选项卡中各选项的功能如下：

(1) “文字外观”选项组：用于设置文字的样式、颜色、高度和分数高度比例，以及控制是否绘制文字边框等，采用默认值即可。

(2) “文字位置”选项组：用于设置文字的垂直、水平位置以及距尺寸线的偏移量，各选项的功能说明如下：

① “垂直”下拉列表框：用于设置标注文字相对于尺寸线在垂直方向的位置，包括“置中”、“上方”、“外部”和 JIS 选项。选择“置中”选项，可以把标注文字放在尺寸线中间；选择“上方”选项，可以把标注文字放在尺寸线的上方；选择“外部”选项，可以把标注文字放在远离第一定义点的尺寸线一侧；选择 JIS 选项，则按 JIS 规则放置标注文字。

② “水平”下拉列表框：用于设置标注文字相对于尺寸线和尺寸界线在水平方向的位置，包括“置中”、“第一条尺寸界线第二条尺寸界线”、“第一条尺寸界线上方”和“第二条尺寸界线上方”选项。

③ “从尺寸线偏移”文本框：用于设置标注文字与尺寸线之间的距离。如果标注文字位于尺寸线的中间，则表示断开处尺寸线端点与尺寸文字的间距。如果标注文字带有边框，则可以控制文字边框与其中文字的距离。

(3) “文字对齐”选项组：用于设置标注文字是保持水平还是与尺寸线平行，各选项的功能如下：

① “水平”单选按钮：选择该单选按钮，标注文字将水平放置。

② “与尺寸线对齐”单选按钮：选择该单选按钮，标注文字方向将与尺寸线方向一致。

③ “ISO 标准”单选按钮：选择该单选按钮，标注文字按 ISO 标准放置。当标注文字在尺寸界线之内时，它的方向与尺寸线方向一致；当在尺寸界线之外时，将水平放置。

**3. “调整”选项卡**

“调整”选项卡用于设置文字与尺寸线的管理规则以及标注特征比例，如图 2-98 所示。

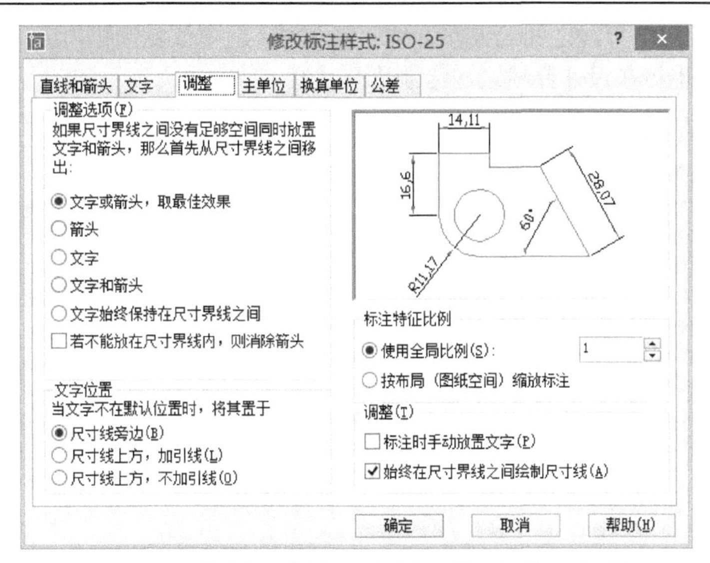


图 2-98　“修改标注样式”设置窗口的“调整”选项卡

“调整”选项卡中各选项的功能如下：

(1) “调整选项”选项组：用于确定当尺寸界线之间没有足够的空间同时放置标注文字和箭头时，从尺寸界线之间移出的对象。该选项组主要包括以下选项：

① “文字或箭头，取最佳效果”单选按钮：选择该单选按钮，可由 AutoCAD 按最佳效果自动移出文本或箭头。

② “箭头”单选按钮：选择该单选按钮，可首先将箭头移出。

③ “文字”单选按钮：选择该单选按钮，可首先将文字移出。

④ “文字和箭头”单选按钮：选择该单选按钮，可将文字和箭头都移出。

⑤ “文字始终保持在尺寸界线之间”单选按钮：选择该单选按钮，可将文字始终保持在尺寸界限之内。

⑥ “若不能放在尺寸界线内，则消除箭头”复选框：选中该复选框，可以抑制箭头显示。

(2) “文字位置”选项组：用于设置当文字不在默认位置时的位置。该选项组主要包括以下选项：

① “尺寸线旁边”单选按钮：选择该单选按钮，可以将文本放在尺寸线旁边。

② “尺寸线上方，加引线”单选按钮：选择该单选按钮，可以将文本放在尺寸线的上方，并加上引线。

③ “尺寸线上方，不加引线”单选按钮：选择该单选按钮，可以将文本放在尺寸线的上方，但不加引线。

(3) “标注特征比例”选项组：用于设置标注尺寸的特征比例，以便通过设置全局比例因子来增加或减少各标注的视图缩放大小。

(4) “调整”选项组：用于对标注文本和尺寸线进行细微调整。该选项组包括以下两个复选框。

① “标注时手动放置文字”复选框：选中该复选框，则忽略标注文字的水平设置，在标注时可将标注文字放置在用户指定的位置。

② “始终在尺寸界线之间绘制尺寸线”复选框：选中该复选框，当尺寸箭头放置在尺寸界线之外时，也可在尺寸界线之内绘制出尺寸线。

### 4. “主单位”选项卡

“主单位”选项卡用于设置主单位的格式与精度，如图 2-99 所示。

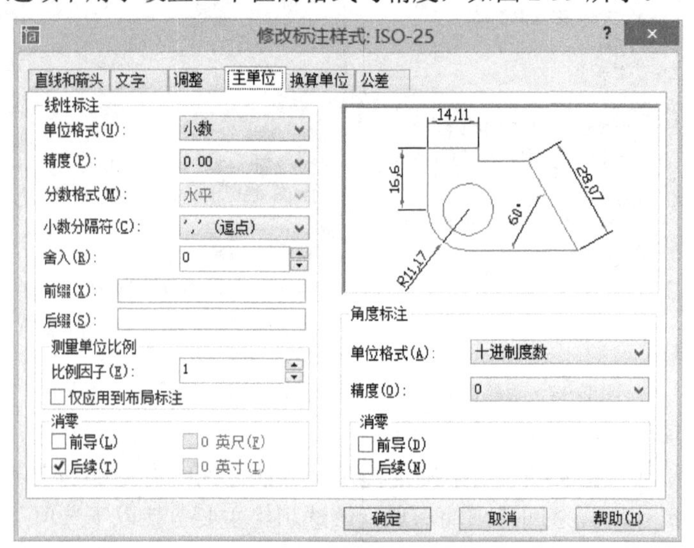


图 2-99　“修改标注样式”设置窗口的“主单位”选项卡

“主单位”选项卡中各选项的功能如下：

(1) “线性标注”选项组：用于设置线性标注的单位格式与精度。该选项组主要包括以下选项：

① “单位格式”下拉列表框：用于设置除角度标注之外的其他标注类型的尺寸单位，包括“科学”、“小数”、“工程”、“建筑”、“分数”及“Windows 桌面”等选项，也可以用变量 DIMUNIT 来设置。

② “精度”下拉列表框：用于设置除角度标注之外的其他标注的尺寸精度。

③ “分数格式”下拉列表框：当单位格式是分数时，可以设置分数的格式，包括“水平”、“对角”和“非堆叠”三种方式。

④ “小数分隔符”下拉列表框：用于设置小数的分隔符，包括“逗点”、“句点”和“空格”三种方式。

⑤ “舍入”文本框：用于设置除角度标注外其他标注的尺寸测量值的舍入值。

⑥ “前缀”和“后缀”文本框：用于设置标注文字的前缀和后缀，用户在相应的文本框中输入字符(包括特殊字符)即可。

(2) “消零”选项组：用于设置是否显示尺寸标注中的前导零和后续零。

(3) “角度标注”选项组：使用“单位格式”下拉列表框设置标注角度时的单位，使用“精度”下拉列表框设置标注角度的尺寸精度，使用“消零”选项组设置是否消除角度尺寸的前导零和后续零。

### 5. “换算单位”选项卡

“换算单位”选项卡用于设置换算单位的格式和精度。因为采用了国际单位(米制)，所以不用设置。

### 6. “公差”选项卡

“公差”选项卡用于设置公差值的格式和精度，如图 2-100 所示。

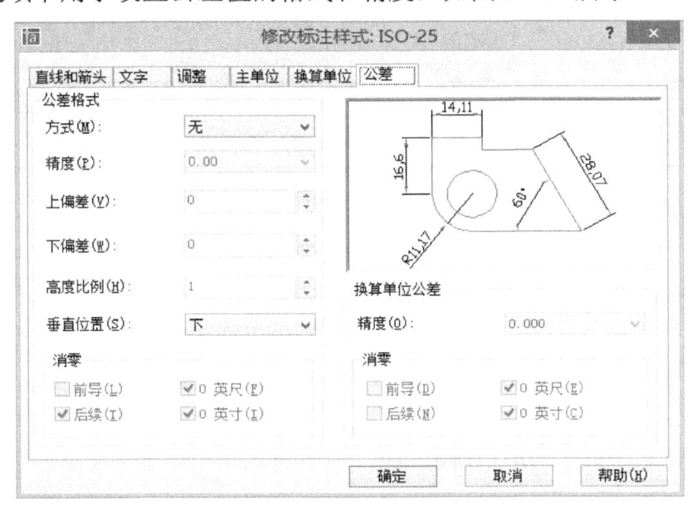


图 2-100　“修改标注样式”设置窗口的“公差”选项卡

“公差”选项卡中各选项的功能如下：

(1) “公差格式”选项组：用于设置公差的标注格式。该选项组主要包括以下选项：

① “方式”下拉列表框：用于确定以何种方式标注公差，包括“无”、“对称”、“极限偏差”、“极限尺寸”和“基本尺寸”选项。

② “精度”下拉列表框：用于设置尺寸公差的精度。

③ “上偏差”、“下偏差”文本框：用于设置尺寸的上偏差(默认带正号)、下偏差(默认带负号)。

④ “高度比例”文本框：用于确定公差文字的高度比例因子。确定后，AutoCAD 将该比例因子与尺寸文字高度之积作为公差文字的高度。

⑤ “垂直位置”下拉列表框：用于控制公差文字相对于尺寸文字的位置，包括“上”、“中“和“下”三种方式。

(2) “消零”选项组：用于设置是否消除公差值的前导零或后续零。

## 三、标注尺寸

利用“标注”菜单或“标注”工具栏(如图 2-101 所示)，可以进行尺寸的标注。

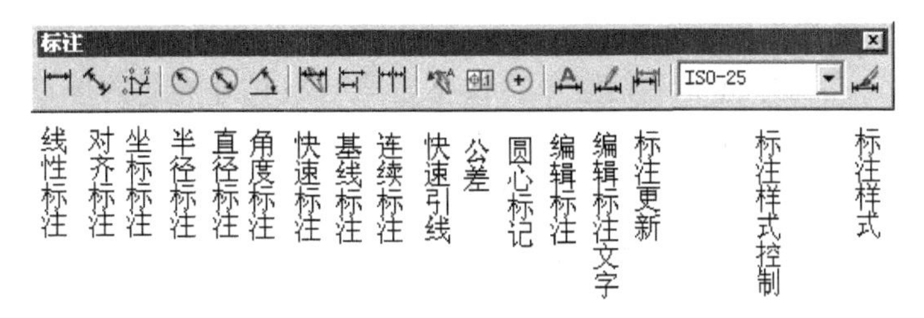


图 2-101　“标注”工具栏

“标注”工具栏中主要按钮的作用见表 2-2。

**表 2-2　“标注”工具栏中主要按钮的作用**

| 按　钮 | 功　能 | 命　令 | 说　明 |
|---|---|---|---|
|  | 线性标注 | DIMLNEAR | 测量两点间的直线距离，可用来创建水平、垂直或旋转线性标注 |
|  | 对齐标注 | DIMALIGNED | 创建尺寸线平行于尺寸界线原点的线性标注，可创建对象的真实长度测量值 |
|  | 坐标标注 | DIMORDINATE | 创建坐标点标注，显示从给定原点测量出来的点的 X 或 Y 坐标 |
|  | 半径标注 | DIMRADIUS | 测量圆或圆弧的半径 |
|  | 直径标注 | DIMDIAMETER | 测量圆或圆弧的直径 |
|  | 角度标注 | DIMANGULAR | 测量角度 |
|  | 快速标注 | QDIM | 通过一次选择多个对象，创建标注阵列。例如基线标注、连续标注和坐标标注 |
|  | 基线标注 | DIMBASELINE | 从上一个或选定标注的基线做连续的线性标注、角度标注或坐标标注，都从相同原点测量尺寸 |
|  | 连续标注 | DIMCONTINUE | 从上一个或选定标注的第 2 条尺寸界线做连续的线性标注、角度标注或坐标标注 |
|  | 快速引线 | QLEADER | 创建注释和引线，标识文字和相关的对象 |
|  | 公差 | TOLERANCE | 创建形位公差 |
|  | 圆心标记 | DIMCENTER | 创建圆和圆弧的圆心标记或中心线 |

### (一) 长度型尺寸标注

长度型尺寸标注用于标注图形中两点间的长度，这些点可以是端点、交点、圆弧弦线端点或用户能够识别的任意两个点。在 AutoCAD 2005 中，长度型尺寸标注最为复杂，包括多种类型，如“线性标注”、“对齐标注”、“基线标注”和“连续标注”等。

默认情况下，在命令行提示信息下直接指定第一条尺寸界线的原点，并在“指定第二条尺寸界线原点:”提示信息下指定第二条尺寸界线原点后，系统将按自动测量出的两个尺寸界线起始点间的相应距离标注出尺寸。“线性标注”标出两点之间的水平或垂直距离；“对齐标注”的尺寸线与两点之间连线平行；“基线标注”的两个尺寸标注共用同一条尺寸界线；“连续标注”的相临尺寸标注共用同一条尺寸界线。长度型尺寸标注示例如图 2-102 所示。

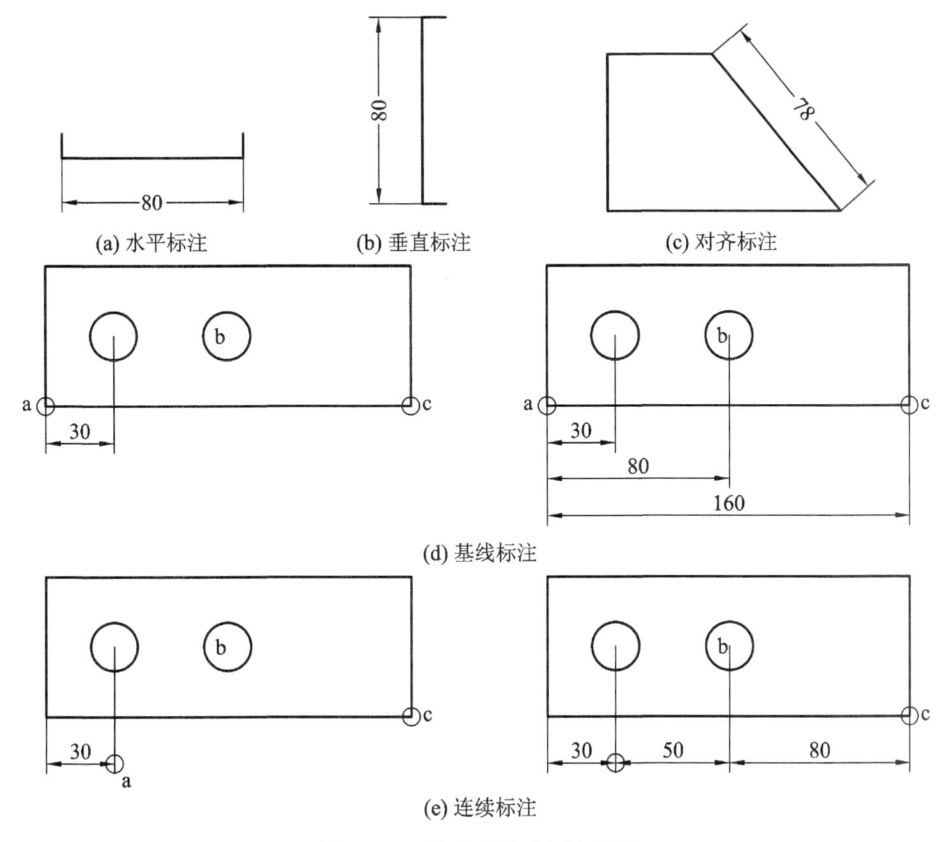


图 2-102　长度型尺寸标注示例

## （二）径向标注和圆心标记

径向标注包含半径标注和直径标注，能够标注圆或圆弧的直径或半径。圆心标记则是标注圆或圆弧的圆心，圆心标记的形式可以是圆心标记线或中心线。标注时只要选中要标注半径、直径的圆弧或圆，拉出尺寸界线即可，如图 2-103 所示。

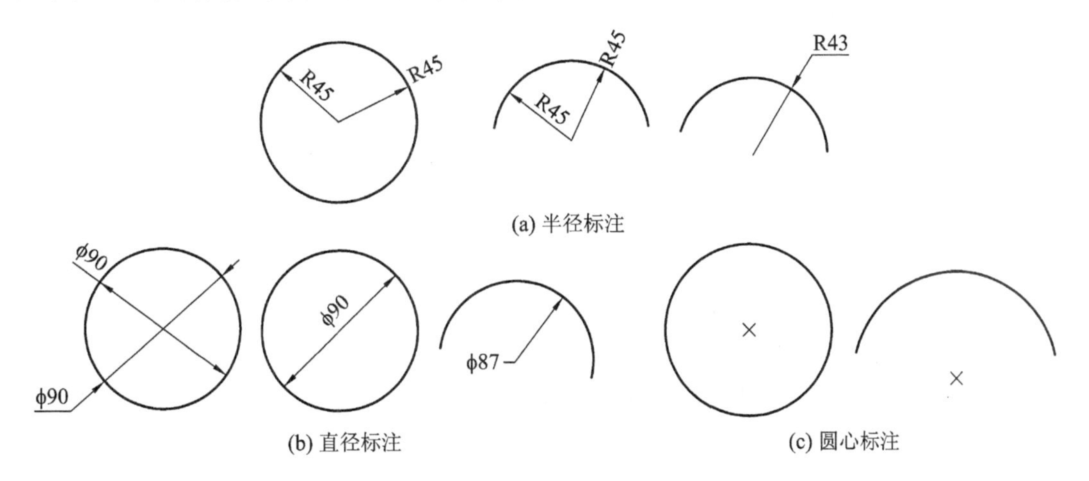


图 2-103　半径标注、直径标注、圆心标记示例

## (三) 角度标注和坐标标注

### 1. 角度标注

角度标注可以标注圆和圆弧的角度、两条直线间的角度，或者三点间的角度，如图 2-104 所示。

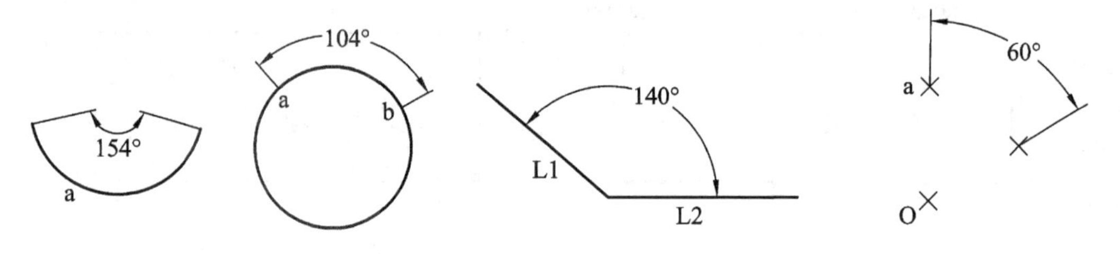


图 2-104　角度标注示例

### 2. 坐标标注

坐标标注可以标注相对于用户坐标原点的坐标。一次只能标注 X 或 Y 坐标。若相对于标注点上下移动光标，则标注点的 X 坐标；若相对于标注点左右移动光标，则标注点的 Y 坐标。

## (四) 快速标注

快速标注可以快速创建成组的基线标注、连续标注、阶梯标注和坐标标注，快速标注多个圆、圆弧，以及编辑现有标注的布局。

执行“快速标注”命令，并选择需要标注尺寸的各图形对象，命令行将显示的提示信息为

指定尺寸线位置或[连续(C)/并列(S)/基线(B)/坐标(O)/半径(R)/直径(D)/基准点(P)/编辑(E)/设置(T)]<连续>：

由此可见，使用该命令可以进行“连续(C)”、“并列(S)”、“基线(B)、“坐标(0)”、“半径(R)”及“直径(D)”等一系列标注。

## (五) 引线标注

选择“标注”→“引线”命令，或在“标注”工具栏中单击“快速引线”按钮都可以创建引线和注释，而且引线和注释可以有多种格式。

### 1. 设置引线格式

在使用“引线”命令时，默认情况下命令提示行显示“指定第一个引线点或[设置(S)]<设置>：”提示信息。这时如果直接按 Enter 键，将打开“引线设置”窗口，在该窗口中可以设置引线的格式。该窗口包括“注释”、“引线和箭头”和“附着”3 个选项卡。

(1) “注释”选项卡：用于设置引线标注的注释类型、多行文字选项及是否重复使用注释，如图 2-105 所示。

该选项卡包括以下选项：

① “注释类型”选项组：用于设置引线标注的注释类型，包括“多行文字”、“复制对

象”、“公差”、“块参照”和“无”五个单选按钮。

② “多行文字选项”选项组：用于设置多行文字的格式，包括“提示输入宽度”、“始终左对齐”和“文字边框”三个复选框。

③ “重复使用注释”选项组：用于设置是否重复使用注释，包括“无”、“重复使用下一个”和“重复使用当前”三个单选按钮。

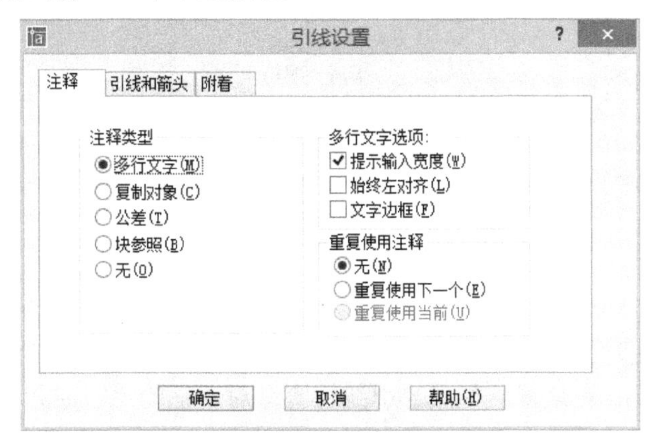


图 2-105　“引线设置”窗口的“注释”选项卡

(2) “引线和箭头”选项卡：用于设置引线和箭头的格式，如图 2-106 所示。该选项卡包括以下选项：

① “引线”选项组：用于设置引线样式是“直线”还是“样条曲线”。

② “点数”选项组：用于设置引线端点数的最大值。通过“最大值”文本框可以确定具体数值，也可以选中“无限制”复选框。

③ “箭头”选项组：用于设置引线起始点处的箭头样式。

④ “角度约束”选项组：用于设置第一段和第二段引线的角度约束。

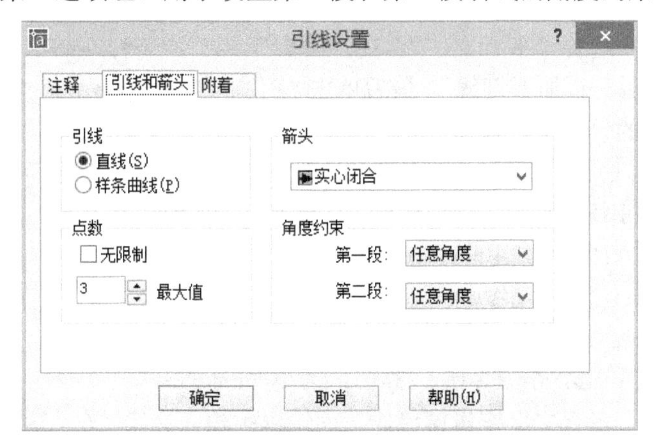


图 2-106　“引线设置”窗口的“引线和箭头”选项卡

(3) “附着”选项卡：用于设置多行文字注释相对于引线终点的位置，包括“第一行顶部”、“第一行中间”、“多行文字中间”、“最后一行中间”和“最后一行底部”五个单选按钮，如图 2-107 所示。如果勾选“最后一行加下划线”复选框，则文字始终放置在引线的正上方。

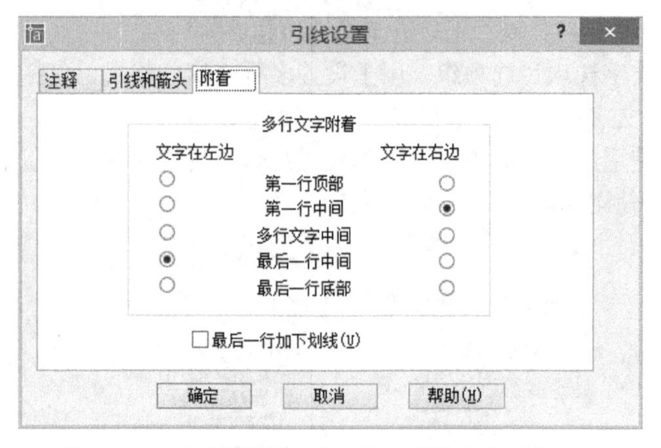


图 2-107　“引线设置”窗口的“附着”选项卡

## 2. 标注引线

在进行引线标注时，默认情况下当指定了引线的起始点后，再在“指定下一点:”提示信息下确定引线的下一点位置。如果“引线设置”对话框的“引线和箭头”选项卡中设置了点数的最大值，那么系统将提示“指定下一点:”的次数比最大值少 1(即 $n-1$)。如果将点数设置成无限值，用户则可确定任意多个点。当在“指定下一点:”提示信息下要结束确定点的操作时，按 Enter 键即可。

确定引线的各端点后，用户在“引线设置”对话框的“注释”选项卡中确定的注释类型不同，系统给出的提示也不同。

例如，绘制如图 2-108 所示的引线的步骤如下：

(1) 设置引线标注样式。单击菜单命令“标注”→“引线”或“标注”工具栏中的“引线”按钮，再按 Enter 键，在“引线设置”窗口“注释”选项卡的“注释类型”中选择“多行文字”，在“附着”选项卡中勾选“最后一行加下划线”。最后单击“引线设置”窗口下方的“确定”按钮。

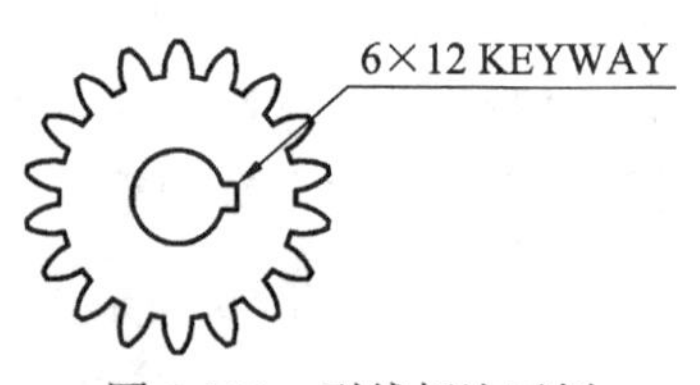


图 2-108　引线标注示例

(2) 标注引线。命令行的提示信息和相应操作步骤如下：

指定第一条引线点或[设置(S)]〈设置〉：(指定指引线的起点箭头位置)

指定下一点：(指定引线中间拐点)

指定下一点：(指定引线终点)

指定文字宽度〈0〉：(直接按 Enter 键)

输入注释文字的第一行〈多行文字(M)〉：(直接按 Enter 键)

这时会弹出一个多行文字编辑窗口，在编辑框中输入文字“6×12KEYWAY”即可。

### (六) 形位公差标注

形位公差主要应用在机械制图中。一方面，如果形位公差不能完全控制，装配件就不能正确装配；另一方面，过度吻合的形位公差又会由于额外的制造费用而造成浪费。

单击“标注”→“公差”命令，会弹出如图 2-109 所示的“形位公差”窗口，可进行形位公差的相应设置。

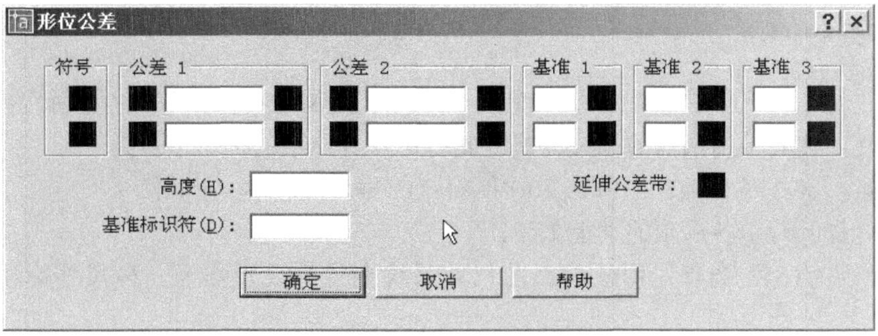

形位公差
符号　公差 1　公差 2　基准 1　基准 2　基准 3
高度(H)：　延伸公差带：
基准标识符(D)：
确定　取消　帮助

图 2-109　“形位公差”窗口

## 四、编辑标注尺寸

在 AutoCAD 2005 中，用户可以对已标注对象的文字、位置及样式等内容进行修改，而不必删除所标注的尺寸对象再重新进行标注。

### (一) 编辑标注

在“标注”工具栏中，单击“编辑标注”按钮，即可编辑已有标注的标注文字内容和放置位置，此时命令行显示的提示信息为

输入标注编辑类型[默认(H)/新建(N)/旋转(R)/倾斜(O)]<默认>:

其中各选项的含义如下：

(1) “默认(H)”选项：选择该选项并选择尺寸对象，可以按默认位置和方向放置尺寸文字。

(2) “新建(N)”选项：选择该选项可以修改尺寸文字，此时系统将显示“文字格式”工具栏和文字输入窗口，修改或输入尺寸文字后，选择需要修改的尺寸对象即可。

(3) “旋转(R)”选项：选择该选项可以将尺寸文字旋转一定的角度，同样是先设置角度值，然后选择尺寸对象。

(4) “倾斜(O)”选项：选择该选项可以使非角度标注的尺寸界线倾斜一角度，此时需要先选择尺寸对象，然后设置倾斜角度值。

### (二) 编辑标注文字的位置

选择“标注”→“对齐文字”子菜单中的命令，或在“标注”工具栏中单击“编辑标注文字”按钮，都可以修改尺寸的文字位置。选择需要修改的尺寸对象后，命令行显示的提示信息为

指定标注文字的新位置或[左(L)/右(R)/中心(C)/默认(H)/角度(A)]:

默认情况下，可以通过拖动光标来确定尺寸文字的新位置。命令行中各选项的含义如下：

(1) “左(L)”和“右(R)”选项：对非角度标注来说，选择该选项可以将尺寸文字沿着尺寸线左对齐或右对齐。

(2) “中心(C)”选项：选择该选项可以将尺寸文字放在尺寸线的中间。

(3) “默认(H)”选项：选择该选项可以按默认位置及方向放置尺寸文字。

(4) “角度(A)”选项：选择该选项可以旋转尺寸文字，此时需要指定一个角度值。

### (三) 更新标注

选择“标注”→“更新”命令，或在“标注”工具栏中单击“标注更新”按钮，都可以更新标注，使其采用当前的标注样式，此时命令行显示的提示信息为

输入标注样式选项[保存(S)/恢复(R)/状态(ST)/变量(V)/应用(A)/?]<恢复>：

该命令提示行中各选项的功能如下：

(1) “保存(S)”选项：用于将当前尺寸系统变量的设置作为一种尺寸标注样式来命名保存。

(2) “恢复(R)”选项：用于将用户保存的某一尺寸标注样式恢复为当前样式。

(3) “状态(ST)”选项：用于查看当前各尺寸系统变量的状态。

(4) “变量(V)”选项：用于显示指定标注样式或对象的全部或部分尺寸系统变量及其设置。

(5) “应用(A)”选项：用于根据当前尺寸系统变量的设置更新指定的尺寸对象。

(6) “？”选项：用于显示当前图形中命名的尺寸标注样式。

### (四) 使用快捷菜单

编辑修改标注尺寸时，可以使用鼠标右键弹出的快捷菜单来便捷地修改尺寸标注，作用同上述编辑标注尺寸。使用快捷菜单的方法是首先选中标注尺寸，再单击鼠标右键，选择合适的快捷菜单，例如修改标注文字位置，如图 2-110 所示。

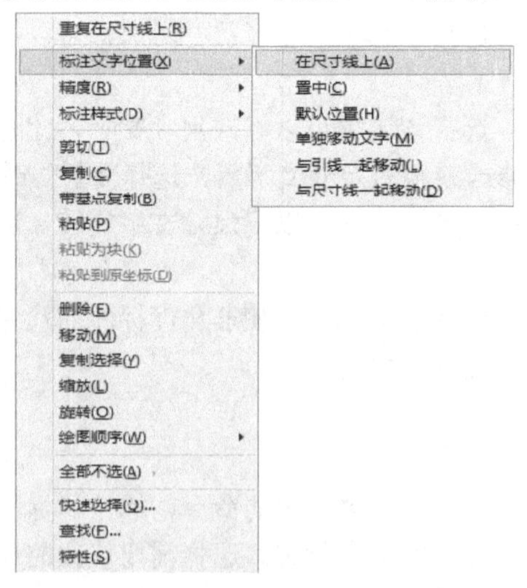


图 2-110　“标注文字位置”快捷菜单

## 任务六　基本三维绘图

**任务要求：**

(1) 识记：三维坐标系、简单三维图形绘图命令的各参数含义。

(2) 领会：用户坐标系建立和实体建模方式创建三维图形的方法和步骤。

(3) 应用：绘制简单的三维图形，使用实体编辑命令和布尔运算得到稍复杂的三维图形。

在工程设计和绘图过程中，三维图形应用越来越广泛。在工程领域，虚拟制造技术、工艺过程数值模拟、仿真技术等，都是以三维图形为基础的。在机械行业，大量的加工采用了现代化手段，如数控机床、加工中心、快速成型，都是在三维实体的基础上进行加工的。但在通信工程制图领域，三维绘图使用非常少。为利于学生参加 AutoCAD 认证考试，本任务简要介绍三维绘图内容。

## 一、三维绘图基础

### (一) 三维绘图概述

#### 1. AutoCAD 三维建模方式

AutoCAD 可以利用三种方式来创建三维图形，即线架模型方式、曲面模型方式和实体模型方式。三维建模的示例如图 2-111 所示。

(1) 线架模型是一种轮廓模型，它由点、直线、曲线等组成，没有面和体的特征。

(2) 曲面模型用面描述三维对象，它不仅定义了三维对象的边界，而且定义了表面，即具有面的特征。曲面模型不仅可以显示出曲面的轮廓，而且可以显示出曲面的真实形状。

(3) 实体模型不仅具有线、面的特征，而且具有体的特征，它由一系列表面包围，这些表面可以是普通的平面，也可以是复杂的曲面。各实体对象间可以进行各种布尔运算操作，从而创建复杂的三维实体图形。

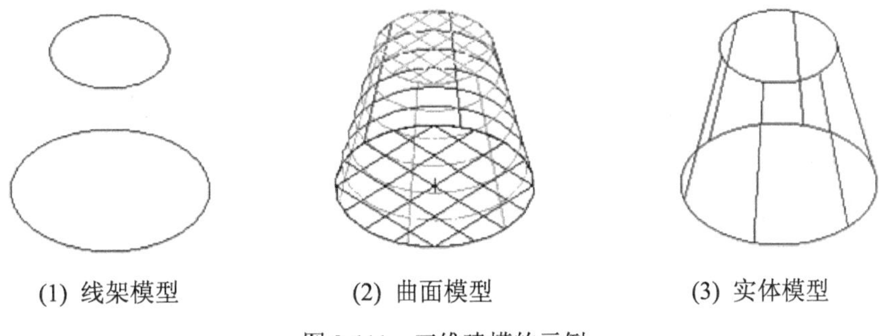

(1) 线架模型　　(2) 曲面模型　　(3) 实体模型

图 2-111　三维建模的示例

#### 2. 三维绘图基本术语、坐标系

在 AutoCAD 中，要创建和观察三维图形，就一定要使用三维坐标系和三维坐标。因此，了解并掌握三维坐标系，树立正确的空间观念，是学习整个三维图形绘制的基础。

用户在创建三维模型前，应先了解以下基本术语：

(1) XY 平面：X 轴垂直于 Y 轴组成的一个平面，此时 Z 轴的坐标是 0。

(2) Z 轴：三维坐标系的第三轴，它总是垂直于 XY 平面。

(3) 高度：主要是 Z 轴上的坐标值。

(4) 厚度：主要是 Z 轴的长度。

(5) 相机位置：在观察三维模型时，相机的位置相当于视点。

(6) 目标点：当用户眼睛通过照相机看某物体时，用户视线聚焦在一个清晰点上，该点就是所谓的目标点。

三维建模需要使用三维坐标来进行描述。在绘制三维图形时，三维坐标除了可以使用前面所讲的直角坐标或极坐标方法来定义点外，还可使用柱坐标和球坐标来定义点。为简化三维建模的学习，本书中仍然使用常用的直角坐标。

### 3. 三维坐标系

AutoCAD 采用世界坐标系(WCS)和用户坐标系(UCS)。在屏幕上绘图区的左下角有一个反映当前坐标系的图标，图标中 X、Y 的箭头表示当前坐标系 X 轴、Y 轴的正方向，系统默认当前坐标系为 WCS，否则为 UCS。

世界坐标系(World Coordinate System，WCS)是一种固定的坐标系，即原点和各坐标轴的方向固定不变。三维坐标与二维坐标基本相同，只不过是多了个第三维坐标，即 Z 轴。在三维空间绘图时，需要指定 X、Y 和 Z 的坐标值才能确定点的位置。当用户以世界坐标系的形式输入一个点时，可以采用直角坐标、柱面坐标和球面坐标的方式来实现。

用户坐标系(User Coordinate System，UCS)是 AutoCAD 2005 绘制三维图形的重要工具。由于世界坐标系(WCS)是一个单一固定的坐标系，虽绘制二维图形时完全可以满足要求，但绘制三维图形时，会产生很大的不便。为此 AutoCAD 允许用户建立自己的坐标系，即用户坐标系。

**注意**：AutoCAD 绘制二维图形时，绘图平面应是当前 UCS 的 XY 面或与其平行的平面。所以在进行三维绘图时，首要的任务就是把当前的 XY 平面找出来。这可通过视点设置、视图设置或建立用户坐标系的方法来实现。

## (二) 建立用户坐标系

### 1. 设立视点

视点是指观察图形的方向，改变视点即改变了观察方向，看到的物体形状(或称投影)就不一样。例如，绘制正方体时，如果使用平面坐标系，即 Z 轴垂直于屏幕，则仅能看到物体在 XY 平面上的投影。如果调整视点至当前坐标系的左上方，则将看到一个三维物体，如图 2-112 所示。

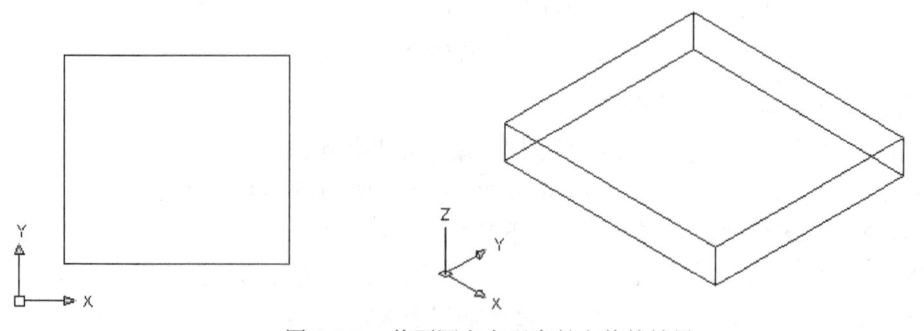


图 2-112　从不同方向观察长方体的效果

常用的设置视点的方法有以下三种：

(1) 使用“视点预置”对话窗口设置视点。

选择菜单命令“视图”→“三维视图”→“视点预置”，打开“视点预置”对话窗口，如图 2-113 所示。

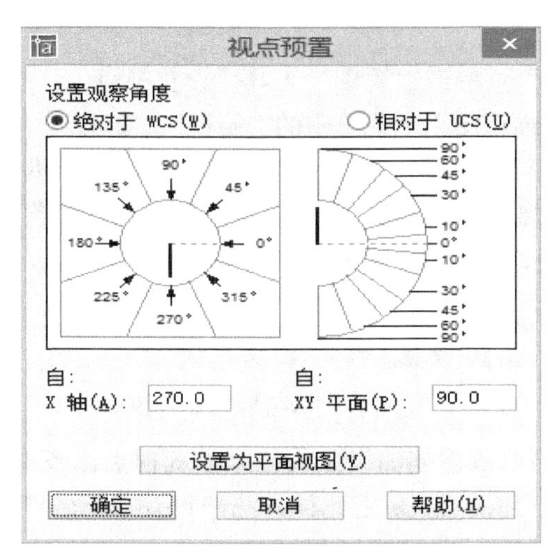


图 2-113　“视点预置”对话窗口

“视点预置”对话窗口中的左图用于设置原点和视点之间的连线在 XY 平面的投影与 X 轴正向的夹角，右面的半圆形图用于设置该连线与投影线之间的夹角，用户在图上直接拾取即可，也可以在“X 轴”、“XY 平面”两个文本框内输入相应的角度。

单击图 2-113 中的“设置为平面视图”按钮，可以将坐标系设置为平面视图。默认情况下，观察角度都是相对于 WCS 的；选择“相对于 UCS”单选按钮，可相对于 UCS 定义角度。

(2) 使用罗盘确定视点。

选择菜单命令“视图”→“三维视图”→“视点”，可以为当前视口设置视点，视点均是相对于 WCS 的。这时可通过屏幕上显示的罗盘定义视点，如图 2-114 所示。

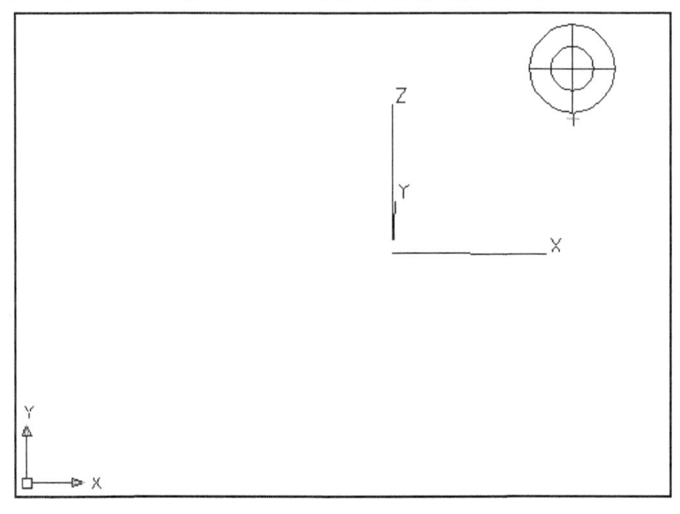


图 2-114　使用罗盘确定视点

在如图 2-114 所示的坐标球和三轴架中，三轴架的 3 个轴分别代表 X、Y、Z 轴的正方

向。当光标在坐标球范围内移动时，三维坐标系通过绕 Z 轴旋转可调整 X、Y 轴的方向。坐标球中心及两个同心圆可定义视点和目标点连线与 X、Y、Z 平面的角度。使用罗盘设置视点不是很直观。

(3) 使用“三维视图”菜单或“视图”工具栏设置视点。

选择“视图”→“三维视图”子菜单中的“俯视”、“仰视”、“左视”、“右视”、“主视”、“后视”、“西南等轴测”、“东南等轴测”、“东北等轴测”和“西北等轴测”命令，可以从多个方向来观察图形，如俯视、仰视、西南等轴测等。这些操作也可通过单击“视图”工具栏上的相应按钮来完成，如图 2-115 所示。

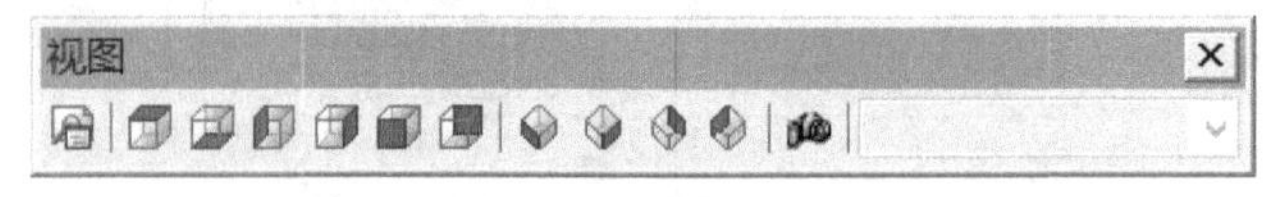


图 2-115　“视图”工具栏

使用“三维视图”菜单或“视图”工具栏来设置视点比较直观。AutoCAD 初、中级认证考试的三维作图题不是很难，采用此种方法来设置视点(坐标系)能基本满足三维绘图要求。

## 2．使用三维动态观察器

选择菜单命令“视图”→“三维动态观察器”，可通过单击和拖动的方式，在三维空间动态观察对象，如图 2-116 所示。

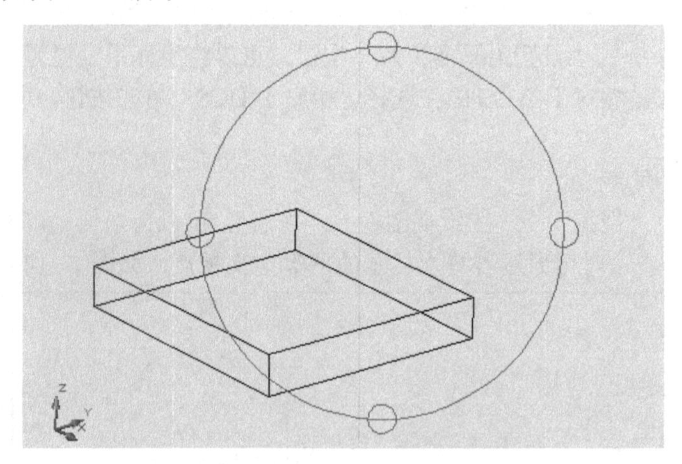

图 2-116　使用三维动态观察器观察长方体

移动光标时，光标的形状也将随之改变，以指示视图的旋转方向。光标在观察球的不同位置时作用也不一样，具体情况如下：

(1) 当光标位于观察球中间时，通过单击和拖动可自由移动对象。

(2) 当光标位于观察球以外区域时，单击并拖动可使视图绕轴移动。其中，轴被定义为通过观察球中心且垂直于屏幕。

(3) 当光标移至观察球的左、右小圆中时，单击并拖动可绕通过观察球中心的 Y 轴旋转视图。

(4) 当光标移至观察球的上、下小圆中时，单击并拖动可绕通过观察球中心的 Z 轴旋转视图。

### 3. 创建三维用户坐标系

创建三维对象时，可以建立用户坐标系来简化工作。如果创建了三维长方体，则可以将 UCS 与要编辑的每一条边对齐来轻松地编辑六条边中的每一条边。

建立用户坐标系的快捷命令是 UCS，或从菜单栏选择“工具”→“新建 UCS”命令。通过此命令，可以在同一个视图中修改当前 XY 平面位置、原点位置等。执行命令后命令行显示的提示信息为

输入选项[新建(N)/移动(M)/正交(G)/上一个(P)/恢复(R)/保存(S)/删除(D)/应用(A)/?/世界(W)]<世界>:

其中各选项参数的功能如下：

(1) “新建(N)”选项：建立新的用户坐标系。

(2) “移动(M)”选项：平移用户坐标系，将坐标原点平移到用户指定的点上。

(3) “正交(G)”选项：选择一个投影坐标系为当前用户坐标系。

(4) “上一个(P)”选项：返回上一用户坐标系。

(5) “恢复(R)”选项：调用已保存的用户坐标系，使之成为当前坐标系。

(6) “保存(S)”选项：命名并保存当前用户坐标系。

(7) “删除(D)”选项：删除已保存的用户坐标系。

(8) “应用(A)”选项：将当前坐标系应用到选择的视口或全部视口。

(9) “?”选项：显示已保存的用户坐标系名称及其坐标参数。

(10) “世界(W)”选项：返回世界坐标系。

当选择建立新的用户坐标系选项(N)时，命令行显示的提示信息为

指定新 UCS 的原点或[Z 轴(ZA)/三点(3)/对象(OB)/面(F)/视图(V)/X/Y/Z]<0, 0, 0>:

其中各选项参数功能如下：

(1) “指定新 UCS 的原点”选项：默认选项，将坐标原点平移到用户指定的点上。

(2) “Z 轴(ZA)”选项：通过指定坐标原点和 Z 轴正半轴上的一点，建立新的用户坐标系。

(3) “三点(3)”选项：通过指定三个点建立用户坐标系。指定的第一点是坐标原点，第二点是 X 轴正半轴上的一点，第三点是 Y 轴正方向上的任意一点。

(4) “对象(OB)”选项：通过选择一个实体建立用户坐标系，新坐标系的 Z 轴与所选实体的 Z 轴相同。

(5) “面(F)”选项：使新建的用户坐标系平行于选择的平面。

(6) “视图(V)”选项：使新的用户坐标系的 XY 面垂直于图形观察方向。

(7) “X”、“Y”、“Z”选项：这三个选项功能是将当前用户坐标系绕平行于相应的 X、Y、Z 轴旋转一定的角度。转动规则符合右手螺旋法则，即伸出右手握住转动的轴，大拇指与转动轴正方向一致，四指并拢指示转动角度的正方向。

## 二、观察三维图形

要观察三维图形的整体或局部，可以缩放或平移三维图形，其方法与观察平面图形的方法相同。此外，在观测三维图形时，还可以通过旋转、消隐及着色等方法来观察三维图形。

(一) 消隐图形

在绘制三维曲面及实体时，为了更好地观察效果，可选择“视图”→“消隐”命令，暂时隐藏位于实体背后被遮挡的部分，如图 2-117 所示。

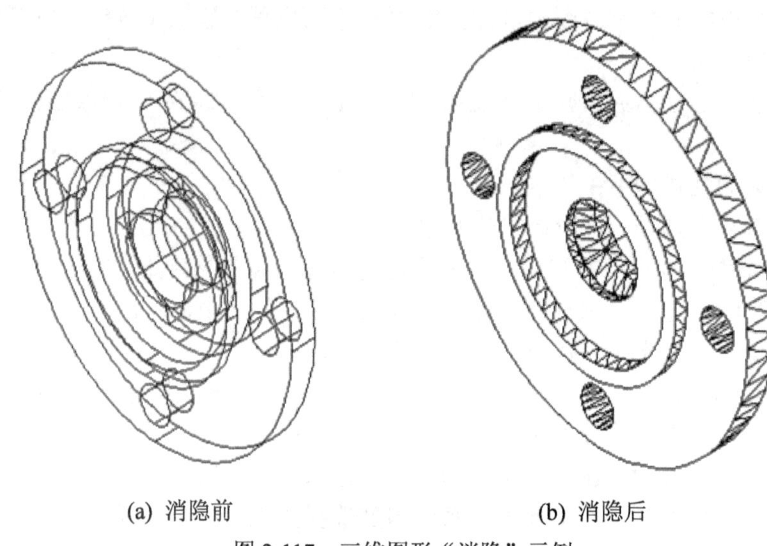

(a) 消隐前　　(b) 消隐后

图 2-117　三维图形“消隐”示例

(二) 改变三维图形的曲面轮廓素线

当三维图形中包含弯曲面时(如球体、圆柱体等)，曲面在线框模式下用线条的形式来显示，这些线条称为网线或轮廓素线。使用系统变量 ISOLINES 可以设置显示曲面所用的网线条数，默认值为 4，即使用 4 条网线来表达每一个曲面。当网线条数值为 0 时，表示曲面没有网线，如果增加网线的条数，则会使图形看起来更接近三维实物。修改轮廓素线示例如图 2-118 所示。

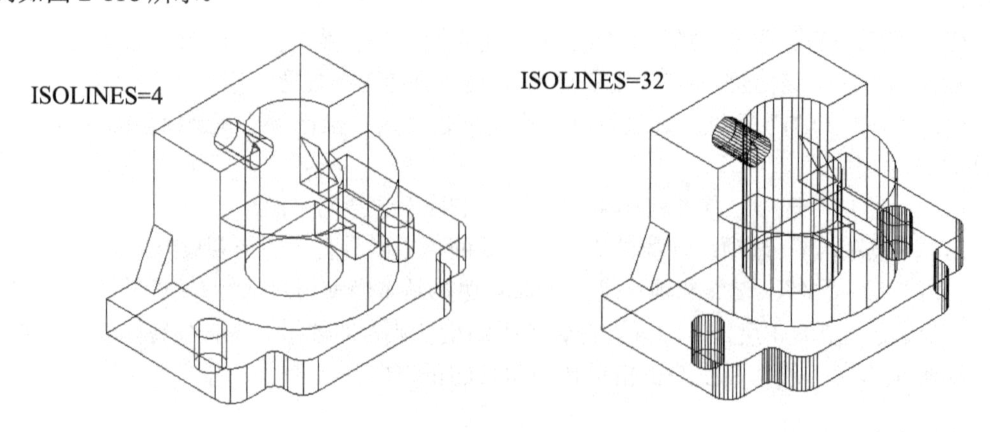


图 2-118　修改轮廓素线示例

(三) 以线框形式显示实体轮廓

使用系统变量 DISPSILH 可以以线框形式显示实体轮廓。此时需要将其值设置为 1，并用“消隐”命令隐藏曲面的小平面。线框形式显示实体轮廓示例如图 2-119 所示。

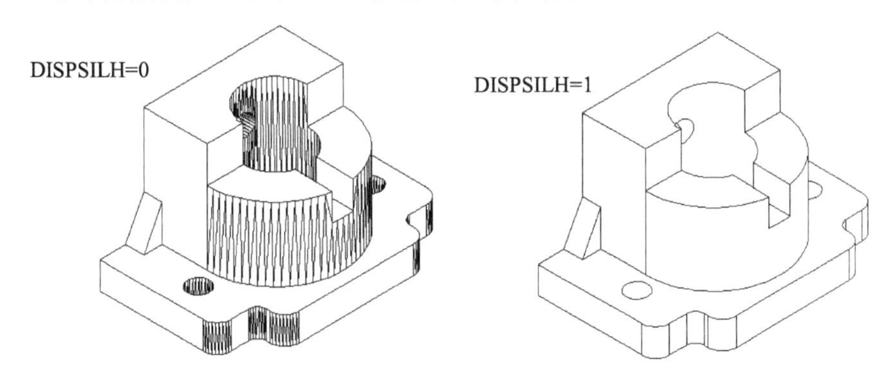


图 2-119　线框形式显示实体轮廓示例

（四）改变实体表面的平滑度

要改变实体表面的平滑度，可通过修改系统变量 FACETRES 来实现。该变量用于设置曲面的面数，取值范围为 0.01～10。其值越大，曲面越平滑。改变实体表面的平滑度示例如图 2-120 所示。

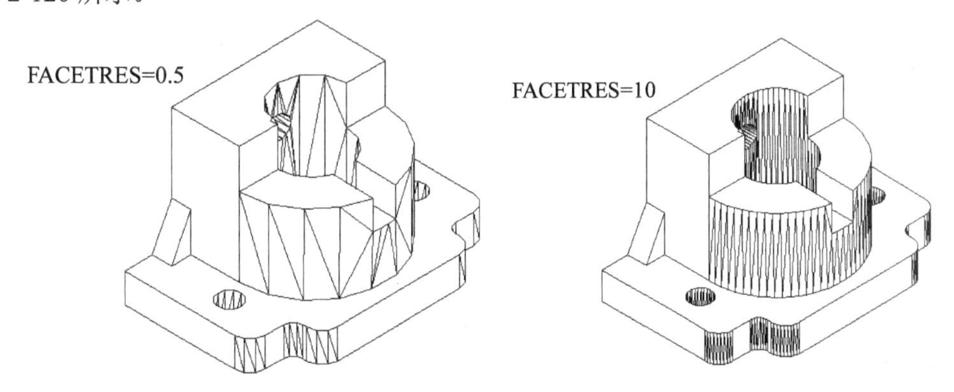


图 2-120　改变实体表面的平滑度示例

（五）着色

隐藏直线段可以增强图形的效果并使设计更简洁，着色可以为模型生成更逼真的图像。创建着色图像的步骤如下：

(1) 将包含要着色视图的视口设置为当前视口。

(2) 在菜单栏上单击“视图”→“着色”，选择下列选项之一：

① “二维线框”选项：显示用直线和曲线表示边界的对象，光栅和 OLE 对象、线型和线宽都是可见的，即使 COMPASS 系统变量设置为开，在二维线框视图中不显示指南针。

② “三维线框”选项：显示用直线和曲线表示边界的对象，显示一个着色的三维用户坐标系(UCS)图标。

③ “消隐”选项：显示用三维线框表示的对象，代表对象后面各个面的直线被隐藏。

④ “平面着色”选项：在多边形面之间着色对象，对象显得更平整，不如体着色对象光滑，显示应用到对象上的材质。

⑤ “体着色”选项：在多边形面之间着色对象并使边缘平滑，使对象显示出平滑、逼真的外观，显示应用到对象上的材质。

⑥ “带边框平面着色”选项：结合“平面着色”和“二维(三维)线框”选项，对象被平面着色，同时显示线框。

⑦ “带边框体着色”选项：结合“体着色”和“二维(三维)线框”选项，对象被体着色，同时显示线框。

## 三、绘制三维图形

### (一) 绘制简单三维图形

在 AutoCAD 中，可以使用点、直线、样条、3D 多段线等命令绘制简单的三维图形，绘制方法同二维平面绘图，点可以输入直角坐标(X,Y,Z)，或使用对象捕捉的方式来拾取。

### (二) 绘制基本实体

三维实体模型是常用的三维建模方式，使用菜单命令“绘图”→“实体”或“实体”工具栏可以绘制长方体、球体、圆柱体、圆锥体、楔体及圆环体等基本实体模型。“实体”工具栏如图 2-121 所示。

图 2-121　“实体”工具栏

#### 1. 长方体和楔体

在 AutoCAD 2005 中，虽然创建“长方体”和“楔体”的命令不同，但它们的创建方法却相同，因为楔体是长方体沿对角线切掉一半后的结果。

常用的绘制长方体和契体的方法：首先确定下底面对角线(在当前 XY 平面或与之平行的平面拾取对角点)，再输入高度值，即可创建长方体和楔体。楔体示例如图 2-122 所示。

#### 2. 圆柱体和圆锥体

圆柱体和圆锥体分别有两种类型，即圆柱和椭圆柱、圆锥体和椭圆锥。

常用的绘制圆柱和圆锥体的方法：首先确定下底面圆心位置，再输入半径，最后输入高度值，即可创建圆柱体和圆锥体。如果在开始绘制时选择了参数“椭圆(E)”，则可创建椭圆柱和椭圆锥。圆锥体示例如图 2-123 所示。

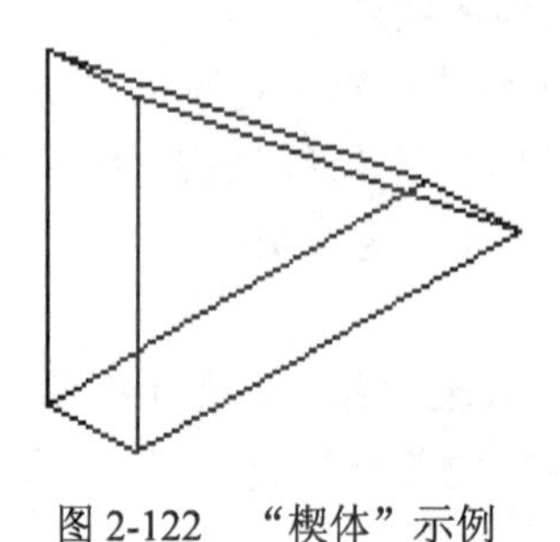

图 2-122　“楔体”示例

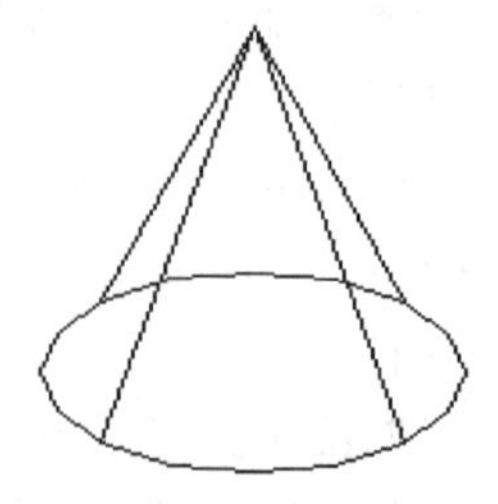

图 2-123　“圆锥体”示例

### 3．球体

球体是个实心球。

常用的绘制球体的方法：首先指定球体球心位置，再指定球体半径或直径，输入球体半径(直径)值之后，即可创建球体，如图 2-124 所示。

**注意**：修改 ISOLINES 值后，要单击菜单命令“视图”→“重生成”才会生效。

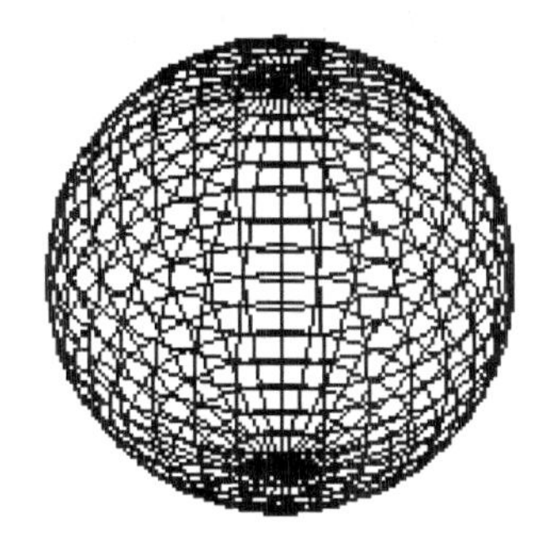
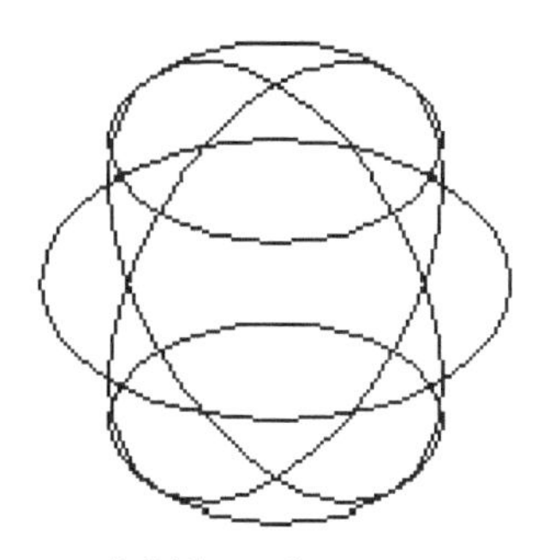

图 2-124　“球体”示例(ISOLINES 分别为 32 和 4)

### 4．圆环体

圆环体形状有点类似于呼啦圈。

常用的绘制圆环体的方法：首先指定圆环体中心位置，再指定圆环体半径或直径，最后指定圆管半径或直径，输入圆管半径之后，即可创建圆环体，如图 2-125 所示。

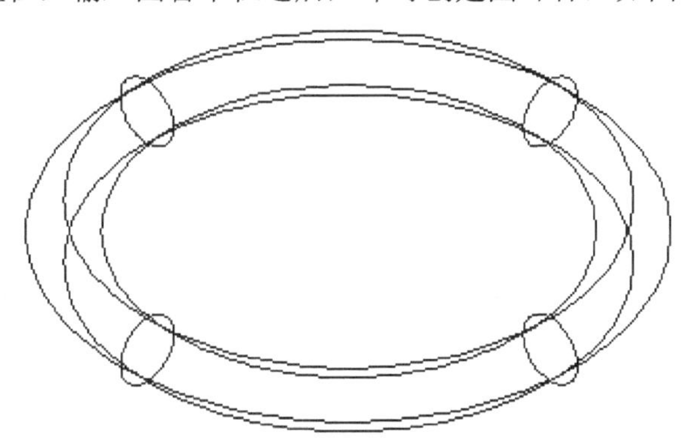

图 2-125　“圆环体”示例

## (三) 由二维图创建实体

在 AutoCAD 中，用户通过拉伸二维轮廓曲线或者将二维曲线绕指定轴旋转，就可以创建出三维实体。这样的二维图形要求是封闭的，比如圆、矩形、多段线围成的封闭图形。如果是由直线段围成的封闭图形，则需要用多段线编辑命令把它们合并。

### 1．拉伸

在 AutoCAD 中，选择“实体”工具栏中的“拉伸”按钮，可以将 2D 对象沿 Z 轴或某个方向拉伸成实体。拉伸对象被称为断面，可以是任何 2D 封闭多段线、圆、椭圆、封闭样条曲线和面域，且多段线对象的顶点数不能超过 500 个且不小于 3 个。

拉伸的快捷命令为 EXT。执行该命令，并选择需要拉伸的对象后，命令行显示的提示

信息为

指定拉伸高度或[路径(P)]:

默认情况下，用户可以沿 Z 轴方向拉伸对象，这时需要指定拉伸的高度和倾斜角度。拉伸高度值可以为正或为负，它们表示了拉伸的方向。拉伸角度也可以为正或为负，其绝对值不大于 90°，默认值为 0°，表示生成的实体的侧面垂直于 XY 平面，没有锥度；如果为正，将产生内锥度，生成的侧面向里靠；如果为负，将产生外锥度，生成的侧面向外。“拉伸”示例如图 2-126 所示。

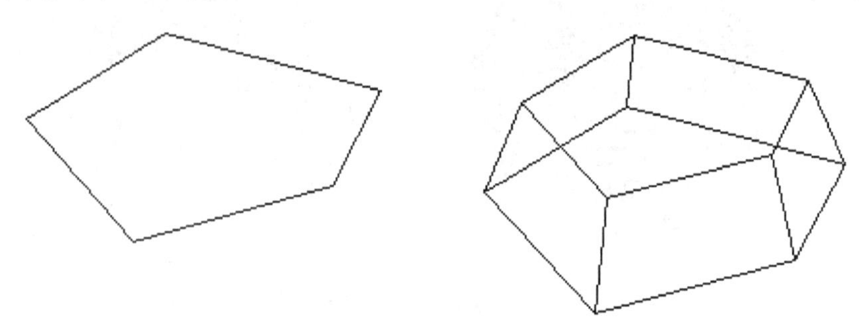

图 2-126　“拉伸”示例(拉伸高度为 30，拉伸倾斜角度为 15°)

在拉伸对象时，如果倾斜角度或拉伸高度较大，将导致拉伸对象或拉伸对象的一部分在到达拉伸高度之前就已经汇聚到一点，此时将无法进行拉伸。

还可以通过指定路径拉伸对象，示例如图 2-127 所示。

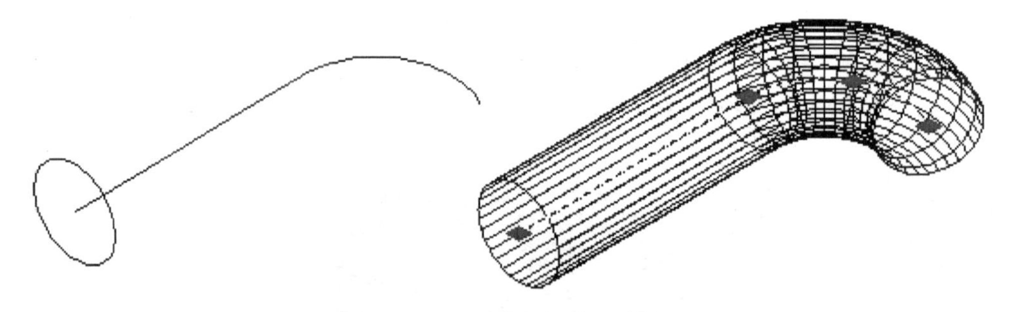

图 2-127　“沿路径拉伸”示例

### 2. 旋转

在 AutoCAD 中，单击“实体”工具栏中的“旋转”按钮，可以将二维对象绕某一轴旋转生成实体。用于旋转的二维对象可以是封闭多段线、多边形、圆、椭圆、封闭样条曲线、圆环及封闭区域。三维对象、包含在块中的对象、有交叉或自干涉的多段线不能被旋转，而且每次只能旋转一个对象。

旋转的快捷命令为 REV。执行该命令，并选择需要拉伸的对象后，命令行显示的提示信息为

指定旋转轴的起点或定义轴依照[对象(O)/X 轴(X)/Y 轴(Y)]:

默认情况下，用户可以通过指定两个端点来确定旋转轴。命令行中各选项功能如下：

(1) “对象(O)”选项：用于绕指定的对象旋转。此时，用户只能选择用“直线”命令绘制的直线或用“多段线”命令绘制的多段线。选择多段线时，如果拾取的多段线是

线段，则对象将绕该线段旋转；如果选择的是圆弧段，则以该圆弧两端点的连线作为旋转轴旋转。

(2) “X 轴(X)”、“Y 轴(Y)”，选项：用于绕 X、Y 轴旋转。

例如，图 2-128 所示图形为封闭多段线绕直线旋转 270° 得到的实体。

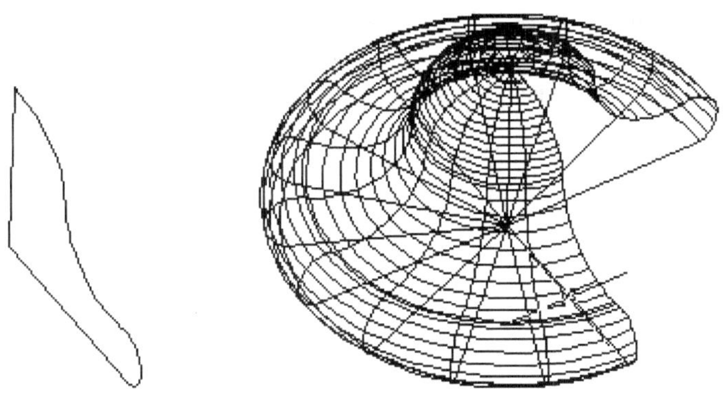

图 2-128　“旋转”得到实体示例

### (四) 创建复杂实体

#### 1. 剖切

剖切是把一个实体图形切掉一部分，从而得到新的实体。

剖切的快捷命令为 SL。本命令的关键是找出剖切面，可以通过三点共面或两线共面的方式找出剖切面，必要时可以作辅助线来帮助找出剖切面。剖切示例如图 2-129 所示。

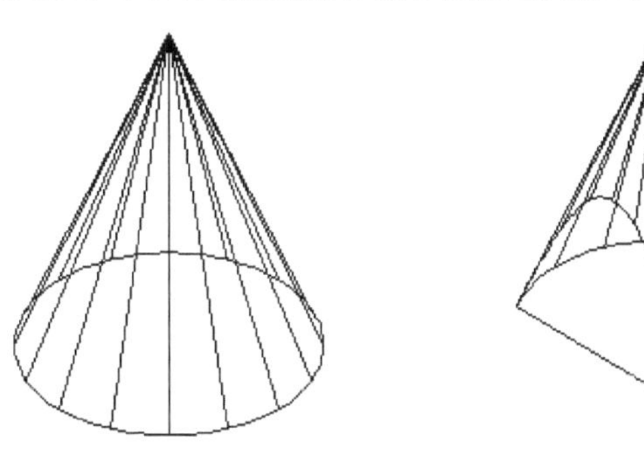

图 2-129　“剖切”示例

#### 2. 并集、交集、差集

可以通过布尔运算来创建实体，并集、交集、差集是“实体编辑”工具栏的前三个按钮，如图 2-130 所示。

图 2-130　“实体编辑”工具栏

(1) “并集”按钮：通过组合多个实体生成一个新实体。该命令主要用于将多个相交或相接触的对象组合在一起。当组合一些不相交的实体时，其显示效果看起来还是多个实

体，但实际上却被当作一个对象。在使用该命令时，只需要依次选择待合并的对象即可。

(2) “交集”按钮：利用各实体的公共部分创建新实体。在使用该命令时，点击所有需要求交集的实体即可。

(3) “差集”按钮：从一些实体中去掉另一些实体，从而得到一个新的实体。在使用该命令时要分两步，首先选中被减实体后按 Enter 键，再一一选择要减去的对象按 Enter 键即可。

并集、交集、差集示例如图 2-131 所示。

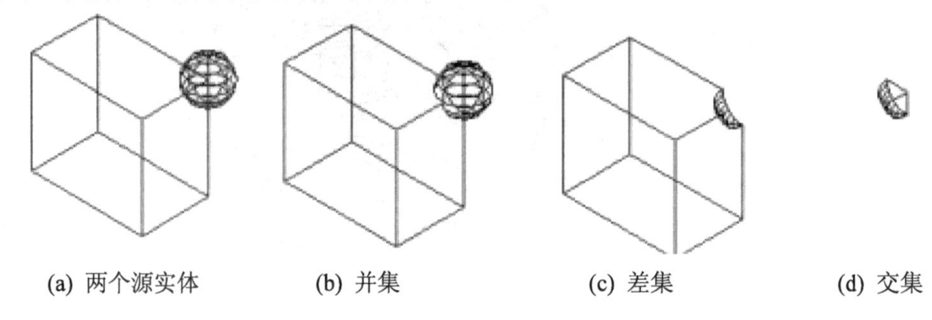

(a) 两个源实体　(b) 并集　(c) 差集　(d) 交集

图 2-131　并集、交集、差集示例

# 任务七　图形显示与图纸打印输出

**任务要求：**

(1) 识记：控制图形显示有关的操作命令，视口的意义。

(2) 领会：图纸打印输出设置方法及操作步骤。

(3) 应用：依据通信工程制图规范要求绘制图纸，图纸要素齐全，图形布局合理、均衡，图、表、字大小适宜、协调，整体上整洁、清晰、美观。

在 CAD 绘制图形的过程中，可以任意地放大、缩小或移动屏幕上的图形，或者同时从不同的角度、不同的方位来显示图形。CAD 系统提供多种观察图形的工具，如利用鸟瞰视图进行平移和缩放、视图处理、视口创建等，利用这些命令，可以轻松自如地控制图形的显示以满足各种绘图需求和提高工作效率。

输出图形是计算机绘图中的一个重要环节。在 CAD 中，图形可以从打印机上输出为纸质的工程图纸，也可以用软件的自带功能输出为电子档的图纸。在打印或输出的过程中，参数的设置十分关键。

## 一、图形的重画与重生成

### (一) 重画

重画是指刷新屏幕，就是从计算机内存中的虚拟屏幕重新输出显示图形。在绘图过程中有时会留下一些无用的标记，比如删除多个对象图纸中的一个对象，但有时被删除的对象看上去还存在，在这种情况下可以使用重画命令来刷新屏幕显示，清除残留的点痕迹，以显示正确的图形。所以重画能快速刷新或清除当前视口中的点标记，而不更新后台图形数据库。

重画操作命令有两个，即 Redraw 和 Redrawall，前者只刷新当前视口，后者是刷新所有视口。还可以通过菜单命令“视图”→“重画”刷新屏幕。

图形中某一图层被打开或关闭，或者栅格被关闭后，系统将自动刷新并重新显示图形，栅格设置的密度大小会影响图形刷新的速度。

#### (二) 重生成

重生成是指通过从数据库中重新计算屏幕坐标来更新图形的屏幕显示。重生成命令不仅能删除图形中的点记号并刷新屏幕，而且能更新图形数据库中所有图形对象的屏幕坐标，使用该命令通常可以准确地显示图形数据。

重生成命令有两个，即 Regen 和 Regenall，前者只针对当前视口，后者是针对所有视口。还可以通过单击菜单命令“视图”→“重生成”/“全部重生成”来更新图形的屏幕显示。

通俗来讲，刷新显示屏幕时，重生成是把图形数据从硬盘中调出来，而重画只是从内存中把图形数据调出，所以重画命令比重生成执行快得多。比如有时通过视图缩放一个圆会显示为一个正多边形形状，只能通过重生成命令来刷新显示屏幕。

## 二、控制图形显示

在绘制图形时，常常需要对图形进行放大或平移，对图形显示的控制主要包括：实时缩放、窗口缩放和平移操作。

#### (一) 常用视图缩放

##### 1. 实时缩放

实时缩放是指动态缩放绘图区中的图形，操作方式如下：

(1) 单击菜单命令“视图”→“缩放”→“实时”。

(2) 单击“标准”工具栏中的按钮。

执行实时缩放命令后，鼠标显示为放大镜图标，按住鼠标左键往上移动图形放大显示，往下移动图形则缩小显示。

##### 2. 窗口缩放

窗口缩放是指放大指定矩形窗口中的图形，使其充满绘图区，操作方式如下：

(1) 单击菜单命令“视图”→“缩放”→“窗口”。

(2) 单击“标准”工具栏中的按钮。

(3) 在命令行输入 ZOOM。

执行(1)、(2)两项命令之后，单击鼠标左键确定放大显示的第一个角点，然后拖动鼠标框取要显示在窗口中的图形，再单击鼠标左键确定对角点，即可将图形放大显示。

执行“ZOOM”命令后，按 Enter 键，再输入“W”命令，即可按上面的操作方法执行，完成窗口缩放。

### 3. 返回缩放

返回缩放是指返回到前面显示的图形视图，操作方式如下：

(1) 单击菜单命令“视图”→“缩放”→“上一个”。

(2) 单击“标准”工具栏中的 按钮。

(3) 在命令行输入 ZOOM。

执行“标准”工具栏中的 按钮，可快速返回上一个状态。执行“ZOOM”命令后，按 Enter 键，输入“P”命令，即返回上一个状态。

### 4. 视图平移

视图平移可以在任何方向上移动观察图形，操作方式如下：

(1) 单击菜单命令“视图”→“平移”。

(2) 单击“标准”工具栏中的 按钮。

(3) 在命令行输入 PAN 或 P。

执行上面的命令之一，光标显示为一个小手，按住鼠标左键上、下、左、右拖动即可实时平移图形。

### (二) 鼠标操作

(1) 滚动鼠标的中轮：可实现实时缩放。向前滚动，视图放大；往后滚动，视图缩小。要注意它是以光标位置为中心向周边进行动态缩放。

(2) 按下鼠标中轮不动：可实现视图平移，此时鼠标指针变为一个手板形状。

(3) 双击鼠标中轮：按范围缩放视图，相当于输入 ZOOM，再选“E(范围)”参数，把全部图形视图缩放后充满整个绘图区。

**注意**：视图缩放并没有改变图形对象的真实大小，只是改变了显示结果大小，便于观察图形。

## 三、视口和多窗口排列

前面已经提到 AutoCAD 中有模型空间和布局空间选项卡。模型空间可以绘制二维图形和三维模型，并带有尺寸标注。用视口命令创建视口和设置视口，并可以保存起来，以备日后使用，且只能打印激活的视口，若 UCS 图标设置为 ON，该图标就会出现在激活的视口中。

布局空间提供了真实的打印环境，可即时预览到打印出图前的整体效果，布局空间只能是二维显示。在布局空间中可以创建一个或多个浮动视口，每个视口的边界是实体，可以进行删除、移动、缩放、拉伸、编辑等操作，可以同时打印多个视口及其内容。

### (一) 视口

视口是指显示图形模型空间中某个部分选定的区域，执行视口命令的方法如下：

(1) 在命令行输入 VPORTS。

(2) 单击菜单命令“视图”→“视口”。

(3) 利用“视口”工具栏。

视口命令可以将屏幕分割为若干个矩形区域，即多个视口，可以在不同视口中显示不同角度和不同显示模式的视图。

例如，如图 2-132 所示的三维图形，通过四个视口中不同视图的组合更加全面、细致地展示三维图形。

可以设置一个视口从不同方向来观察三维图形，组合多个视口提供三维模型的不同视图，这样能够更形象地描述三维模型。比如图 2-132 中设置了显示俯视图、主视图、右视图和东南轴测视图的 4 个视口。要想更方便地在不同视图中编辑对象，可以为每个视图定义不同的 UCS。每次将视口设置为当前之后，都可以在此视口中使用它上一次作为当前视口时使用的 UCS。

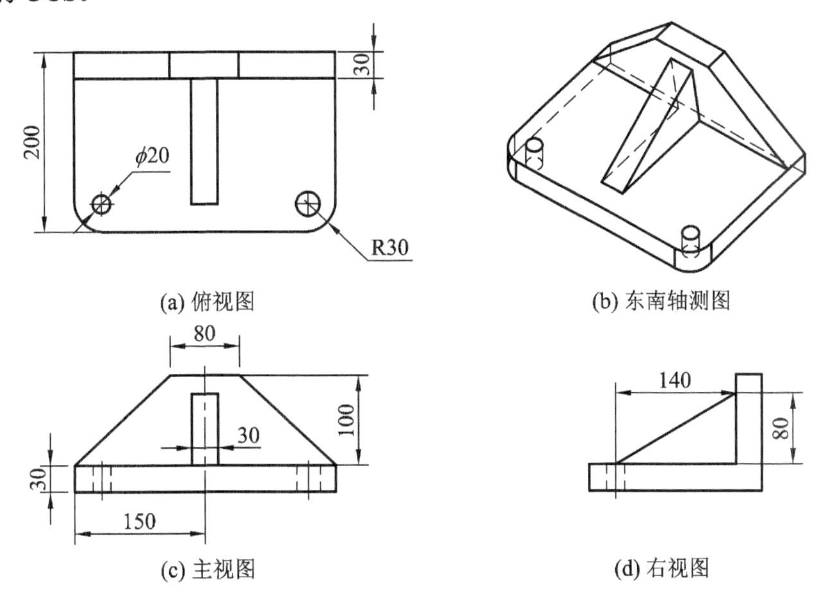

(a) 俯视图　(b) 东南轴测图

(c) 主视图　(d) 右视图

图 2-132　四个视口

**提示：**如果有多个视口，则只能在当前视口中进行操作。移动光标到目标视口单击，边框加宽加粗亮显，这就指定了当前视口。在当前视口进行操作，其他视口的图形也会随之发生改变。可以在一个视口中执行一个命令，切换到另一个视口后结束此命令。

### (二) 多窗口排列

当打开多张图纸时，可以使用层叠、横向排列和竖向排列来布置视图在屏幕中的布局。

在命令行中输入 SYSWINDOWS，或单击菜单栏中的“窗口”命令，可设置多窗口的排列方式。

窗口排列方式有层叠、水平和垂直平铺、排列图标等。若需要查看每个图纸的所在路径或文件名，则可以选择菜单命令“窗口”→“层叠”。为了将所有窗口垂直排列，以使它们从左向右排列，可以选择菜单命令“窗口”→“垂直平铺”，窗口的大小将自动调整以适应所提供的空间。

# 四、图纸打印输出

## （一）图形输出

图形输出功能就是将图形转换为其他类型的图形文件，如 bmp、wmf 等，以达到和其他软件兼容的目的。

在命令行输入 EXPORT，或执行菜单命令“文件”→“输出”，可进行图形输出设置。将当前图形文件输出为所选取的文件类型，如图 2-133 所示。

图 2-133　“输出数据”窗口

由“输出数据”对话框中的文件类型可以看出，CAD 的输出文件有八种类型，均为绘制图形工作中常用的文件类型，能够保证与其他软件的交流。使用输出功能的时候，会提示选择输出的图形对象，制图人员在选择所需要的图形对象后就可以输出了。输出后的图形与输出时 CAD 中绘图区域里显示的图形效果是相同的。需要注意的是，在输出的过程中，有些图形类型发生的改变比较大，CAD 不能够把类型改变大的图形重新转化为可编辑的 CAD 图形格式，例如，将 bmp 文件读入后，仅作为光栅图像(图片)使用，不可以进行图形修改操作。

## （二）打印输出

在完成某个图形绘制后，为了便于观察和实际施工制作，可将其打印输出到图纸上。在打印的时候，首先要设置打印的一些参数，如选择打印设备、设定打印样式、指定打印区域等，这些都可以通过“打印”命令调出的对话框来实现。

在命令行输入 PLOT，或单击菜单命令“文件”→“打印”，或选择“标准”工具栏中的“打印”按钮，制图人员可以设定相关参数，打印当前图形文件，“打印”对话框窗口如图 2-134 所示。

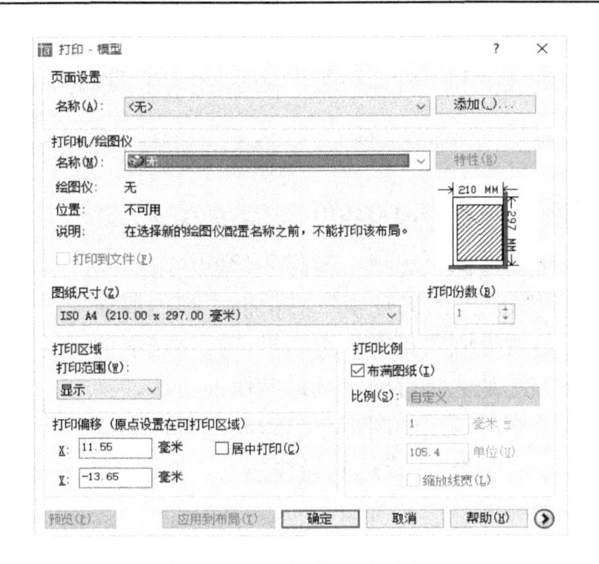


图 2-134　“打印”对话窗口

“打印”对话窗口中各选项参数的功能说明如下：

**1. 打印机/绘图仪**

“打印机/绘图仪”选项组：可以选择用户输出图形所要使用的打印设备、纸张大小、打印份数等设置。若要修改当前打印机配置，则可单击名称后的“特性”按钮，弹出如图 2-135 所示对话窗口，其中包含了三个选项卡，各选项卡的含义分别如下：

(1) “基本”选项卡：在该选项卡中查看或修改打印设备信息，包含了当前配置的驱动器信息。

(2) “端口”选项卡：在该选项卡中显示适用于当前配置的打印设备的端口。

(3) “设备和文档设置”选项卡：在该选项卡中可设定打印机的输出设置，如打印介质、图形、自定义图纸尺寸等。

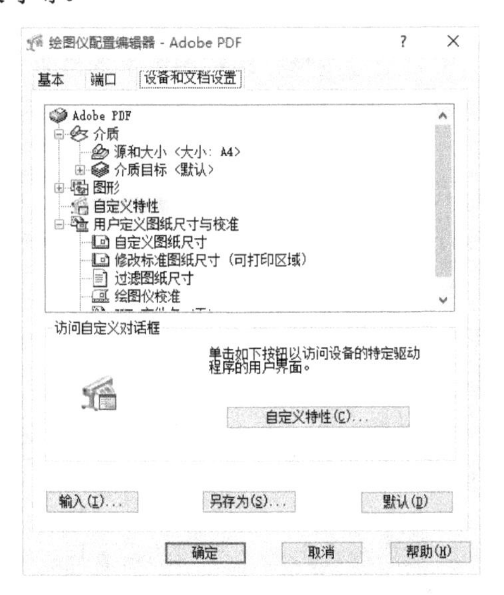


图 2-135　“绘图仪配置编辑器”对话窗口

### 2. 图纸尺寸和打印份数

“图纸尺寸”下拉列表框和“打印份数”文本框：用于选定打印纸张的尺寸大小和打印图纸的数量。

### 3. 打印区域

“打印区域”选项组：可设定图形输出时的打印区域。其中“打印范围”下拉框中包括以下选项，如图 2-136 所示。

图 2-136　“打印范围”下拉框

(1) “窗口”选项：临时关闭“打印”对话框，在当前窗口选择一个矩形区域，然后返回“打印”对话框，打印选取的矩形区域中的内容。此方法是选择打印区域最常用的方法，一般情况下，制图人员都希望所输出的图形布满整张图纸，因此会将打印比例设置为“布满图纸”，以达到最佳效果。但这样打出来的图纸比例很难确定，常用于比例要求不高的情况。

(2) “图形界限”选项：打印当前空间包含所有对象的图形，即该图形中的所有对象都将被打印。

(3) “显示”选项：打印当前视图中的内容。

### 4. 打印比例

“打印比例”选项组：可设定图形输出时的打印比例。该选项组包括以下选项。

(1) “比例”下拉列表框：可选择用户出图的比例，如 1∶1，同时可以用“自定义”选项，在下面的框中用输入比例换算方式来达到控制比例的目的。

(2) “布满图纸”复选框：勾选时根据打印图形范围的大小，自动布满整张图纸。

(3) “缩放线宽”单选按钮：在布局中打印的时候使用，勾选上后，图纸所设定的线宽会按照打印比例进行放大或缩小，而未勾选则不管打印比例是多少，打印出来的线宽就是设置的线宽尺寸。

### 5. 打印偏移

“打印偏移”选项组：可以指定图形打印在图纸上的位置。可通过分别设置 X(水平)偏移和 Y(垂直)偏移来精确控制图形的位置，也可通过设置“居中打印”，使图形打印在图纸中间。

打印偏移量通过将标题栏的左下角与图纸的左下角重新对齐来补偿图纸的页边距。用户可以通过测量图纸边缘与打印信息之间的距离来确定打印偏移。

### 6. 打印预览

“预览”按钮：在图形打印之前使用预览功能可以提前看到图形打印后的效果，这将有助于对打印的图形及时修改。

在预览界面下，可以单击鼠标右键，在弹出的快捷菜单中有“打印”选项，单击即可直接在打印机上出图了。也可以退出预览界面，在“打印”对话框上单击“确定”按钮出图。

制图人员在进行打印的时候要经过上面一系列的设置后，才可以正确地在打印机上输出需要的图纸。当然，这些设置是可以保存的，“打印”对话框最上面有“页面设置”选项，

制图人员可以新建页面设置的名称，来保存所有的打印设置。

### (三) 按布局打印

绘图空间分为模型空间和布局空间两种，前面讲述的打印是在模型空间中的打印设置，在模型空间中的打印只有在打印预览的时候才能看到打印的实际状态，而且模型空间对于打印比例的控制不是很方便。AutoCAD 除了前面所讲的从模型空间打印出图以外，还提供从布局空间出图，用户可根据需要设置多种布局，也就设置了不同的打印参数。布局打印可以直观地看到最后的打印状态，图纸布局和比例控制较为方便。图 2-137 是一个布局空间的运用效果。

与模型空间最大的区别是布局空间的背景是所要打印的纸张范围，与最终的实际纸张大小是一样的，图形被安排在这张纸的可打印范围内，出图时不需要进行打印参数的设置，布局打印是打印输出图纸最方便的选择。在如图 2-137 所示的布局窗口中有一张打印用的白纸示意图，纸张的大小和范围已经确定，纸张边缘有一圈虚线，表示可打印的范围，在虚线内是可以在打印机上打印出来的图形，超出的部分则不会被打印。以视口边框(如图 2-137 中“视口”标注所示)为界，内部是模型空间，外部是布局空间，通过双击视口内部或外部，可进行切换。单击视口，会显示夹点，可以通过夹点来改变视口的大小。在模型空间可以用视图缩放命令调整比例，也可绘图、编辑；在布局空间中一般可插入图框、图衔等元素。

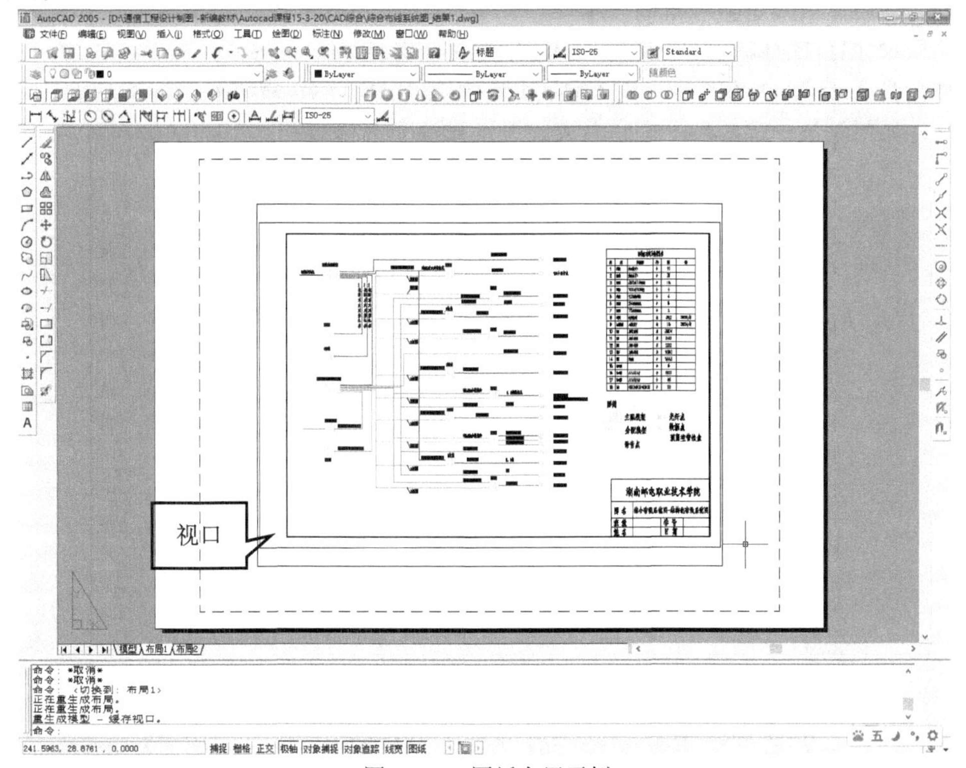


图 2-137　图纸布局示例

一张图纸可以设置多个图纸空间，在状态栏的模型按钮或布局按钮上单击鼠标右键，在快捷菜单中选择“新建布局”选项。如果模型空间里绘制了多幅图纸，则可以设置多个

布局空间来满足不同的打印需求。布局空间设定好后，会随图形文件保存而一起保存，再次打印时无需再次设置。

## 思　考　题

1．简述 AutoCAD 的主要功能。
2．AutoCAD 2005 的工作界面包括哪些部分，各自的功能是什么？
3．制作样板文件的目的是什么？
4．如何设置图形界限？
5．在 AutoCAD 2005 中定位点的方式有哪些？
6．极轴追踪与对象捕捉追踪有什么异同？
7．如何修改图层的属性？什么是当前图层，如何设置？
8．直线、射线和构造线各有什么特点？如何使用它们绘制辅助线？
9．用直线、多段线分别画出的直线段有什么区别？
10．在 AutoCAD 中块有哪些特点？内部块与外部块有什么不同？
11．在 AutoCAD 中，如何创建文字样式？单行文字与多行文字有何区别？
12．如何输入特殊字符？
13．如何使用夹点编辑图形对象？
14．尺寸标注有哪些组成要素？如何创建标注样式？
15．在 AutoCAD 2005 中，对实体可以使用哪几种布尔运算？并简述其功能。
16．如何缩放一幅图形，使它最大限度地布满当前视口？

## 技 能 训 练

1．启动 AutoCAD 2005 软件，设置用户界面，如图 2-138 所示。

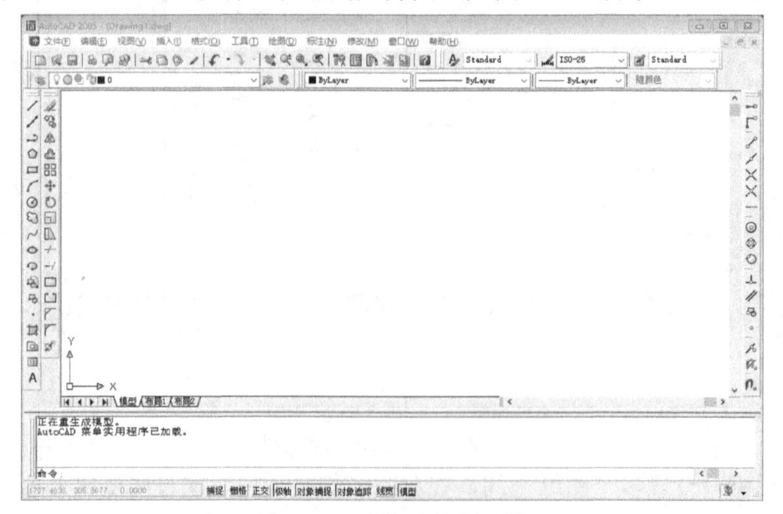


图 2-138　技能训练题 1 图

2．按图 2-139 四幅图的尺寸绘制图形，尺寸和坐标不要求标注。

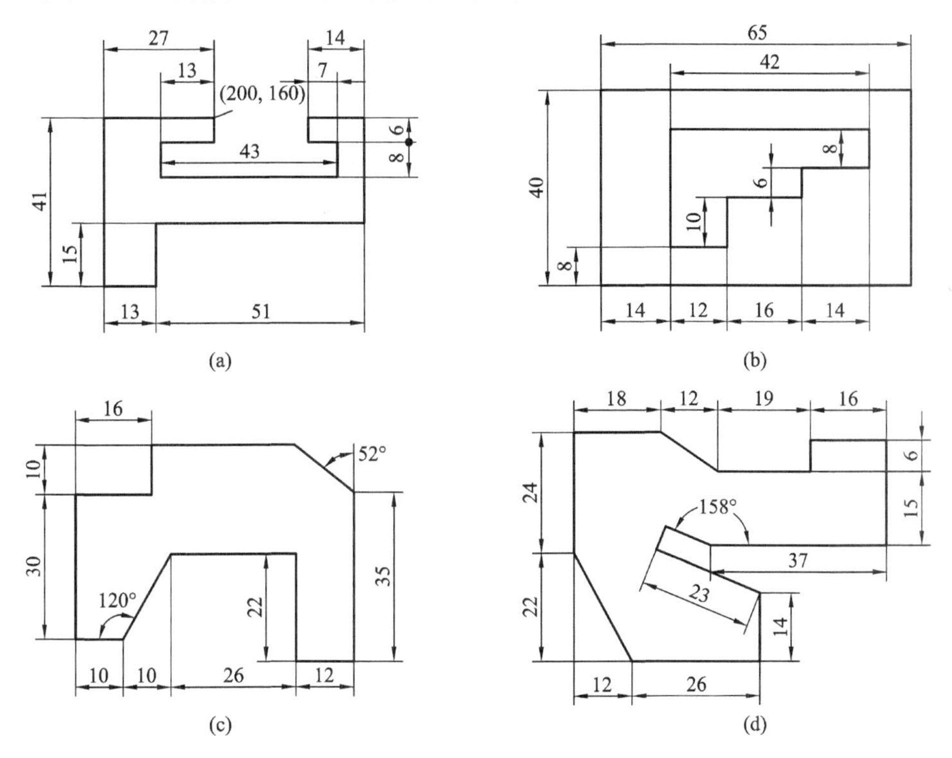


图 2-139　技能训练题 2 图

3．画出如图 2-140 所示图形(尺寸不要求标注)，并计算长度 A 为多少(保留小数点 4 位数字)？

4．画出如图 2-141 所示图形(尺寸不要求标注)。

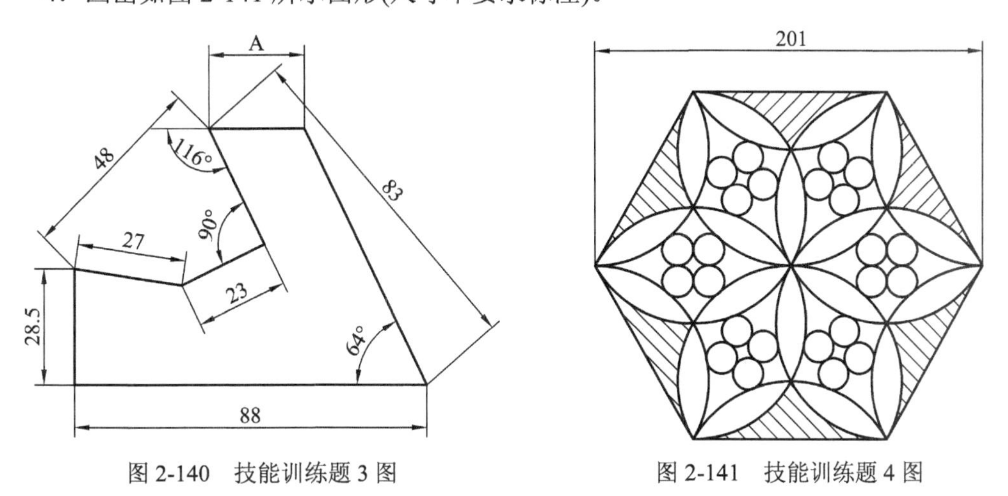


图 2-140　技能训练题 3 图　　图 2-141　技能训练题 4 图

5．画出如图 2-142 所示图形(正三角形内 6 个圆的半径相同、外部 9 个圆的半径相同)，要求标注尺寸。

6．画出如图 2-143 所示图形(5 个小圆大小相同)，要求标注尺寸。

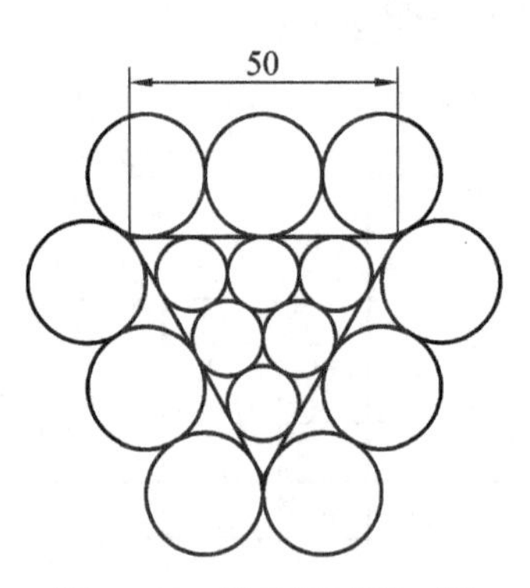


图 2-142　技能训练题 5 图

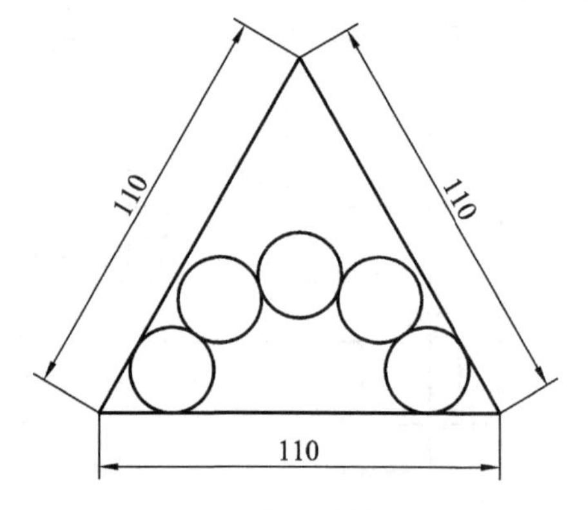


图 2-143　技能训练题 6 图

7．绘制如表 2-3 所示的表格(表格、文字和图例大小自行设置，要求协调)。

**表 2-3　技能训练题 7 表**

| 序号 | 名　称 | 图　　例 | 说　　明 |
| --- | --- | --- | --- |
| 1 | 光缆 | | 光纤或光缆的一般符号 |
| 2 | 光缆参数标注 | *a*/*b*/*c* | *a*—光缆型号；<br>*b*—光缆芯数；<br>*c*—光缆长度 |
| 3 | 永久接头 | | |
| 4 | 可拆卸固定接头 | | |
| 5 | 光连接器<br>(插头—插座) | | |

8．按图 2-144 两幅图的尺寸绘制图形，并标注尺寸。

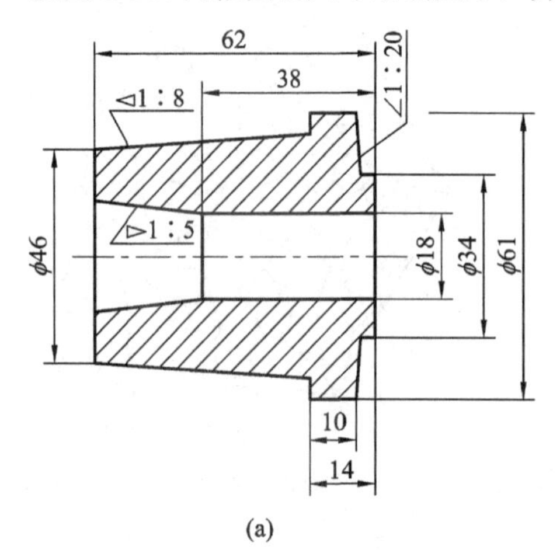


(a)

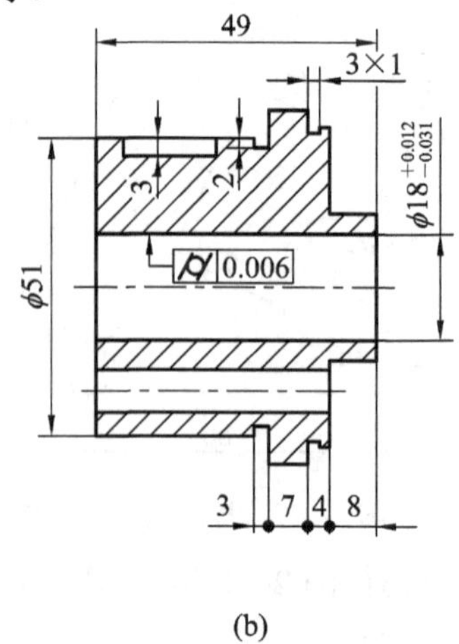


(b)

图 2-144　技能训练题 8 图

9．绘制如图 2-145 所示的三维图形，不标注尺寸。

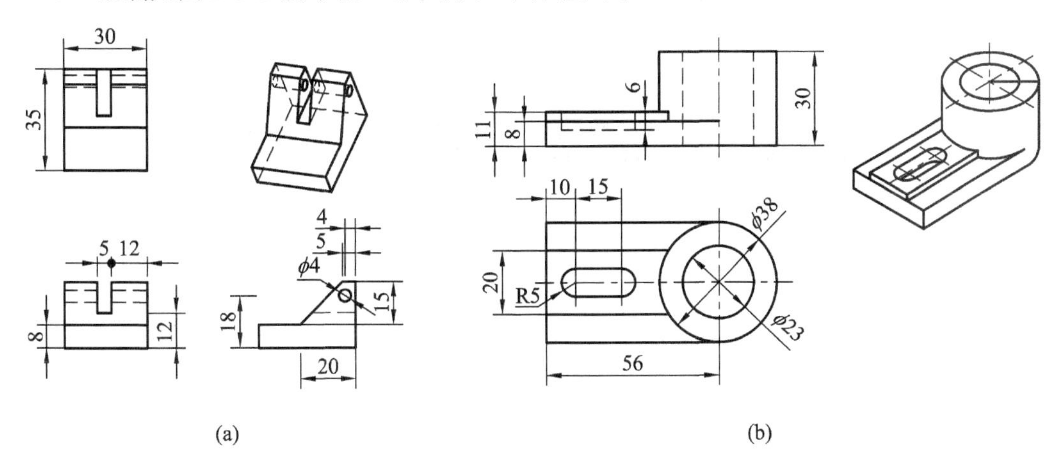


图 2-145　技能训练题 9 图

# 模块三　通信工程设计制图

**问题引入：**

工程设计是整个工程建设不可缺少的重要环节。设计文件是指导工程项目管理的重要文件，对施工过程有重要的指导意义，工程施工必须以设计为基准。设计文件是工程建设准备投产时作为质量验收及竣工验收的重要资料，同时是考核工程建设质量水平的重要依据。工程图纸就是设计文件中的重要组成部分。通信工程设计制图必须在取得第一手现场资料的基础上，才能正确并顺利完成。因此，要熟悉工程现场勘察流程，采集、记录和确认相关数据信息，绘制工程草图，呈现现场设备布局、线缆布设等情况。鉴于通信工程设计分为无线、传输、交换、动力、建筑等多个专业方向，本书只介绍一般的勘察流程和通信工程设计图纸绘制方法。那么，现场勘察流程和步骤有哪些？如何绘制一般通信工程设计图纸，有何具体要求？

**内容简介：**

通信工程设计勘察基本内容、流程，根据现场勘察情况并依据设计标准、规范绘制通信工程图纸。

**重点难点：**

通信工程设计勘察基本内容、步骤，绘制一般通信工程图纸的方法。

**学习要求：**

通过本模块的学习，能够掌握工程勘察和通信工程图纸的绘制方法，具体要求如下：

(1) 熟悉现场勘察设计的基本内容，了解主要工作步骤。

(2) 掌握通信机房、移动通信基站的查勘方法。

(3) 使用通信工程制图的常用图形符号，按设计要求和标准规范来绘制图纸。

## 任务一　工程勘察设计

**任务要求：**

(1) 识记：通信工程现场勘察的主要内容和步骤。

(2) 领会：通信工程现场勘察的工作要点和要求。

(3) 应用：依据通信工程相关专业的设计规范要求来勘察现场，采集、记录数据信息。

通信工程设计是一门涉及科学、技术、经济、方针政策等各方面的综合性的应用技术科学。设计文件是安排建设项目和组织施工的主要依据，具有规范性强、目标性强、不可复制、立足于工程实际并高于工程实际的特点，并强调实际与理论相结合。首先通信工程设计必须以现有国际、国家及相关技术体制标准为依据，以实际网络建设目标、工程需要为出发点，其次通信工程设计要求站在全程和全网的高度，为不同的网络资源进行调配，达到合理最优的网络优化。

通信工程图是一种示意性工程图，它主要用图形符号、线条、线框或文字符号表示系统或设备中各组成部分之间的相互关系及连接关系。在通信工程的设计过程中，现场勘察是非常重要的一个环节。

## 一、通信工程现场勘察

工程勘察是指合同签订之后，由勘察工程师按照《工程勘察指导手册》的要求，对工程安装环境、安装设备进行勘察，并且确定工程安装方案，最终汇总形成《工程勘察报告》。

勘察是工程设计工作的重要环节，勘察测量后所得到的资料是设计的基础。通过现场实地勘测，获取工程设计所需要的各种业务、技术和经济方面的有关资料，并在全面调查研究的基础上，结合初步拟定的工程设计方案，会同有关专业和单位，认真进行分析、研究、讨论，为确定具体设计方案提供准确和必要的依据。

工程勘察与设计是通信工程建设中的核心部分，也是一个工程项目从合同到工程建设的开始，因此勘察与设计是否合格是项目能否顺利执行的关键。工程设计文件是安排建设项目和组织施工的重要依据，而勘察则是整个设计的基础阶段，勘察所取得的资料是设计的重要基础资料。

现场勘测后，当发现与设计任务书有较大出入时，应上报给下达任务书的单位重新审定，并在设计中加以论证说明。

### （一）工程勘察的工作流程

(1) 签发工程勘察任务书——《工程勘察任务书》。
(2) 勘察任务审核。
(3) 勘察任务安排。
(4) 工程勘察准备，制定工程勘察计划。
(5) 工程现场勘察，第一次环境验收——《工程勘察指导手册》。
(6) 勘察文档制作——《工程勘察报告》、《环境验收报告》。
(7) 勘察评审——《工程勘察报告评审表》。
(8) 文档处理。
(9) 输出结果。

### （二）工程勘测的主要内容

“勘测”是指“查勘”与“测量”两个工序，“查勘”工序是查看周边地理环境、建筑物等情况，“测量”工序是具体测量线缆走线、设备安放位置等。大部分本地网线路工程均

属一阶段设计工程，“查勘”和“测量”工作同时进行。工程方案查勘的内容主要有以下三个方面。

**1. 向工程沿线相关部门收集资料**

(1) 从电信部门调查收集的资料如下：

① 现有长途干线，包括电缆、光缆系统的组成、规模、容量；线路路由；长途业务量，设施发展概况以及发展可能性。

② 市区相关市话管道分布、管孔占用及可以利用等情况。

③ 沿线主要相关电信部门对工程的要求和建议。

④ 现有通信维护组织系统及其分布情况。

(2) 从水电部门调查收集的资料如下：

① 农业水利建设和发展规划，线路路由上新挖河道、新修水库工程计划。

② 水底电/光缆过河地段的拦河坝、水闸、护堤、水下设施的现状和规划；重要地段河流的平面、断面及河床的土质状况，河堤加宽加高的规划等。

③ 主要河流的洪水流量、洪流出现规律、水位及其对河床断面的影响。

④ 电力高压线路现状，包括地下电力电缆的位置、发展规划，路由与光缆路由平行段的长度、间距及交越等相互位置。

⑤ 沿路由的高压线路的电压等级、电缆护层的屏蔽系数、工作电流、短路电流等。

(3) 从铁道部门调查收集的资料如下：

① 电/光缆路由附近的现有、规划铁路线的状况，电气化铁道的位置以及平行、交越的相互位置等。

② 电气化铁道对通信线路防护设施情况。

(4) 从气象部门调查收集的资料如下：

① 路由沿途地区室外(包括地下 1.5 m 深度处)的温度资料。

② 近十年雷电日数及雷击情况。

③ 沟河水流结冰、市区水流结冰以及野外土壤冻土层厚度、持续时间及封冻、解冻时间。

④ 雨季时间及雨量等。

(5) 从公路及航运部门调查收集的资料如下：

① 与线路路由有关的现有及规划公路的分布；与公路交越等相互位置和对电/光缆沿路肩敷设、穿越公路的要求及赔偿标准。

② 现有公路的改道、升级和大型桥梁、隧道、涵洞建设整修计划。

③ 电/光缆穿越通航河流的船只种类、吨位、抛锚及航道疏浚、码头扩建、新建等。

④ 光缆线路禁止抛锚地段，禁锚标志设置及信号灯光要求。

⑤ 临时租用船只应办理的手续及租用费用标准。

(6) 从城市规划及城建部门调查收集的资料如下：

① 城市现有及规划的街道分布，地下隐蔽工程、地下设施、管线分布；城建部门对市区电/光缆的要求。

② 城区、郊区线路路由附近影响电/光缆安全的工程、建筑设施。

③ 城市街道建筑红线的规划位置，道路横断面，地下管线的位置，指定敷设电/光缆

的平断面位置及相关图纸。

(7) 从其他单位调查收集的资料。

### 2. 路由及站址的查勘

(1) 通信线路路由的查勘。根据查勘调查的情况，整理已收集的资料，到现场核对确定传输线路与沿线村庄、公路、铁路、河流等主要地形地物的相对位置，确定传输线路经过市区的街道、占用管道情况以及特殊地段电/光缆的位置。调查现场地形、地物、建筑设施现状，如果拟定的线路路由与现场情况有异，应修改传输线路路由，选取最佳路由方案。同时，还要确定特殊地段电/光缆线路路由的位置，拟定传输线路防雷、防机械损伤、防白蚁的地段及措施。

(2) 站址的查勘。站址的查勘就是要拟定终端站、转接站、有人中继站、无人中继站的具体位置，机房内平面布置及进局(站)电/光缆的路由；拟定无人中继站的位置、建筑方式、防护措施、电/光缆进站方位等。要求对站址选定、站内平面布置、进局电/光缆线路走向等内容，与当地局专业人员共同研讨决定。

(3) 拟定线路传输系统配置及电/光缆线路的防护。要求拟定机房建筑的具体位置、结构、面积和工艺要求；拟定监控及远供方案设施；拟定电/光缆线路防雷、防白蚁、防机械损伤的地段和防护措施。

(4) 测量各站及沿线安装地线处的电阻率，了解农忙季节和台风、雨季、冻冰季节等。拟定传输线路的维护方式，划分传输线路和无人中继站的维护区域。

(5) 对外沟通。要求对于传输线路穿越公路、铁道、重要河道、水闸、大堤、其他障碍物，以及传输线路进入市区，包括必穿越单位、民房等，应协同建设单位，与主管部门协商，需要时发函备案。

### 3. 工程方案查勘的资料整理

工程勘察主要文档表格有：《工程勘察任务书》、《工程勘察计划》、《工程勘察报告》、《环境验收报告》、《合同问题反馈表》、《工程勘察报告评审表》。

现场查勘结束后，应按下列要求进行资料整理，必要时写出查勘报告：

(1) 将查勘确定的传输线路路由、终端站、转接站、有人中继站、无人中继站的位置标绘在 1∶50000 的地形图上。

(2) 将传输线路路由总长度、局部修改路由方案长度，终端站、转接站、有人中继站、无人中继站之间的距离，到重要建筑设施、重大军事目标距离，传输线路路由的不同土质、不同地形、铁道、公路、河流和防雷、防白蚁、防机械损伤地段及不同方案等相关长度，标注在 1∶50000 的地形图上。

(3) 将调查核实后的军事目标、矿区范围、水利设施、附近的电力线路、输气管线、输油管线、公路、铁道及其他重要建筑、地下隐蔽工程标注在 1∶50000 的地形图上。

(4) 列出光缆线路路由、终端站、转换站、有人及无人中继站的不同方案比较资料。

(5) 统计不同敷设方式的不同结构电/光缆的长度、接头材料及配件数量。

(6) 将查勘报告向建设单位交底，听取建设单位的意见，对重大方案及原则性问题，应及早报上级主管部门，审批后方可进行初步设计阶段的工作。

## 二、工程设计勘察的实施步骤

(1) 选定线路路由。选定传输线路与沿线的城镇、公路、铁路、河流、水库、桥梁等地形/地物的相对位置；选定线路进入城区所占用街道的位置；选定现有通信专用管道或需新建管道的位置；选定电/光缆在特殊地段通过的具体位置。

(2) 选定终端站及中间站(转接站、中继站、光放大站)的站址。配合设备、电力、土建等相关专业的工程技术人员，根据设计任务书的要求选定站址，并商定有关站内的平面布局和线缆的进线方式、走向。

(3) 拟定有人段内各系统的配置方案。

(4) 拟定无人站的具体位置、无人站的建筑结构和施工要求，确定中继设备的供电方式和业务联络方式。

(5) 拟定线路路由上采用直埋、管道、架空、过桥、水底敷设时各段落所使用电/光缆的规格和型号。

(6) 拟定线路上需要防护的地段和防护措施。

(7) 拟定维护方式和维护任务的划分，提出维护工具、仪表及交通工具的配置。

(8) 协同建设单位与线路上特殊地段(如穿越的公路、铁路、重要河流、堤坝及进入城区等)的主管单位进行协商，确定穿越地点、保护措施等，必要时应向沿途有关单位发函备案，并从有关部门收集相关资料。

(9) 初步设计现场勘察。参加现场勘察的人员按照分工进行现场勘察；核对在1∶5000、1∶10000或1∶50000地形图上初步标定方案的位置；核实向有关单位、部门收集了解到的资料内容的可靠性、准确性，核实地形、地物、其他建筑设施等的实际情况，对初拟路由中地形不稳固或对其他建筑有影响的地段进行修正，通过现场勘察比较，选择最佳路由方案；会同维护人员在现场确定线路进入市区，利用现有管道的长度、需新建管道的地段和管孔配置，计划安装制作接头的人孔位置；根据现场地形，研究确定利用桥梁附挂的方式和采用架空敷设的地段；确定线路穿越河流、铁路、公路的具体位置，并提出相应的施工方案和保护措施。

(10) 整理图纸资料。通过现场勘察和先期收集资料的整理、加工，形成初步设计图纸；将线路路由两侧一定范围内(200 m)的有关设施，如军事重地、矿区范围、水利设施、铁路、公路、输电线路、输油管线、输气管线、供排水管线、居民区等，以及其他重要的建筑设施(包括地下隐蔽工程)，准确地标绘在地形图上；整理并提供的图纸有电/光缆线路路由图、路由方案比较图、系统配置图、管道系统图、主要河流敷设水底光缆线路平面图和断面图、光缆进入城市规划区路由图；整理绘制图纸时应使用专业符号；在图纸上计取路由总长度、各站间的距离、线路与重大军事目标和重要建筑设施的距离、各种规格的线缆长度；按相应条目统计主要工作量；编制工程概算及说明。

(11) 总结汇报。勘察组全体人员对选定的路由、站址、系统配置、各项防护措施及维护措施等具体内容进行全面总结，并形成勘察报告，向建设单位报告；对于暂时不能解决的问题以及超出设计任务书范围的问题，形成专案报告并请主管部门审定。

# 任务二　通信工程勘察设计实践——LTE 基站勘察设计

**任务要求：**

(1) 领会：LTE 基站勘察的主要内容和要求。

(2) 应用：依据 LTE 基站设计原则进行 LTE 基站机房平面、走线架和线缆走线路由的设计。

通信工程的勘察、设计和施工应遵守国家相关法律法规、国家标准以及工业与信息化部(原邮电部、原信息产业部)颁布的行业标准规范。如基站机房的设计要符合《通信建筑工程设计规范》、《电信专用房屋设计规范》、《移动通信工程钢塔桅结构设计规范》、《电信设备安装设计规范》、《通信局(站)防雷与接地工程设计规范》等规范性文件的要求。

## 一、LTE 基站勘察

通信工程项目类别不同，其专业要求不一样，在进行工程设计勘察时查勘和测量的内容和要求是不同的。当下移动通信工程占据通信建设项目中较大比重，这里以 LTE 基站工程勘察为例介绍通信工程现场勘察的一般流程和工作内容、要求等。

基站勘察是网络规划工作中的一部分，根据实际现场环境将网络规划思想付诸实施，为后期建设质量良好的网络打下基础。基站勘察和前期的网络规划工作是相辅相成的，如果勘察人员具有一定的网络规划和优化工作经验，则会大大提高基站勘测的质量，规划人员在基站勘测中积累的经验也会提高网络规划和优化工作的可实施度。

在 LTE 无线网络规划设计工作中，基站勘察包括站址勘察和详细勘察两个环节。站址勘察对于复杂网络或新建网络有比较大的影响。

在实际工程中，站址勘察时应至少选择两个备选站址，以备首选站址在详细勘察时因故不能使用，或者提供给建设单位作为站址资源储备。

### (一) 基站勘察常用仪表及工具

基站勘察的常用仪器有：GPS 定位仪、数码相机、指北针、测距仪、卷尺、地图等。

(1) GPS 定位仪。GPS 定位仪主要用于测量经纬度和海拔高度。为保证接收信号良好，GPS 定位仪应水平放置于开阔地或楼顶，在首次使用 GPS 定位仪时要开机等待 10 分钟以上，且必须能够接收到 4 颗及 4 颗以上的卫星信号。

(2) 数码相机。数码相机主要用于拍摄基站的周围环境照片、天面照片、机房照片等，帮助记录勘察站点的详细情况。用数码相机拍摄 360° 环境相片时，拍摄位置尽量选择在天线挂高平台上。如果无法到达，则寻找邻近的、与天线高度相仿的地点拍摄，并记录拍摄地点与天线的相对位置。若由于地形条件限制，在天线安装位置拍摄的全景照片无法很好地反映周围的情况，则可到较远处拍摄一些补充照片，但要记录好拍摄位置。

(3) 指北针。指北针用于确定建筑方位和天线方位角。使用指北针时应保持水平，测量时应尽量将方向将对准目标，减小人为误差，使用时应尽量避免靠近金属物体和有磁性

的物体，以免磁化影响精度。

(4) 测距仪。测距仪在基站勘察中可用于快速、精确地测量楼宇高度以及与阻挡物的距离等。在楼顶使用测距仪进行楼高测量时应注意安全。

(5) 卷尺。卷尺主要用于测量设备或物体尺寸、空间距离等。使用卷尺时应注意选择好测量起止点，测量时需将尺带绷直，保证测量数据准确。

(6) 其他仪器。其他仪器使用应参考相应的产品说明。

### (二) 基站勘察注意事项

基站勘察分为勘察准备、勘察现场和勘察完成三个阶段，在不同的阶段做好相应的重点工作才能高效、准确地完成勘察工作。

#### 1. 勘察准备

(1) 准备勘察工具：携带 GPS 定位仪、数码相机、卷尺、指北针、测距仪、勘察绘图本、站址勘察表格、地图等资料，并确认仪表可正常使用。

(2) 收集相关资料：现有 2G/3G 网络站点分布图、共址 2G/3G 基站平面图(设备平面图、走线架及布线图、天馈图等)；本期工程拟建规模、LTE 网络规划站点分布图、设备配置、需要重点覆盖的区域等。

(3) 勘察预演：根据收集的 2G/3G 现网和 LTE 拟建资料，熟悉待勘站点目标覆盖区域的环境，以及可能的站址位置偏移。对于共址站还应该了解机房空间、现网设备布置、天面环境。

#### 2. 勘察现场

(1) 勘察记录：按照勘察表格认真测量数据、填写表格并做好相关记录。

(2) 拍照：除了勘察报告要求的照片以外，应尽可能多方位地拍摄站点或周边环境照片，记录拍照顺序，方便以后查验。

(3) 现场反馈：若勘察时发现站点不符合 LTE 建设要求，应立即向相关负责人反映情况，得出结论，通知建设单位并提出改进办法。

(4) 核查：勘察完成后，在离开现场之前应对勘察记录进行核实，保证记录的完整性、准确性，查漏补缺。

#### 3. 勘察完成

(1) 勘察报告：勘察当天应及时整理勘察表格、图纸、照片等资料，并认真编制勘察报告。

(2) 工作汇报：将勘察工作情况按时向相关领导汇报，或向相关负责人反映，及时总结问题并改进。

### (三) 站址勘察流程

站址位置的选择直接影响到无线网络建设的效果，确定站址位置是否合理十分重要。勘察人员在进行网络规划站址勘察时应结合周围环境在规划站点附近选择至少“一主两备”3 个站点。站址勘察流程如下：

(1) 采集经纬度：使用 GPS 定位仪在拟选站点采集经纬度信息，并记录。经纬度数据信息要精确到小数点后 5 位数字。同一工程中，经纬度格式要统一。

(2) 记录建筑物信息：包含拟选站点详细地址，应记录准确地址，以免引起误解。另外还需要记录拟选站址建筑物高度、楼层数、建筑类型、建筑用途等信息。

(3) 确定规划需求：根据拟选站点周边情况及整体网络覆盖需求，确定扇区及天线数量、天线挂高、天线方位角、天线下倾角。确定天线挂高时需要首先确定建筑高度，再确定天线安装需要的塔桅高度，两者相加得到天线挂高。确定天线方位角时需要注意天线方位角为相对磁北的方向，应使用指北针确定准确的天线方位角。

(4) 选择候选站址：为便于后期物业谈判，应在选定主选站点的基础上，至少再选择两个候选站址。候选站址应在满足无线网络覆盖要求的基础上进行选择，避免出现偏离规划站址过远等情况。

(5) 建筑物照片：在现场需要采集建筑物照片，包括建筑物具体地址门牌、建筑全貌、天面情况、周边区域环境、拟选机房内部情况、可能的馈线路由、电源引入路由以及有可能影响基站建设的其他详细信息。

### (四) 机房空间勘察

在基站机房的查勘设计中，机房首先应具备适当的面积，满足设备的安装空间需求；然后需要详细记录机房内现有设备的情况(利旧原有基站)，包括原有设备的安装位置、走线路由、使用情况等，另外需要记录机房内原有或新增配套设备的情况，例如走线架、馈线窗等的安装位置及加固方式；最后需要相关土建专业人员，根据新增设备的设置安装方案对机房的承重情况进行查勘复核，并提出具体可行的加固改造方案，保证机房的使用安全。

(1) 机房空间：对机房和机房内门窗、梁、柱的内部尺寸，机房的墙体厚度进行测量，包括机房的长、宽、高，机房内门、窗的尺寸及相对位置，机房内梁的宽度及梁下距地面高度，机房内柱的宽度、厚度。同时应记录机房在所在建筑物内的相对位置。

(2) 机房内现有设备：记录机房内现有各设备类型、厂家、型号、配置，并对各设备的摆放位置进行测量，包括设备到机房墙体的距离、设备间距离、设备尺寸等，并绘制机房勘察平面图。

(3) 走线架、馈线窗：对机房内走线架的宽度、距机房地面的高度和相对机房的位置进行测量并记录；测量并记录馈线窗的位置和剩余馈孔数。

(4) 机房承重：LTE 建设中，对于共址机房应核实新增基站设备、配套电源、传输设备等对机房承重的影响，若选择新建机房，则需满足通用的机房土建要求。

### (五) 基站动力系统勘察

基站的动力系统是基站稳定工作的基本保障，进行现场查勘时需要针对共址基站(利旧基站)或新建基站进行仔细的勘察，并提出合理可行的方案，保证基站能够顺利地开通入网。

#### 1. 共址基站

对于共址基站应收集现有交流功耗(即交流负荷)、系统的运行情况、新增通信设备的功耗(即直流负荷)及接地系统的接地电阻值。应了解如下内容：

(1) 了解变压器容量、厂家、型号、现有交流负荷容量、工作电压等级、工作方式，低压配电系统断路器使用情况和负荷情况，并记录。

(2) 了解柴油发电机组容量、数量、工作方式、与市电的切换方式、厂家、型号规格、使用年限、维护情况及现有交流负荷容量，并记录。

(3) 了解整流器和直流屏型号、容量、供电方式、规格及厂家；了解 UPS 设备型号、电池电压、数量、容量、厂家、工作方式；了解蓄电池型号、规格、现有实际容量、使用年限、厂家及现有直流负荷，并记录。

(4) 了解供电系统运行情况，有无发生故障及遭受雷击，并记录交流及直流负荷量。

(5) 绘制输电线到相关机房及相关通信机房间的路由，记录需开孔洞位置尺寸，并记录测量长度。当拟建通信设备设在老通信机房时，收集直流输电线截面及余留压降，以确定在安装新设备后，其导线截面是否满足要求。

(6) 了解现有室内接地铜排位置，接地铜排剩余接线柱数。

**2. 新建基站**

对于新建基站应收集市电供电类别、距离、电压等级、停电最长时间、输电线路每公里造价、土壤电阻率及相关气象资料，具体了解如下内容：

(1) 到电力部门了解市电电压等级、供电类别及最长停电时间，并记录。

(2) 实测市电引入距离，了解市电每公里引入费用(当地价)，并记录。

(3) 绘制基站平面图及实测土壤电阻率，并记录。

(4) 查阅地图，了解海拔高度。

(5) 当市电引入距离较长时，应收集所选站址的气象资料，如年平均及月平均日照时数，每月每平方米太阳辐射强度、风速、最高气温、最低气温，最长连续阴雨天数，有无沙暴、冰雹及最厚积雪，以便在设计时作经济比较。

(6) 了解局(站)地雷电情况。

### (六) 天面勘察

天面勘察时应对现有 2G/3G 网络天面情况进行记录，包括各平台天线类型、扇区方位角、天线挂高等。

**1. 天线挂高**

天线的挂高设计要综合考虑良好的覆盖和干扰控制，主要参考覆盖区域内建筑物的平均高度。一般建议市区的天线挂高为 25～35 m；郊区可适当增加天线高度，一般为 35～50 m；应避免选取对于网络性能影响较大的高站(如站高大于 50 m 或站高高于周边建筑物 15 m)。

若市区的天线挂高过高，则要在勘察时和在勘察报告中对建设单位说明利弊。若基站所在建筑过高，则可以考虑将天线安装在外墙。同一基站不同小区的天线允许有不同的高度。这可能是受限于某个方向上的安装空间，也可能是小区规划的需要，以满足各小区不同的覆盖、隔离的要求。

**2. 天线方位角**

在进行天线方位角的规划设计时，应注意以下原则：

(1) 建议在市区各个基站的三扇区采用尽量一致的方位角，尽量按蜂窝结构进行网络布局，确保覆盖均匀，减少覆盖空洞及重叠覆盖区。在具体工程中，可以根据实际情况进行方位角调整。

(2) 确定天线方位角应避免天线主瓣沿街道(街道站点除外)与河流等地物辐射，避免波导效应。

(3) 使天线主瓣方向朝向重要区域和用户密集区覆盖，减少基站和用户上下行链路所需的发射功率。

(4) 由于天线的性能对 LTE 网络覆盖效果有着极其重要的影响，因此在天线安装时对周围阻挡的要求也应更为严格，在设计勘察时应注意天线前方是否有阻挡。

(5) 两个相邻扇区定向天线的夹角不应小于天线的水平半功率角，避免两天线的辐射区重叠太多。

#### 3. 天线下倾角

天线下倾角应根据实际情况确定。天线的下倾角对小区的覆盖范围、邻区干扰有着重要的影响。下倾角如果设置得过大，则小区边缘的用户难以接入，而且会引起天线波瓣变形；下倾角如果设置得过小，则可能会出现严重的越区覆盖现象，使得邻区干扰增大，降低系统的容量。

#### 4. 天线安装方式

天线的安装方式及载体应根据天线的挂高和承重要求进行选择。三个方向的天线尽量保证安装在所在方向的楼面边缘或女儿墙边缘(天线不被女儿墙阻挡)。当天线不得已安装在楼面时，沿天线扇区方向，自天线顶端至屋面边沿(或女儿墙边沿)的连线与抱杆之间的夹角小于等于 45°。

### (七) 周围环境勘察

观察周围环境，确保周围近距离没有高的建筑物或其他物体对基站扇区产生阻挡，一般拍照时每隔 30° 或 45° 记录环境照，另外可重点记录周边主要覆盖区域。

## 二、LTE 基站设计

基站设计主要包括机房、基站主设备、天馈线系统及配套设备设计工作，工程设计要遵守的原则及主要注意事项如下。

### (一) 机房的设计原则

机房的设计主要分为机房本身的土建设计以及机房内部的设备平面布置。首先根据机房的用途提出对机房的工艺要求，机房的土建设计一定要满足工艺要求，包括安全、防盗、承重以及设备工作环境等方面；其次根据设备的物理参数及维护要求，制定设备布置方案，做到机房内设备布置美观，便于维护。

#### 1. 机房建设原则

由于机房对防火、防盗及承重的要求比一般民宅和办公楼更高，因此对购买或租用的机房需改造，如加固、涂刷阻燃涂料、门窗改造、加开馈线洞等，使其楼面荷重、防火、防尘等符合通信机房的要求。新建机房建筑要求见表 3-1。

表 3-1　新建机房建筑要求

| 项　　目 | 机房建筑要求 |
|---|---|
| 机房最低净高 | 2.8 m |
| 楼面负荷 | 应满足设备安装要求 |
| 地面材料 | 地板砖或水磨石 |
| 墙面顶棚及装修 | 涂料 |
| 温度 | 夏：(25 ± 2)℃；冬：(20 ± 2)℃ |
| 湿度 | 50%～75% |
| 照度(离地 0.8 m 水平面上) | 50 lx |
| 防尘要求 | 良好防尘 |
| 基站机房面积 | 15 $m^2$ 以上 |

### 2. 设备平面布置原则

目前采用的基站设备可以分为宏蜂窝设备、BBU+RRU 设备及射频拉远设备三种方式，其类型和机架尺寸如下：

(1) 宏蜂窝设备：安装面的最大面积为 600 mm × 600 mm；设备高度范围为 700～1500 mm；设备安装方式为落地安装或堆叠安装(取决于机房空间)。

(2) BBU 设备：目前大部分设备为 19" 模块设备，安装空间为高度 1～3*U*(*U* 是指设备机架的物理尺寸，即 19 英寸机架的厚度，以 4.445 cm 为基本单位，1*U* 就是 4.445 cm)；安装方式为机柜安装、机架安装或挂墙安装。

(3) RRU 设备：安装空间为 500 mm × 431 mm × 182 mm；安装方式为机柜安装、挂墙安装或抱杆安装。

目前大部分基站机架背面无需维护，可以靠墙安装，机架前面需留出 800～1000 mm 的维护距离。基站机架为上走线，机架与地面用膨胀螺栓加固。机架间要加固连接并与走线架加固连接，增加抗震能力。

## (二) 基站设备的设计原则

机房内基站设备安装方式可以根据机房具体情况及设备形态选择标准机柜安装或挂墙安装等方式，一般在满足本期工程设备安装的同时，有条件还要适当考虑后期扩容的设备安装位置。

### 1. 机架数量

(1) 对于市区和县城城区内的 LTE 基站，应尽量考虑两个机架的位置。

(2) 对于郊区、乡镇和农村的 LTE 基站，一般只考虑一个机架的位置即可。

### 2. 标准机柜安装方式

(1) 如果机房内具备可供设备安装的 19" 标准机柜，且机柜内空间能够满足所需安装

BBU 的高度和深度要求，方可采用机柜安装方式。原有设备安装可采用水平安装方式或竖直安装方式。

(2) BBU 安装时，上下应该保留 1*U* 的空间用于设备散热。

### 3. 挂墙安装方式

(1) 设备挂墙安装时，安装墙体应具有足够的强度方可进行安装。

(2) 原有设备安装可以采用水平安装方式或竖直安装方式。

(3) 在市区设备安装时，设备上下左右应该预留不少于 50 mm 的散热空间，前面要预留 700 mm 的维护空间。

(4) 设备安装位置应便于线缆布放及维护操作且不影响机房整体美观，墙面安装面积应不小于 600 mm × 600 mm。

## (三) 天馈线的设计原则

在 LTE 网络中，天馈线系统作为网络建设中的重要组成部分，具有举足轻重的地位。天馈线的设计包括天线、馈线、室外 RRU 等室外设备的安装和设计，应根据使用场景、覆盖目标、业务分布、干扰规避要求、基站布局、设备选型及天面条件等因素合理设计。

### 1. RRU 安装

(1) RRU 采用抱杆安装时应该选用符合土建要求的抱杆。

(2) 当 RRU 与天线同抱杆安装时，中间应保持不小于 300 mm 的间距，以便于施工和维护。

(3) RRU 设备下沿距楼面最小距离为 500 mm，条件不具备时可适度放宽至 300 mm，以便于施工维护并防止雪埋或雨水浸泡。

(4) RRU 采用挂墙安装时，安装墙体应具有足够的强度方可进行安装。

### 2. 天线安装

锁紧天线支架及螺母等配件，以保证天线安装牢固。在工程实施中，LTE 与其他系统天线之间必须进行适当的垂直或水平空间隔离。

### 3. 天面土建改造

利旧天馈线系统应复核新增天线及 RRU 设备对原结构的影响，新建天馈线系统应满足以下设计要求：

(1) 应因地制宜选择合理的天馈支撑结构方案，需利旧的塔架应根据工艺需求进行结构承载复核，不能盲目使用。

(2) 由于 LTE 天线与 2G 天线存在较大的差异，综合风阻较大，应充分考虑天线的风荷和天线支撑结构的固定问题，各基站的天线安装方式应经过专门设计。

(3) 天馈支撑结构锚固位置的选择，需综合考虑锚固基材、锚栓品种、节点受力特点，力求支撑结构的长期安全可靠。在砌体结构上进行天馈支撑结构安装时，应首先鉴别砌体的可靠性，必要时应对砌体进行加固。

(4) 美化天线应确保基础结构和自身结构的安全可靠；屋面美化天线还应注重美化天线安装锚固的可靠性，并应采用多重锚固措施，避免在极限荷载下美化天线倾倒、坠落等

危险情况的发生。

（四）机房配套设备的设计原则

基站的电源、空调、监控及消防等配套设备对移动通信网络的正常、可靠运行发挥着至关重要的作用。合理控制配套设备建设成本，提高投资效益，增强配套设备配置方案的可靠性和合理性，在LTE网络建设中尤为重要。

**1. 电源系统**

LTE无线基站站址分新建站址和与原有2G/3G设备共站址两种情况。新建基站新增电源系统设备，与原有2G/3G设备共址基站在原有电源系统基础上，进行开关电源整流模块及烙丝开关的扩容，对于电池配置不满足需求的进行更换。

1) *新建基站电源系统建设方案*

新建宏基站均配置1套交直流供电系统，分别由1台交流配电箱(屏)、1套−48 V高频开关组合电源(含交流配电单元、高频开关整流模块、监控模块、直流配电单元)和两组阀控式蓄电池组组成。

新建宏基站要求引入一路不低于三类的市电电源，站内交流负荷应根据各基站的实际情况按10～25 kW考虑。

交流配电箱的容量按远期负荷考虑，输入开关要求为 100 A，站内的电力计量表根据当地供电部门的要求安装。

新建宏基站蓄电池组的后备时间配置原则：当采用二类市电时，基站无线设备的蓄电池后备时间为1～3小时，传输设备的蓄电池后备时间为12小时；当采用三类市电时，基站无线设备的蓄电池后备时间为2～4小时，传输设备的蓄电池后备时间为20小时。新建宏基站宜配置两组蓄电池，机房条件受限或后备时间要求较小的基站可配置1组蓄电池。

新建宏基站高频开关组合电源机架容量均按600 A配置，整流模块容量按本期负荷配置，整流模块数按$n+1$冗余方式配置。

新建宏基站地线系统应采用联合接地方式，即工作接地、保护接地、防雷接地共设一组接地体的接地方式。在机房内应至少设置1个地线排。

新建宏基站内电源电缆均应采用非延燃聚氯乙烯绝缘及护套软电缆。

对于无专用机房或机房条件受限的小型基站，条件许可的情况下尽量采用直流−48 V电源供电。

2) *共址基站电源系统建设方案*

共址基站市电容量及市电引入电缆应能满足本次新增LTE设备需求，对于原市电容量以及市电引入电缆不能满足要求的基站，应进行市电接入改造，并应向相关单位申请增容。

对于需要进行市电接入改造的基站，应改造更换为不小于$4\times25\ \text{mm}^2$截面的铜芯或$4\times35\ \text{mm}^2$截面的铝芯电力电缆，进线开关容量应更换为100 A的进线开关。现网2G/3G设备和其他现有设备负荷按照实测值的1.2倍计算。蓄电池组应根据基站后备时间要求、机房可承受的荷载、机房面积等因素来确定是否需要更换和更换后的容量，更换后的蓄电池宜采用两组。

现网2G/3G设备采用−48 V电源的基站电源设备配置改造原则如下：

(1) LTE 设备应与现网 2G/3G 设备采用同一套直流系统供电。若现有电源机架容量能满足现网 2G/3G 和 LTE 设备需要，则只需要增加整流模块对原开关电源进行扩容；若现有电源机架容量不能满足需要，则采用更换开关电源的办法解决。

(2) LTE 基站开关电源的直流配电端子根据各基站的现有情况和需要进行改造。若现有直流配电端子不能满足 LTE 设备的需求，则更换配电开关或增加直流配电箱，直流配电箱的电源应从开关电源架母线排引接。

当原有室内地线排不能满足 LTE 设备的接地需求时，可在机房内的适当位置增加 1 个地线排，并用截面积不小于 95 $mm^2$ 的铜芯电力电缆与原有的室内地线排并接。

3) 射频拉远设备的供电

射频拉远技术将传统的宏基站分离成 RRU(射频拉远单元)和 BBU(基带信号处理单元)，采用射频拉远技术建网，只需将 RRU 安装在天面上，将 BBU 放置在附近的现有机房中。需要指出的是，由于射频拉远设备普遍安装在室外天面，距离机房较远，因此采用射频拉远设备大规模建网之前必须先解决设备的稳定供电问题。

RRU 设备尽量采用信号源处的电源为其供电，具体供电方法如下：

(1) 当 RRU 距 BBU 的线缆长度小于等于 50 m 时，用标配的供电电缆从信号源处的 −48 V 直流电源为其供电。

(2) 当 RRU 距 BBU 的线缆长度大于 150 m 且小于等于 300 m 时，如果标配的供电电缆不能满足电压降的要求，则可通过加粗供电电缆线径从信号源处的−48 V 直流电源为其供电。

(3) 当 RRU 距 BBU 的线缆长度大于 300 m 时，宜单独采用−48 V 直流电源为其供电，为 RRU 配置小开关电源及蓄电池组，若安装位置受限，则可采用交流 220 V 电源为其供电。

2. 防雷接地

由于大多数机房均为购买或租用现楼，故根据实际情况，除在各站敷设地线外，在个别位于雷电活动频繁区的站址需要增加防雷设施。

当移动通信基站所在地区土壤电阻率低于 700 Ω · m 时，基站地网的工频接地电阻宜控制在 10 Ω 以内；当基站的土壤电阻率大于 700 Ω · m 时，可不对基站的工频接地电阻予以限制，此时地网的等效半径应大于等于 20 m，并在地网四角敷设 20～30 m 的辐射型水平接地体。

进入基站的低压电力电缆宜从地下引入机房，其长度不应小于 50 m(当变压器高压侧已采用电力电缆时，低压侧电力电缆长度不限)。电力电缆在进入机房交流屏处应加装避雷器，从屏内引出的零线不作重复接地。

基站供电设备的正常不带电的金属部分、避雷器的接地端，均应作保护接地，严禁作接零保护。基站直流工作地，应从室内接地汇集线上就近引接，接地线截面积应满足最大负荷的要求，一般为 35～95 $mm^2$，材料为多股铜线。

基站电源的耐雷电冲击指标应符合相关标准、规范的规定，交流屏、整流器(或高频开关电源)应设有分级防护装置。电源避雷器和天馈线避雷器的耐雷电冲击指标等参数应符合相关标准、规范的规定。

天线应在避雷针的保护范围内，避雷针应设置专用雷电流引下线，材料采用 40 mm × 4 mm 的镀锌扁钢。

采用同轴电缆的馈线金属外护层，应在上部、下部和经走线架进机房入口处就近接地，在机房入口处的接地应就近与地网引出的接地线妥善连通，当铁塔高度大于或等于 60 m 时，同轴电缆的金属外护层还应在铁塔中部增加一处接地。

同轴电缆进入机房后与通信设备连接处应安装馈线避雷器，以防来自天馈线引入的感应雷。馈线避雷器接地端子应接至室外馈线入口处的接地排上，选择馈线避雷器时应考虑阻抗、衰耗、工作频段等指标与通信设备相适应。

信号电缆应穿钢管或选用具有金属外护套的电缆，由地下进出基站，其金属外护套或钢管在入站处应作保护接地，电缆内芯线在进站处应加装相应的信号避雷器，避雷器和电缆内的空线对均应作保护接地。站内严禁架空缆线。

机房内的走线架应每隔 5 m 做一次接地。走线架、吊挂铁件、机架(或机壳)、金属门窗以及其他金属管线，均应作保护接地。基站和铁塔应有完善的防直击雷及抑制二次感应雷的防雷装置(避雷网、避雷带、避雷针等)。基站天面的各种金属设施均应分别与屋顶避雷带就近连通。

#### 3. 空调

空调作为基站系统中的配套设备，起着调节机房内环境温度、保证基站系统中各设备处于正常运行环境的重要作用。

(1) 工程环境要求：基站中各设备的重要性相对较高，对环境有一定要求。室内型设备要求工作温度为 −5℃～+45℃，相对湿度为 15%～85%；室外型设备要求工作温度为−40℃～+55℃，相对湿度为 5%～98%。

(2) 容量配置方案：新建宏基站空调负荷按机房面积 20 $m^2$、高度 3 m 估算；设备、照明散热按 4000 W 功率计，转化成热量为 3800 W；环境按 150 $W/m^2$ 热量计，20 $m^2 \times 150$ $W/m^2$ = 3000 W；要求制冷量合计为 6800 kcal/h。根据换算关系，1 P = 2500 kcal/h，故每站需要空调功率为 2.72 P。

从以上的数据可看出，基站机房内的设备对环境要求相对较低，可以采用普通空调。对于比较干燥的地区，可以考虑带加湿功能的空调。空调的具体设计安装由相关专业负责，应选用有断电自启动功能、电加热功能和定时转换功能的空调类型。

(3) 电源引入要求：新增空调设备电源由机房内交流配电箱引接，电力电缆的布放要求套管沿墙或走线架引至空调安装位置。

#### 4. 消防

机房消防是确保机房安全的基本项目，根据中华人民共和国行业标准“YD 5002—2005《邮电建筑防火设计标准》”的规定，必须遵循各基站装修应尽量采用耐高温阻燃材料，基站配备吸顶式和手持式灭火器的要求。机房耐火等级不低于 2 级。各基站应设置烟感探头、温度探头、红外探头、门禁探头等与外围控制装置共同监视火情隐患、门窗损坏及非法进入。

## 三、LTE 基站设计图示例

LTE 基站的机房设备布置平面图如图 3-1 所示，机房走线架安装平面图如图 3-2 所示，机房线缆布放示意图如图 3-3 所示，室外天馈线系统设计图如图 3-4 所示。

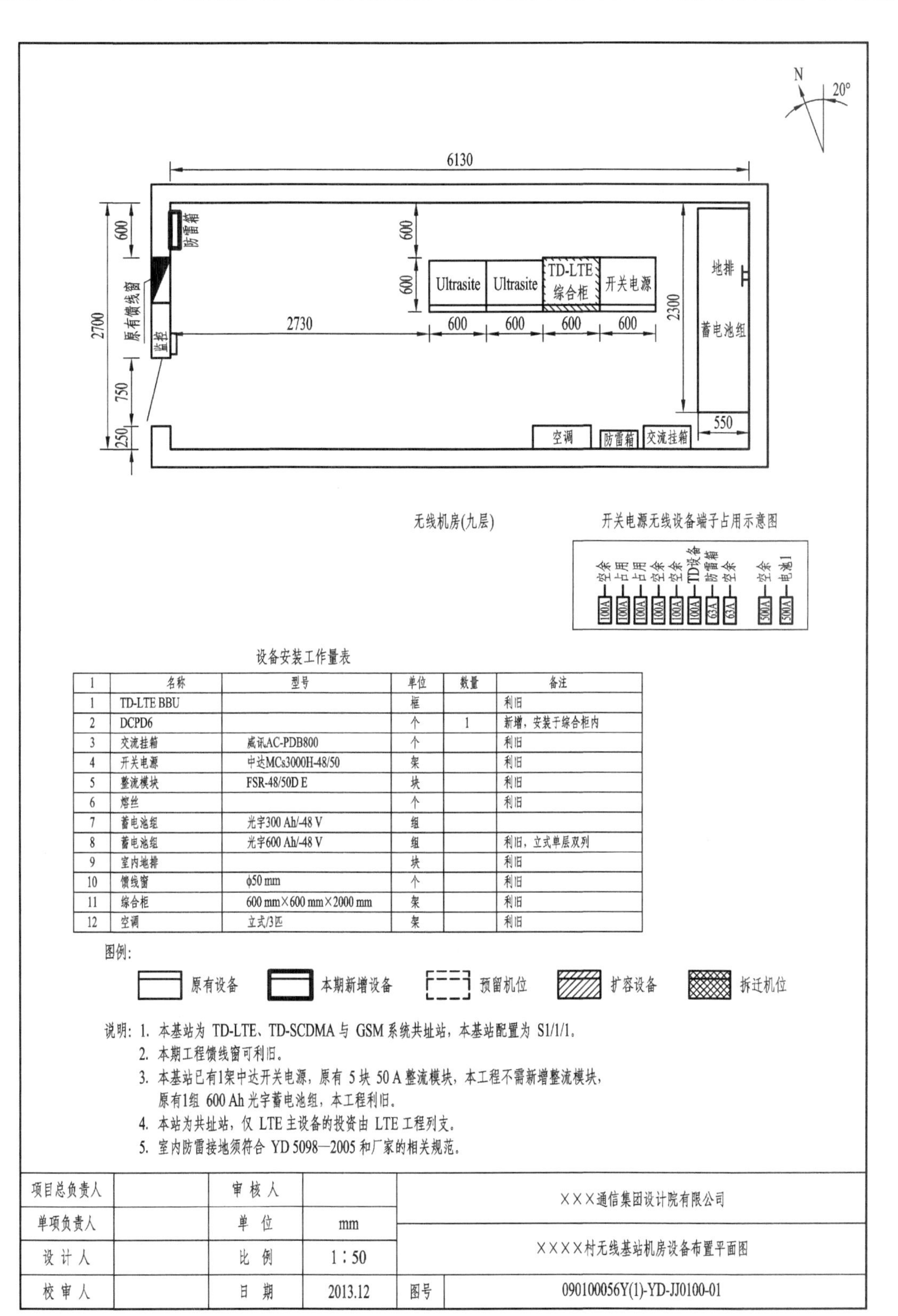


| 1 | 名称 | 型号 | 单位 | 数量 | 备注 |
|---|---|---|---|---|---|
| 1 | TD-LTE BBU | | 框 | | 利旧 |
| 2 | DCPD6 | | 个 | 1 | 新增，安装于综合柜内 |
| 3 | 交流挂箱 | 威讯AC-PDB800 | 个 | | 利旧 |
| 4 | 开关电源 | 中达MCs3000H-48/50 | 架 | | 利旧 |
| 5 | 整流模块 | FSR-48/50D E | 块 | | 利旧 |
| 6 | 熔丝 | | 个 | | 利旧 |
| 7 | 蓄电池组 | 光宇300 Ah/-48 V | 组 | | |
| 8 | 蓄电池组 | 光宇600 Ah/-48 V | 组 | | 利旧，立式单层双列 |
| 9 | 室内地排 | | 块 | | 利旧 |
| 10 | 馈线窗 | ϕ50 mm | 个 | | 利旧 |
| 11 | 综合柜 | 600 mm×600 mm×2000 mm | 架 | | 利旧 |
| 12 | 空调 | 立式/3匹 | 架 | | 利旧 |

图 3-1　LTE 基站机房设备布置平面图

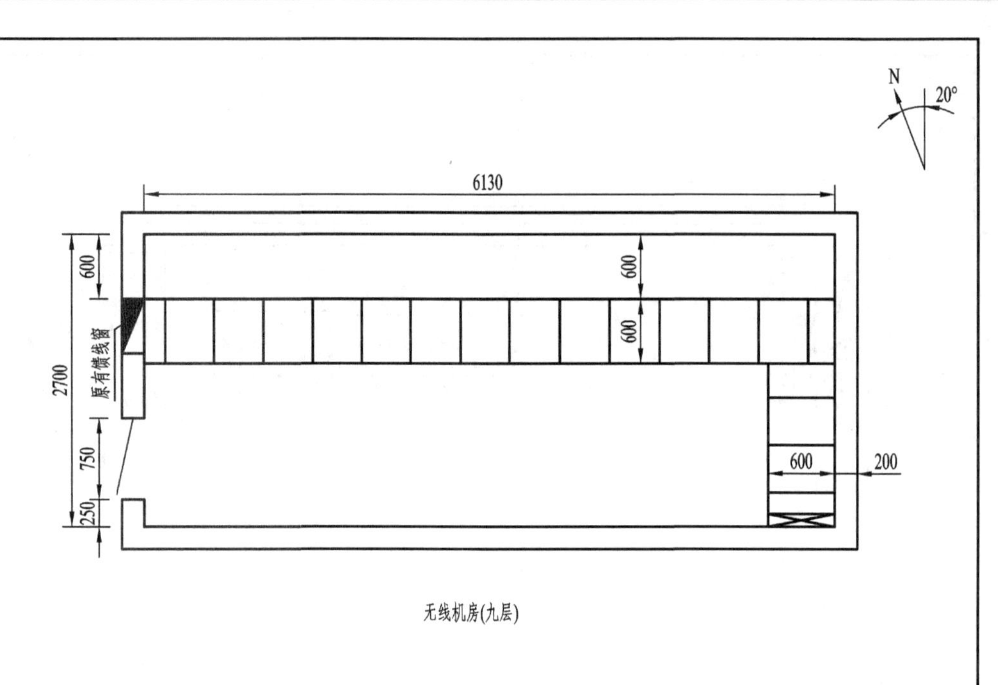


安排工作量表

| 序号 | 名称 | 单位 | 数量 | 备注 |
|---|---|---|---|---|
| 1 | 室内水平走线架(宽600) | 米 | | |
| 2 | 室内水平走线架(宽400) | 米 | | |
| 3 | 室内垂直走线架(宽400) | 米 | | |
| 4 | 走线架屋顶吊挂 | 套 | | |
| 5 | 走线架对地支撑 | 套 | | |
| 6 | 走线架短托件 | 套 | | |

图例：

原有水平走线架　　新增水平走线架　　走线架吊挂加固件

垂直走线架　　走线架水平连接件　　走线架终端与墙加固件

说明：1. 本期工程不新增走线架，原走线架下沿距地2400 mm。

2. 走线架每隔4 m要与机房室内总接地排连接，所有连接要求性能良好。

3. 总线架上电源线与信号线应分开松绑。

4. 走线架为4 m一根，每隔4 m用连接件连接。

| 项目总负责人 | | 审 核 人 | | ×××通信集团设计院有限公司 | |
|---|---|---|---|---|---|
| 单项负责人 | | 单　位 | mm | ××××村无线基站机房走线架安装平面图 | |
| 设 计 人 | | 比　例 | 1∶50 | | |
| 校 审 人 | | 日　期 | 2013.12 | 图号 | 090100056Y(1)-YD-JJ0100-02 |

图 3-2　LTE 基站机房走线架安装平面图

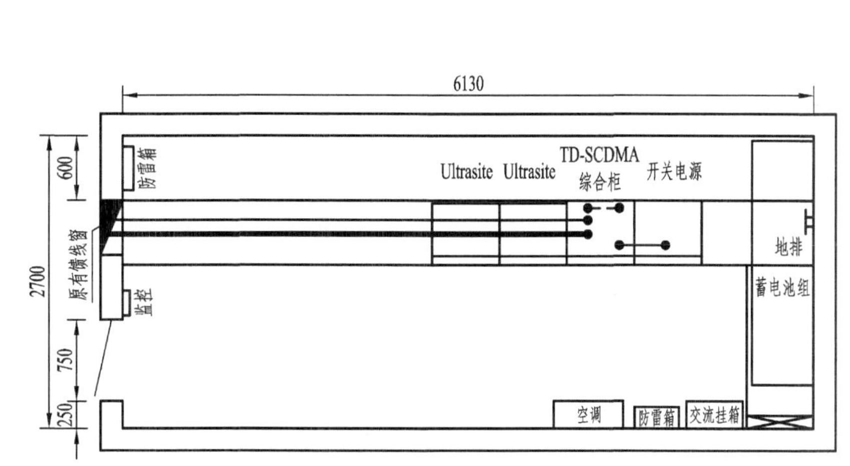


无线机房(九层)

布线计划表

| 序号 | 布线类型 | 规格型号 | 连接路由 | 颜色 | 数量/根 | 每根长度/米 | 总长度/米 | 合计/米 | 备注 |
|---|---|---|---|---|---|---|---|---|---|
| 1 | 尾纤 | LC-FC | LTE设备-ODU | | | | | | 厂家提供 |
| 2 | 电源线 | ZR-WR-4×25+1×16 $mm^2$ | 交流配电箱—开关电源 | | | | | | 利旧 |
| 3 | 接地线 | RVVZ-1×95 $mm^2$ | 新增室内地排—原有室内地排 | 黄绿线 | | | | | 利旧 |
| 4 | 电源线 | RVVZ-1×95 $mm^2$ | 蓄电池组—开关电源 | 红线 | | | | | 正极 |
| | 电源线 | RVVZ-1×95 $mm^2$ | 蓄电池组—开关电源 | 黑线 | | | | | 负极 |
| 5 | 电源线 | RVVZ-1×95 $mm^2$ | 直流配电箱—开关电源 | 红线 | | | | | 正极 |
| | 电源线 | RVVZ-1×95 $mm^2$ | 直流配电箱—开关电源 | 黑线 | | | | | 负极 |
| 6 | 接地线 | RVVZ-1×95 $mm^2$ | 室内地排—开关电源 | 红线 | | | | | 工作地 |
| 7 | 接地线 | RVVZ-1×35 $mm^2$ | 室内地排—开关电源 | 黄绿线 | | | | | 保护地 |
| 8 | 接地线 | RVVZ-1×35 $mm^2$ | 室内地排—蓄电池组 | 黄绿线 | | | | | 利旧 |
| 9 | 接地线 | RVVZ-1×35 $mm^2$ | 室内地排—新增综合柜 | 黄绿线 | | | | | 新增 |
| 10 | 电源线 | RVVZ-1×35 $mm^2$ | 原有综合架—开关电源 | 红线 | | | | | 正极 |
| | 电源线 | RVVZ-1×35 $mm^2$ | 原有综合架—开关电源 | 黑线 | | | | | 负极 |
| 11 | 接地线 | RVVZ-1×35 $mm^2$ | 直流配电箱—室内地排 | 黄绿线 | | | | | 新增 |
| 12 | 接地线 | RVVZ-1×35 $mm^2$ | 室内走线架—室内地排 | 黄绿线 | | | | | 利旧 |
| 13 | 电源线 | RVVZ-1×2.5 $mm^2$ | LTE设备(ODU)—DCPD6 | | | | | | 厂家提供 |
| 14 | 电源线 | RVVZ-1×16 $mm^2$ | DCPD6—开关电源 | | 2 | 5 | 10 | 10 | 厂家提供 |
| 15 | 接地线 | RVVZ-1×6 $mm^2$ | LTE设备(BBU)—综合柜内接地端子 | 黄绿线 | | | | | 厂家提供 |
| 16 | 接地线 | RVVZ-1×6 $mm^2$ | DCPD6—综合柜内接地端子 | 黄绿线 | 1 | 2 | 2 | 2 | 厂家提供 |

图例：——— 电源线　——— 信号线　● 下线点　– – – 接地线　—·— 2M线

说明：1. 本图纸仅反映新增或修改线路的路由，机房走线架的安装见相关图纸。

2. 为了表示清晰，图中仅反映馈线及跳线、新增交直流电源设备和蓄电池的输入输出电缆、设备接地电缆路由，其余电缆可参照敷设。

3. 其他电缆与交流电缆之间布线距离要保持20 mm以上。

4. 除图中所描述线缆外，走线架两端、走线架连接处需用30 $mm^2$电缆连接。

5. 线缆布放应尽量避免交叉。

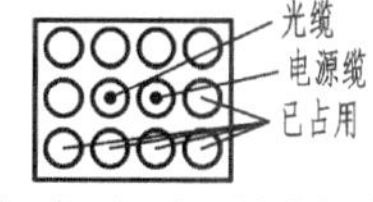


原有馈线窗示意图(视图方向从机房内到机房外)

| 项目总负责人 | | 审 核 人 | | ×××通信集团设计院有限公司 | |
|---|---|---|---|---|---|
| 单项负责人 | | 单 位 | mm | ××××村无线基站机房线缆布放示意图 | |
| 设 计 人 | | 比 例 | 1∶50 | | |
| 校 审 人 | | 日 期 | 2013.12 | 图号 | 090100056Y(1)-YD-JJ0100-03 |

图 3-3　LTE基站机房线缆布放示意图

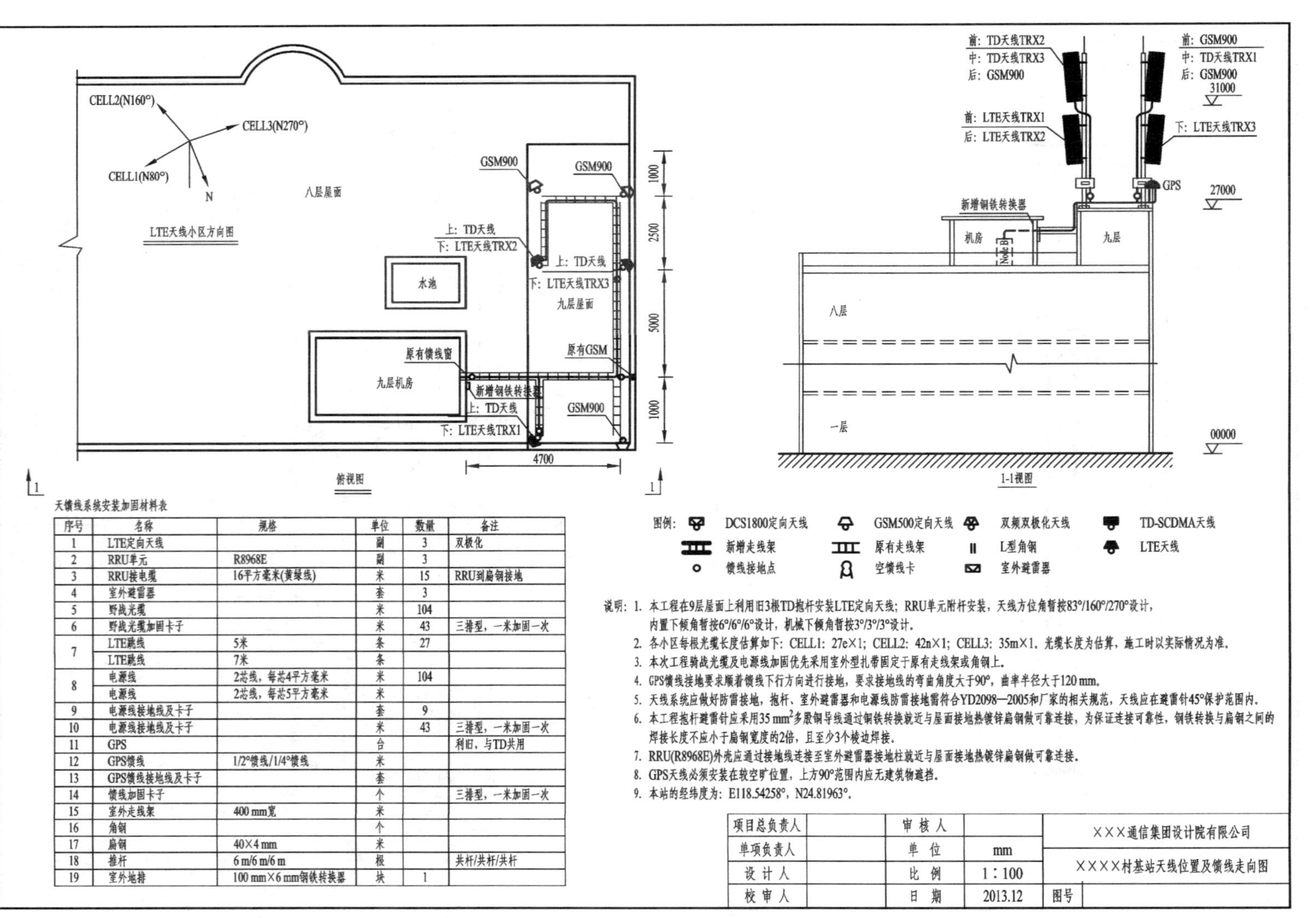


天馈线系统安装加固材料表

| 序号 | 名称 | 规格 | 单位 | 数量 | 备注 |
|---|---|---|---|---|---|
| 1 | LTE定向天线 | | 副 | 3 | 双极化 |
| 2 | RRU单元 | R8968E | 副 | 3 | |
| 3 | RRU接电缆 | 16平方毫米(黄绿线) | 米 | 15 | RRU到扁钢接地 |
| 4 | 室外避雷器 | | 套 | 3 | |
| 5 | 野战光缆 | | 米 | 104 | |
| 6 | 野战光缆加固卡子 | | 米 | 43 | 三排型，一米加固一次 |
| 7 | LTE跳线 | 5米 | 条 | 27 | |
| | LTE跳线 | 7米 | 条 | | |
| 8 | 电源线 | 2芯线，每芯4平方毫米 | 米 | 104 | |
| | 电源线 | 2芯线，每芯5平方毫米 | 米 | | |
| 9 | 电源线接地线及卡子 | | 套 | 9 | |
| 10 | 电源线接地线及卡子 | | 米 | 43 | 三排型，一米加固一次 |
| 11 | GPS | | 台 | | 利旧，与TD共用 |
| 12 | GPS馈线 | 1/2"馈线/1/4"馈线 | 米 | | |
| 13 | GPS馈线接地线及卡子 | | 套 | | |
| 14 | 馈线加固卡子 | | 个 | | 三排型，一米加固一次 |
| 15 | 室外走线架 | 400 mm宽 | 米 | | |
| 16 | 角钢 | | 个 | | |
| 17 | 扁钢 | 40×4 mm | 米 | | |
| 18 | 推杆 | 6 m/6 m/6 m | 根 | | 共杆/共杆/共杆 |
| 19 | 室外地排 | 100 mm×6 mm钢铁转换器 | 块 | 1 | |

图 3-4　LTE 基站室外天馈线系统线设计图

# 任务三　设计通信工程图

**任务要求：**

(1) 识记：主要通信施工图的制图要求。

(2) 领会：通信施工图的绘制步骤。

(3) 应用：依据通信工程相关专业的设计规范和通信工程制图标准规范，绘制通信工程图。

通信工程的设施、设备主要有局(站)机房、电力系统、传输线路、通信设备、天馈线以及防雷、接地装置等。表示这些设施、设备(装置)的平面布置、安装接线等，需要有多种类型的图样，如系统图、框图、接线图、接线表、电路图等，还有一种重要的工程图，那就是施工图。

通信设施、设备和线路的平面布置，在图上的表示方法通常有两种：一种是完全按实物的形状和位置，用正投影法绘制的图；另一种是不考虑实物的形状，只考虑实物的位置，按图形符号的布局对应实物的实际位置的表示方法而绘制的简图。通信工程施工图指的是后一种简图。

施工平面图的主要用途如下：

(1) 提供安装的依据，例如设备的安装位置、安装接线、安装方法，还提供设备的编号、容量及有关型号等。

(2) 在运行、维护管理中，安装图是必不可少的技术文件。

通信工程施工图纸比较多，分为主要施工图纸及特殊图纸。这些图纸是设计施工的依据，要求清楚、准确、符合实际情况。

主要施工图纸有：电/光缆配线图、电/光缆施工图、电/光缆杆线图、管道电/光缆施工平面图、管道电/光缆施工剖面图、管道电/光缆施工断面图、机房平面布置图、移动通信基站天面图等。

特殊图纸又称详图或大样图，是主要针对一些特殊的地点及部位作技术说明或做特殊施工要求的图纸，如人孔上覆钢筋配置图、人孔剖面图、穿越铁路路基等处设计施工图。

## 一、绘制通信施工图的要求

### (一) 绘制线路施工图的要求

有线通信线路工程施工图图纸一般应涵盖如下内容：

(1) 批准初步设计线路路由总图。

(2) 长途通信线路敷设定位方案的说明，并附在比例为 1∶2000 的测绘地形图上绘制线路位置图，标明施工要求，如埋深、保护段落及措施、必须注意的施工安全地段及措施

等；地下无人站内设备安装及地面建筑的安装建筑施工图；光缆进城区的路由示意图和施工图以及进线室平面图、相关机房平面图。

(3) 线路穿越各种障碍点的施工要求及具体措施。每个较复杂的障碍点应单独绘制施工图。

(4) 水线敷设、岸滩工程、水线房等施工图及施工方法说明。水线敷设位置及埋深应以河床断面测量资料为根据。

(5) 通信管道、人孔、手孔、光/电缆引上管等的具体定位位置及建筑形式，孔内有关设备的安装施工图及施工要求；管道、人孔、手孔结构及建筑施工采用定型图纸，非定型设计应附结构及建筑施工图；对于有其他地下管线或障碍物的地段，应绘制剖面设计图，标明其交点位置、埋深及管线外径等。

(6) 长途线路的维护区段划分、巡房设置地点及施工图(巡房建筑施工图另由建筑设计单位编发)。

(7) 本地线路工程还应包括配线区划分、配线光/电缆线路路由及建筑方式、配线区设备配置地点位置设计图、杆路施工图、用户线路的割接设计和施工要求的说明。施工图应附中继、主干光缆和电缆、管道等的分布总图。

(8) 枢纽工程或综合工程中有关设备安装工程进线室铁架安装图、电缆充气设备室平面布置图、进局光/电缆及成端光/电缆施工图。

另外，线路施工图中必须有图框、指北针，如果需要反映工程量，则要在图纸中绘制工程量表。

### (二) 绘制机房平面图的要求

(1) 机房平面图中内墙的厚度规定为 240 mm。

(2) 机房平面图中必须有出入口，例如：门。

(3) 必须按图纸要求尺寸将设备画进图中。

(4) 如果图纸中有馈孔，则勿忘将馈孔加进去。

(5) 在图中主设备上加尺寸标注(图中必须有主设备尺寸以及主设备到墙的尺寸)。

(6) 平面图中必须标有“××层机房”字样。

(7) 平面图中必须有指北针、图例、说明。

(8) 机房平面图中必须加设备配置表。

(9) 根据图纸、配置表将编号加进设备中。

(10) 要在图纸外插入标准图衔，并根据要求在图衔中加注单位比例、设计阶段、日期、图名、图号等。

注意：建筑平面图、平面布置图以及走线架图必须在单位比例中加入单位毫米(mm)。

### (三) 绘制通信设备安装工程图的要求

通信设备安装工程施工图包括如下内容：

(1) 数字程控交换工程设计：应附市话中继方式图、市话网中继系统图、相关机房平面图。

(2) 微波工程设计：应附全线路由图、频率极化配置图、通路组织图、天线高度示意图、监控系统图、各种站的系统图、天线位置示意图及站间断面图。

(3) 干线线路各种数字复用设备、光设备安装工程设计：应附传输系统配置图、远期及近期通路组织图、局站通信系统图。

(4) 移动通信工程设计包括以下内容：

① 移动交换局设备安装工程设计：应附全网网路示意图、本业务区网路组织图、移动交换局中继方式图、网同步图。

② 基站设备安装工程设计：应附全网网路结构示意图、本业务区通信网路系统图、基站位置分布图、基站上下行传输损耗示意方框图、机房工艺要求图、基站机房设备平面布置图、天线安装及馈线走向示意图、基站机房走线架安装示意图、天线铁塔示意图、基站控制器等设备的配线端子图、无线网络预测图。

(5) 供热、空调、通风设计：应附供热、集中空调、通风系统图及平面图。

(6) 电气设计及防雷接地系统设计：应附高、低压电供电系统图，变配电室设备平面布置图。

## 二、通信工程制图时常见的问题

通信建设工程设计中一般包括：设计说明、概预算说明及表格、附表、图纸。当完成一项工程设计时，在绘制工程图方面，根据以往的经验，常会出现以下问题：

(1) 图纸说明中序号排列错误。

(2) 图纸说明中缺标点符号。

(3) 图纸中尺寸标注字体不一致或标注太小。

(4) 图纸中缺少指北针。

(5) 在平面图或设备走线图的图衔中缺少单位毫米(mm)。

(6) 图衔中图号与整个工程编号不一致。

(7) 出设计时前后图纸编号顺序有问题。

(8) 出设计时图衔中图名与目录不一致。

(9) 出设计时图纸中内容颜色有深浅之分。

## 三、绘制 A4 标准图框

根据图 3-1 所示内容，绘制 A4 标准图框，纵向布局，详细操作步骤如下。

### 1. 绘图环境设置

如果使用 acadiso.dwt(A3 模板)新建文件，则图形界限、图形单位可以采用默认值。如果不满足要求，则可设置图形界限为 210 × 297，长度单位默认为 mm。

### 2. 样式设置

(1) 文字样式：用于标注图衔内容和文字说明，参考设置见表 3-2。

**表 3-2　文字样式参考设置**

| 文字样式 | 字体名 | 字高 | 字宽比例 | 说　明 |
|---|---|---|---|---|
| 标题 | 黑体 | 5 | 0.7 | 标注图衔中的单位名称、图纸名称 |
| 栏目 | 宋体 | 3.5 | 0.7 | 标注图衔中的其他信息 |

(2) 线型、线宽：采用默认值，即为实线 continuous、0.25 mm。

### 3. 图层设置

新建图层，图框层参考设置见表 3-3。

**表 3-3　图框层参考设置**

| 图层名 | 线型 | 线宽 | 颜色 | 说　明 |
|---|---|---|---|---|
| 图框 | 默认 | 默认 | 蓝色 | 放置图框线、图幅线和图衔 |

### 4. 绘制图形、添加图衔文字

(1) 绘制图幅矩形，尺寸为 210 mm × 297 mm。

(2) 绘制图框矩形，尺寸为 180 mm × 287 mm，左边留装订边 25 mm，上、下、右三边留空 5 mm。图幅线可加粗突显，线宽设为 0.5 mm。

(3) 绘制图衔。参照图 3-5 在图框外面画好图衔，再移入图框中，右下角点对齐。图衔的外围轮廓线可加粗，线宽设为 0.5 mm。

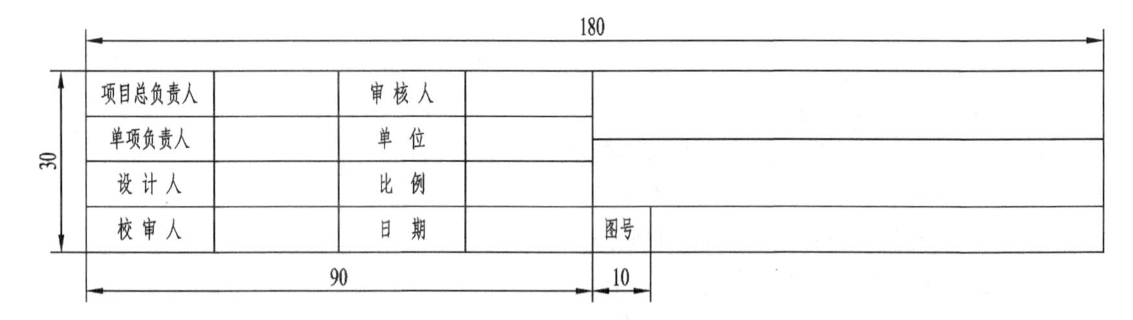


图 3-5　图衔样式

### 5. 定义块、块属性

为避免图框信息被误修改、删除，可给 A4 标准图框创建图块。为便于在图衔中填入各类信息，还可以给输入栏目创建块属性。

最后完工的 A4 标准图框效果如图 3-6 所示。其中尺寸不用标注，或单独建立尺寸标注图层再关闭(不显示)。保存 A4 标准图框备用。绘制完的图形文件可另存为样板文件，以此为样板新建文件，能继承在之前做好的所有设置和使用绘制好的图框、图衔。

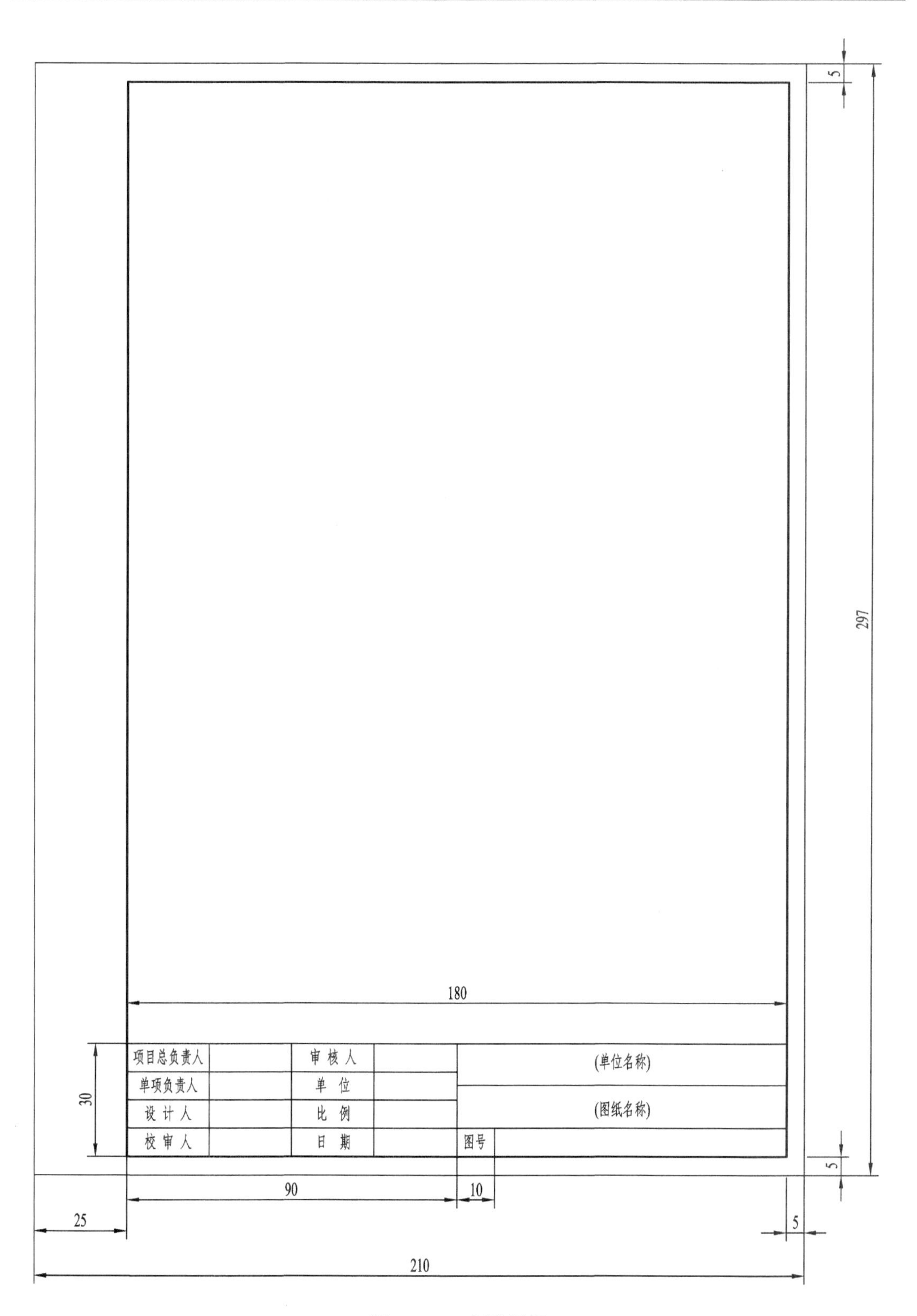
5
297
180
项目总负责人
审 核 人
(单位名称)
单项负责人
单 位
设 计 人
比 例
(图纸名称)
校 审 人
日 期
图号
30
5
90
10
25
5
210

图 3-6　A4 标准图框

## 四、通信工程图绘制实践

通信工程图纸一般是二维平面图纸，相对于其他行业领域的图纸来说不复杂。图纸大体上可分为两类：一类是系统结构框图，是简图，没有尺寸标注，如图 3-7 所示的基站天馈线系统图；另一类是施工平面图，有尺寸标注，如图 3-1 所示的 LTE 基站机房设备布置平面图，相对来说绘制复杂些。在进行整张通信工程图绘制时，可遵守从左到右、从上到下的原则来实施。如果图形复杂，也可先绘制主干图形，确定图纸整体布局框架，再绘制其他次要图形。

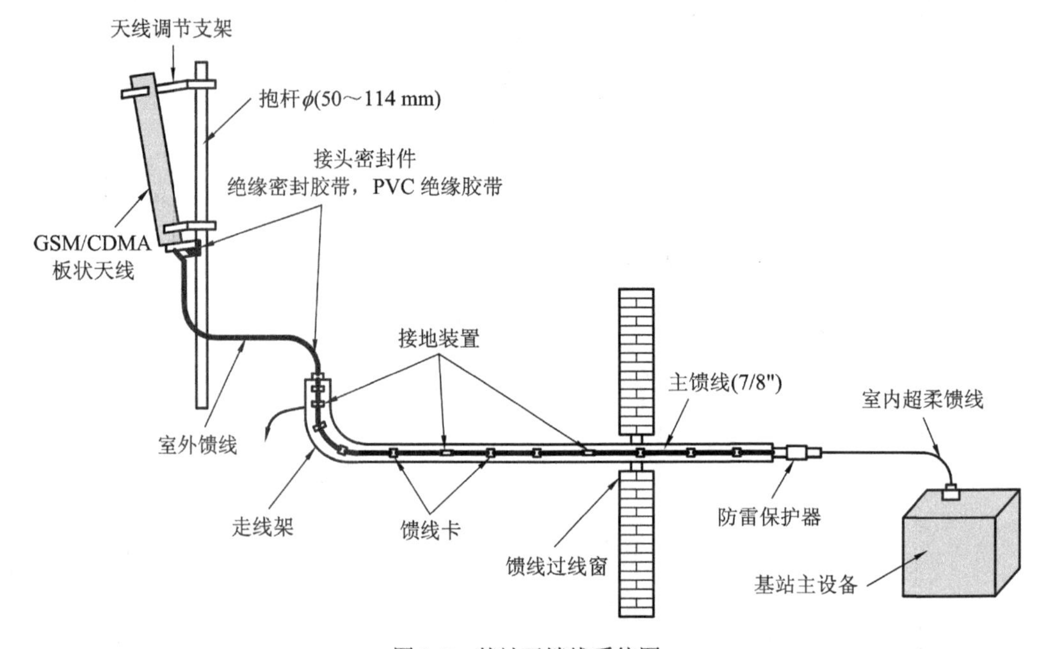


图 3-7　基站天馈线系统图

### (一) 系统结构框图的画法

绘制系统结构框图时，可以按画简图的方法完成。

#### 1. 图框与符号

系统图和框图应以方框符号为主，或用带有注释的框绘制。框内的注释可以采用符号、文字或同时采用文字与符号。

(1) 采用符号注释可以不受语言、文字的障碍，只要正确选用国际标准符号，就可以得到一致的理解。

(2) 采用文字注释。用文字在框中注释可以简单地写出框的名称，详细地表示该框的功能或工作原理，甚至可以概略地标注各处的工作状态和各参数等。

(3) 符号与文字兼有的注释较为直观和简短。

系统图和框图可在不同层次上绘制，并参照绘制对象的逐级分解来划分层次。较高层次的系统图和框图可反映对象的概况，较低层次的系统图和框图可将对象表达得较为详细。

框图内元件和器件的图形符号并不一定与实际的元件和器件一一对应，而可能只表示某一装置或单元的主要功能，某一装置或单元中主要的元件或器件、一组元件或器件。每一种图形符号都可以单独出现在框图上，表示某个装置或单元，也可以用框线围起，形成带注释的框。

### 2. 图形符号

图形符号使用标准规范中规定的图形符号。如果采用标准中未规定的图形符号，则必须加以说明，当图标中给出几种形式供选择时，在满足需要的条件下，首先选用最简单的形式，其次采用选优形式。

### 3. 布局

简图的绘制应做到布局合理、排列均匀，能清晰地表示传输线路中装置、设备和系统的构成及组成部分的相互关系。

一般传输线路或设备按功能布置，并按工作顺序从左到右、从上到下排列，输入在左，输出在右。否则，应在连接线上加开口箭头指明信号流向，开口箭头不应与其他任何符号(如限定符号)相邻近。

图面上表示导线、信号通路及连接线等的图线应是交叉和折弯最小的直线，可以水平布置，也可以垂直布置，需对称布局时可采用斜交叉线。

### 4. 信息流向

系统图或框图的布局应清晰、明了，易于识别信号的流向。信息流向一般按自左至右、自上而下的顺序排列，对于流向相反的信号应在线条上绘制箭头表示清楚，以利识别。

### 5. 连接线

系统图或框图中的连接线应遵循图线的绘制规定。

### 6. 标注

当用图形符号无法表达信息和技术要求时，在绘制中应加注项目代号、端子代号、注释和标记或文字来说明或表示。对符号或元件在图上的位置，可采用图幅分区法。

(1) 项目代号和端子代号。项目代号是用以识别图、表格和设备上的项目种类，并提供项目层次关系、实际位置等信息的一种特定代码。项目代号和端子代号在简图中标注时应遵守以下原则：

① 对用于现场连接、试验或故障查找的连接器件的每一个连接点都应给一个代号，如端子、插座等。

② 端子代号应在其图形符号的轮廓线外面标注，如电阻器、继电器等。

③ 有关元件的功能和注释，如关联符号等，应标注在符号轮廓线内的空隙中。

(2) 注释和标记。当含义不便用图示方法表示时，可采用注释。图中的注释可视情况放在它所需要说明的对象附近或加注标记，并将加标记的注释放在图的其他部位。如图中注释多，应放在图纸的边框附近，一般习惯放在标题栏的上方。如果为多张图纸，则综合性的注释可标注在第一张图纸上或注在适当的张次上，而其他所有注释应注在与它们有关的张次上。

在控制面板上标有的特殊功能标志，也应在有关图纸的图形符号旁加上同样的标志。

7. 绘制步骤

整体分析，认识所要绘制的传输线路与设备之间的关系，摆放设备位置。绘制结构框图的步骤如下：

(1) 确定图幅大小，设置绘图环境。

(2) 进行图样布局，安排各设备单元位置，要注意对称、对齐、间距均衡。

(3) 添加连接线。

(4) 添加文字。

**技巧：** 如果在图框中直接绘制图形，则图形可能会受到图框尺寸局限，不便于布局。因此，可以先在图框外绘制好图形，再采用缩放或对齐方式处理、插入。

(二) 绘制施工平面图

绘制施工平面图的方法与绘制系统结构框图的方法类似，对图形符号、布局、标注、连接线的要求是一样的，较复杂之处就在于比例调整，因为施工平面图通常有设备位置定位、空间大小的尺寸要求，会牵涉线型比例、图案填充比例、标注比例(全局比例、测量单位比例)、缩放比例和打印比例的设置。由于标准图框尺寸有限，图形实际尺寸与图框不匹配，要进行比例缩放绘制，在绘制这样的施工平面图时一般有两种绘制方法。

第一种方法是图框在模型空间中插入，所有图形包含在图框里面。这时又有以下三种做法：

(1) 按比例缩放图形，直接在图框内部绘制。采用比例换算，如果图形尺寸很大，则可按 1∶50 缩小绘制图形，标注时把标注样式中的测量单位比例修改为 50 倍。

(2) 按 1∶1 绘制图形，在图框外部绘制，再用缩放或对齐命令将图形缩放后放入图框中，标注方法同上。

(3) 按 1∶1 绘制图形，将图框缩放后插入，或用插入外部块的方法插入图框。

第二种方法是图框在图纸布局空间中插入，图形按 1∶1 绘制。

图纸在打印输出时需要设置打印比例。

图 3-1 所示的 LTE 基站机房设备布置平面图就是一张施工平面图，下面以它为例详细介绍绘制过程。

1. 整体分析

图 3-1 是一张 LTE 基站机房设备布置平面图，由 LTE 基站机房设备、开关电源端子连接、设备安装工作量表、注释、图例、指北针和图框 7 个部分组成，图形元素较多，但不复杂。LTE 基站机房设备布局有详细尺寸，其他部分是示意性图。采用前述第一种方法中的做法(2)来绘制 LTE 基站机房设备，其他部分直接在图框内部绘制。

2. 确定绘图顺序

绘制图 3-1 的顺序为：图框→LTE 基站机房设备→开关电源端子连接→指北针→设备安装工作量表→注释→图例。

3. 具体步骤

A4 图框在前面已经绘制好了，在此可直接使用。绘制图 3-1 的具体步骤如下：

(1) 绘图环境设置，调整图形界限为 6000 mm × 6000 mm，添加文字样式、图层、线型，相应要求见表 3-4 和表 3-5。机房墙壁、门、指北针可放在 0 层，或单独建层。

**表 3-4　新增文字样式**

| 文字样式类型 | 字体名 | 字高 | 字宽比例 | 说　明 |
|---|---|---|---|---|
| 正文 | 宋体 | 2 | 0.7 | 表、文字注释、尺寸标注文本 |

**表 3-5　新 增 图 层**

| 图层名 | 线型 | 线宽 | 颜色 | 说　明 |
|---|---|---|---|---|
| 设备 | 默认 | 默认 | 青色 | 机房设备、开关电源端子和图例 |
| DIM | 默认 | 默认 | 绿色 | 机房设备布局标注尺寸 |
| 文本 | 默认 | 默认 | 白色 | 设备安装工作量表和注释 |

需注意在 AutoCAD 2005 中，调整文字样式的字高时，已输入的文字不会自动调整字高(字体名能自动更换)。

添加一种虚线线型(ACAD_ISO02W100)，线型全局因子改为 0.2。

(2) 绘制 LTE 基站机房设备，并标注尺寸。按 1∶1 绘制机房设备，机房墙壁宽度设为 240 mm。绘制完后，缩放 1/50，修改标注样式中测量单位比例为 50 倍，插入图框中适当位置。绘制完成的 LTE 基站机房设备如图 3-8 所示。

(3) 直接在图框中绘制开关电源端子连接、指北针。指北针箭头采用多段线绘制，起点宽度为 1，端点宽度为 0，长度为 3，绘制完成的指北针如图 3-9 所示。

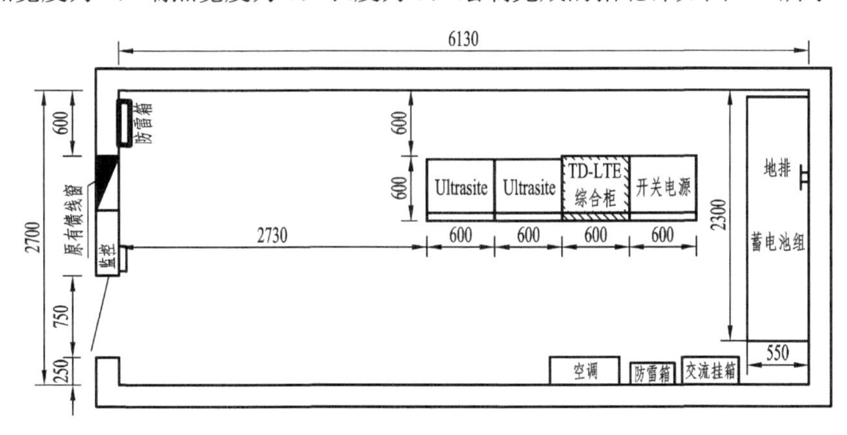


图 3-8　LTE 基站机房设备

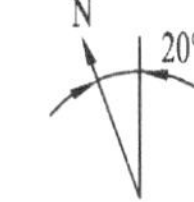


图 3-9　指北针

(4) 绘制设备安装工作量表，修改表格样式 Standard 中文字样式为正文，不勾选标题选项卡中的包含标题行。在图框中直接绘制表格，或从 Excel 中复制过来，如图 3-10 所示。用表格夹点编辑调整好表格，如图 3-11 所示，使之紧凑，再插入到图框中。

(5) 直接在图框中绘制备注和其他文本，使用单行文字输入，方便调整文字位置。

(6) 直接从机房设备中选中绘制图例复制，并缩放调整。修改预留机位的线型为虚线(图例占两行单行文字的空间)。

(7) 在图衔中填入补充信息。

设备安装工作量表.xlsx

| 序号 | 名称 | 型号 | 单位 | 数量 | 备注 |
|---|---|---|---|---|---|
| 1 | TD-LTE BBU | | 框 | | 利旧 |
| 2 | DCPD6 | | 个 | 1 | 新增，安装于综合柜内 |
| 3 | 交流挂箱 | 威讯AC-PDB800 | 个 | | 利旧 |
| 4 | 开关电源 | 中达MCS3000H-48/50 | 架 | | 利旧 |
| 5 | 整流模块 | ESR-48/50D E | 块 | | 利旧 |
| 6 | 熔丝 | | 个 | | 利旧 |
| 7 | 蓄电池组 | 光宇300Ah/-48V | 组 | | |
| 8 | 蓄电池组 | 光宇300Ah/-48V | 组 | | 利旧，立式单层双列 |
| 9 | 室内地排 | | 块 | | 利旧 |
| 10 | 馈线窗 | Φ50mm | 个 | | 利旧 |
| 11 | 综合柜 | 600×600×200mm | 架 | | 利旧 |
| 12 | 空调 | 立式/3匹 | 架 | | 利旧 |

图 3-10　Excel 制作设备安装工作量表

| 序号 | 名称 | 型号 | 单位 | 数量 | 备注 |
|---|---|---|---|---|---|
| 1 | TD-LTE BBU | | 框 | | 利旧 |
| 2 | DCPD6 | | 个 | 1 | 新增，安装于综合柜内 |
| 3 | 交流挂箱 | 威讯AC-PDB800 | 个 | | 利旧 |
| 4 | 开关电源 | 中达MCS3000H-48/50 | 架 | | 利旧 |
| 5 | 整流模块 | ESR-48/50D E | 块 | | 利旧 |
| 6 | 熔丝 | | 个 | | 利旧 |
| 7 | 蓄电池组 | 光宇300Ah/-48V | 组 | | |
| 8 | 蓄电池组 | 光宇300Ah/-48V | 组 | | 利旧，立式单层双列 |
| 9 | 室内地排 | | 块 | | 利旧 |
| 10 | 馈线窗 | Φ50mm | 个 | | 利旧 |
| 11 | 综合柜 | 600×600×200mm | 架 | | 利旧 |
| 12 | 空调 | 立式/3匹 | 架 | | 利旧 |

图 3-11　使用表格夹点调整设备安装工作量表

### 4. 美化调整

馈线窗和本期新增设备图例加粗，线宽改为 0.5 mm，或用矩形直接画，修改宽度(W)即可。

细心检查图形、文本等图纸元素，查漏补缺，不能有多余的图形、线条、线头等。适当调整图形、文本等之间的间距，图、表、字大小协调、间隔均匀、对称、均衡，使图纸整体布局合理，层次分明，图面整齐、清晰、清洁、美观。

## 思　考　题

1. 通信工程图有什么特点？
2. 简述通信工程设计勘察的实施步骤。

3．说明工程勘察的一般工作流程。

4．基站勘察常用仪表及工具有哪些？各自的用途是什么？

5．LTE 基站现场勘察包含哪些内容？

6．站址勘察流程有哪些？

7．基站设备挂墙安装方式的工作要点是什么？

8．简单说明 RRU 设备供电的工作要求。

9．机房设备防雷接地的设计原则是什么？

10．绘制系统图有哪些步骤？

11．简述绘制机房平面图的要求。

## 技能训练

1．按照图 1-4 的样式制作一张 A3(420 mm × 297 mm)标准图纸模板。

2．绘制典型通信工程图——FTTH 接入工程。

(1) FTTH 接入工程机房平面及走线图(见图 3-12)。

(2) FTTH 接入工程 ODF 架正视图(见图 3-13)。

(3) FTTH 接入工程 ODN 系统图(见图 3-14)。

3．绘制典型通信工程图——LTE 室分工程。

(1) LTE 室分工程 BBU-RRU 连线图(见图 3-15)。

(2) LTE 室分工程光缆路由图(见图 3-16)。

(3) LTE 室分工程原理图(见图 3-17)。

4．绘制典型通信工程图——LTE 基站工程。

(1) LTE 基站工程站址示意图(见图 3-18)。

(2) LTE 基站工程基站机房平面图(见图 3-19)。

(3) LTE 基站工程基站机房设备走线路由图(见图 3-20)。

(4) LTE 基站工程天馈线安装及走线示意图(见图 3-21)。

(5) LTE 基站工程综合开关电源端子分配图(见图 3-22)。

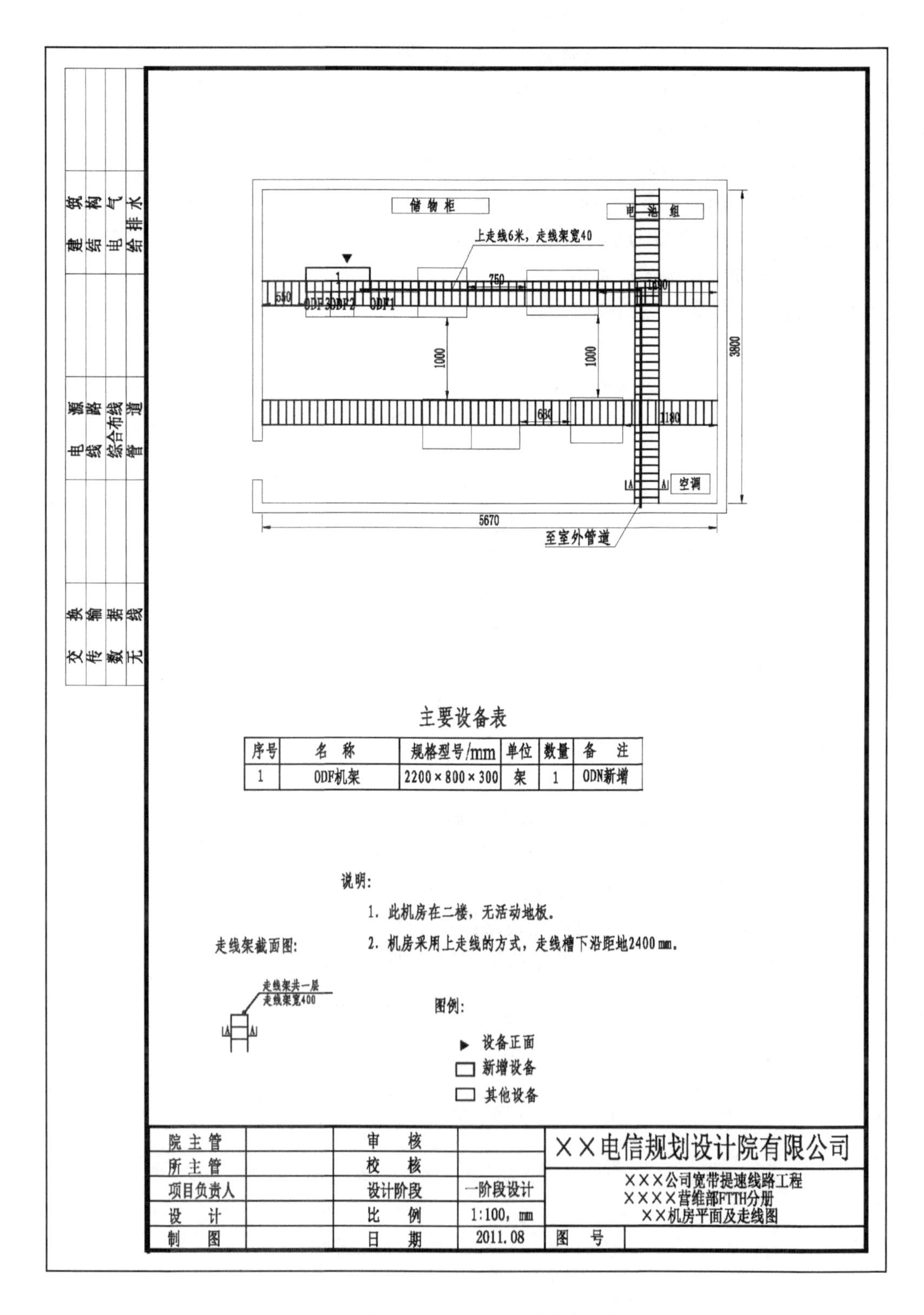


图 3-12 FTTH 接入工程机房平面及走线图

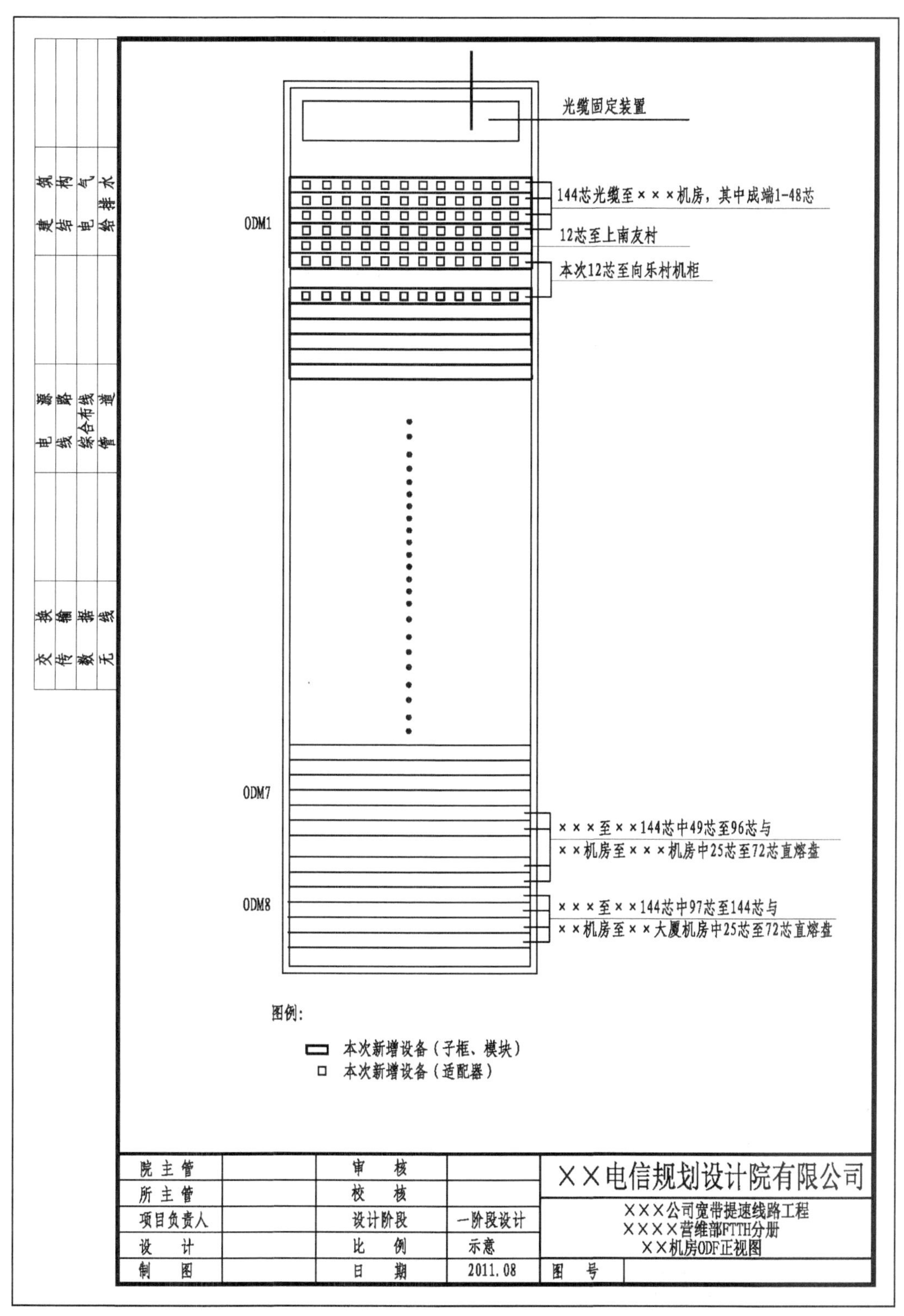


图 3-13 FTTH 接入工程 ODF 架正视图

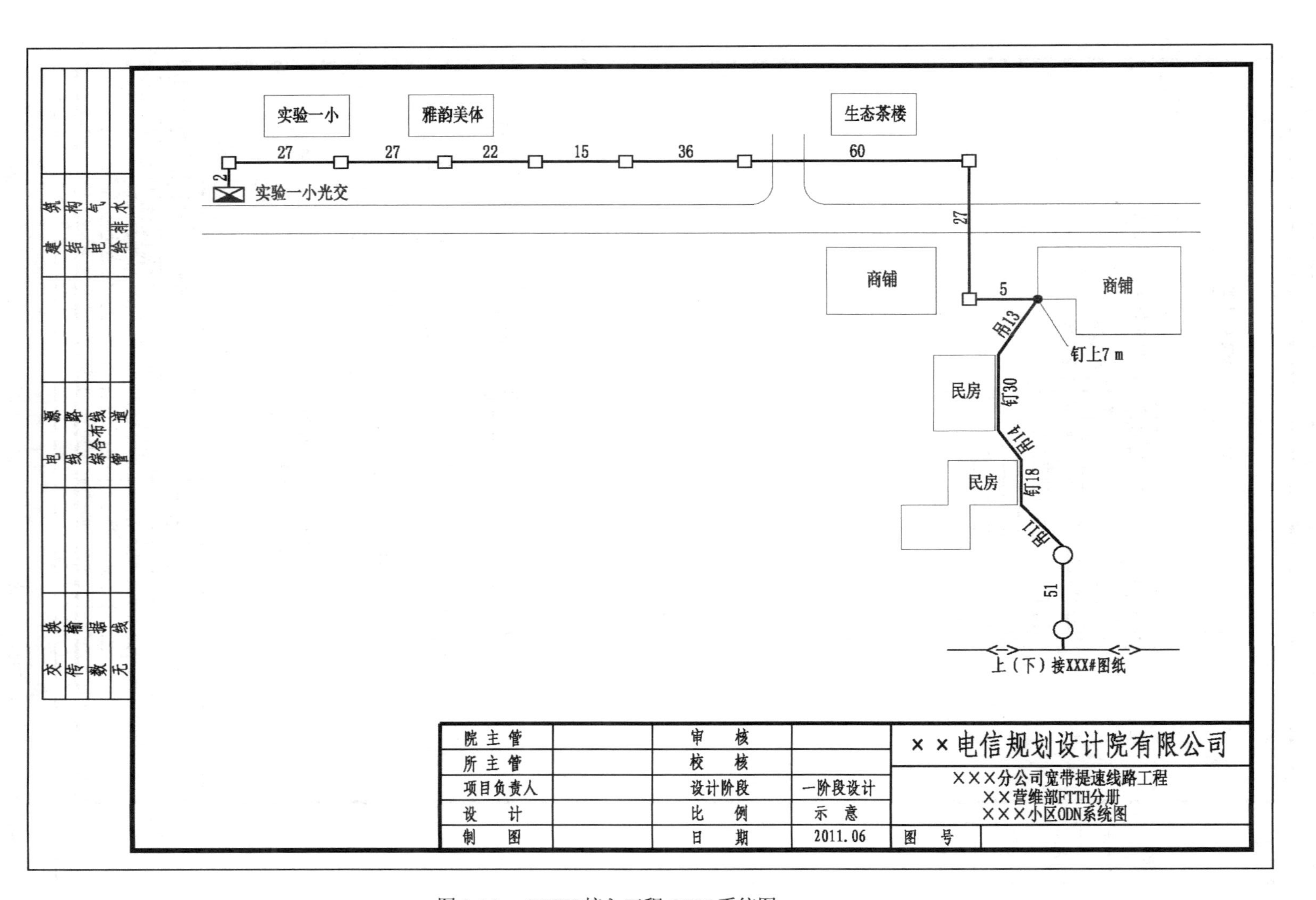


图 3-14　FTTH 接入工程 ODN 系统图

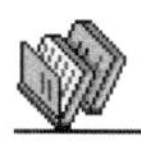

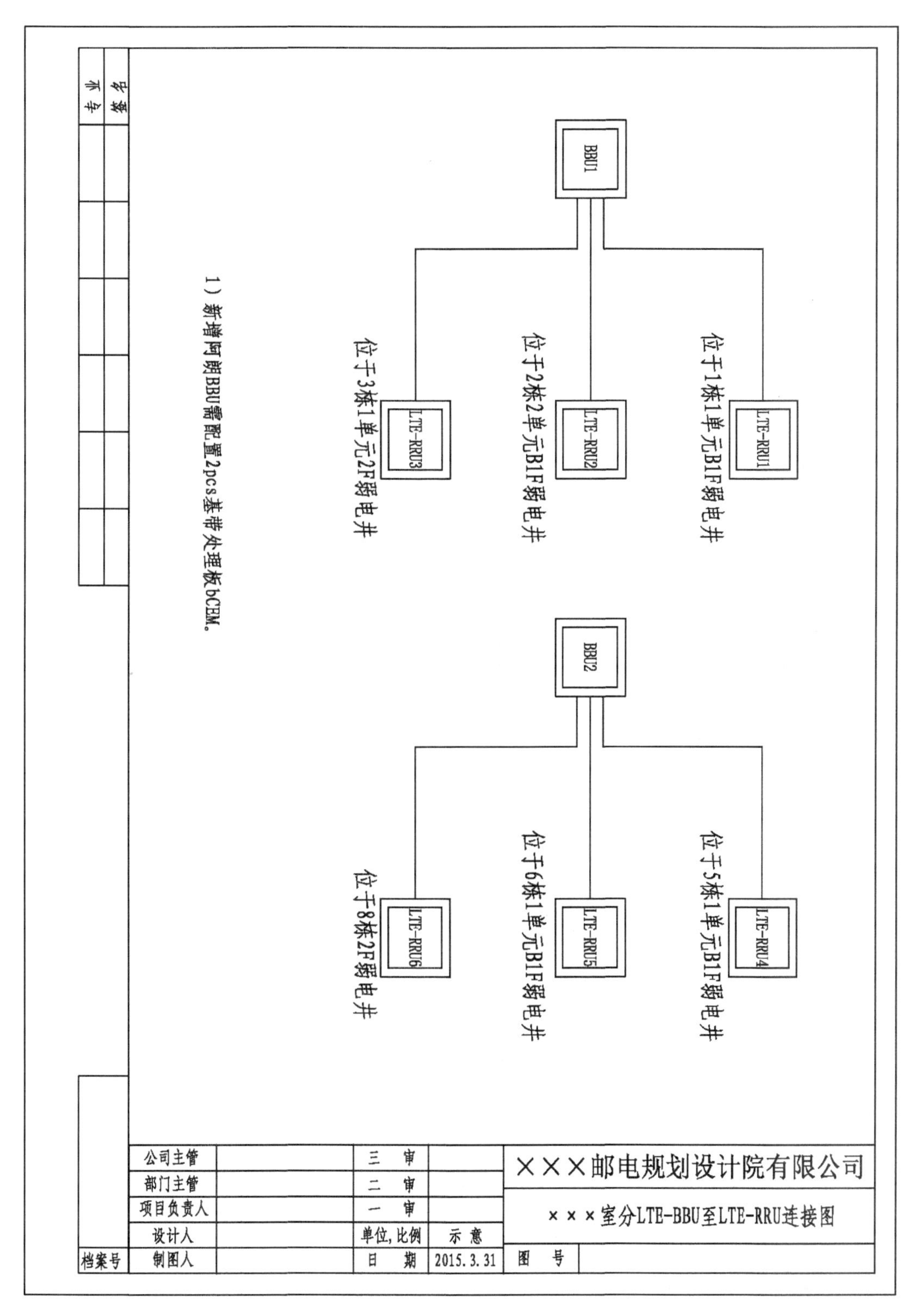


图 3-15　LTE 室分工程 BBU-RRU 连线图

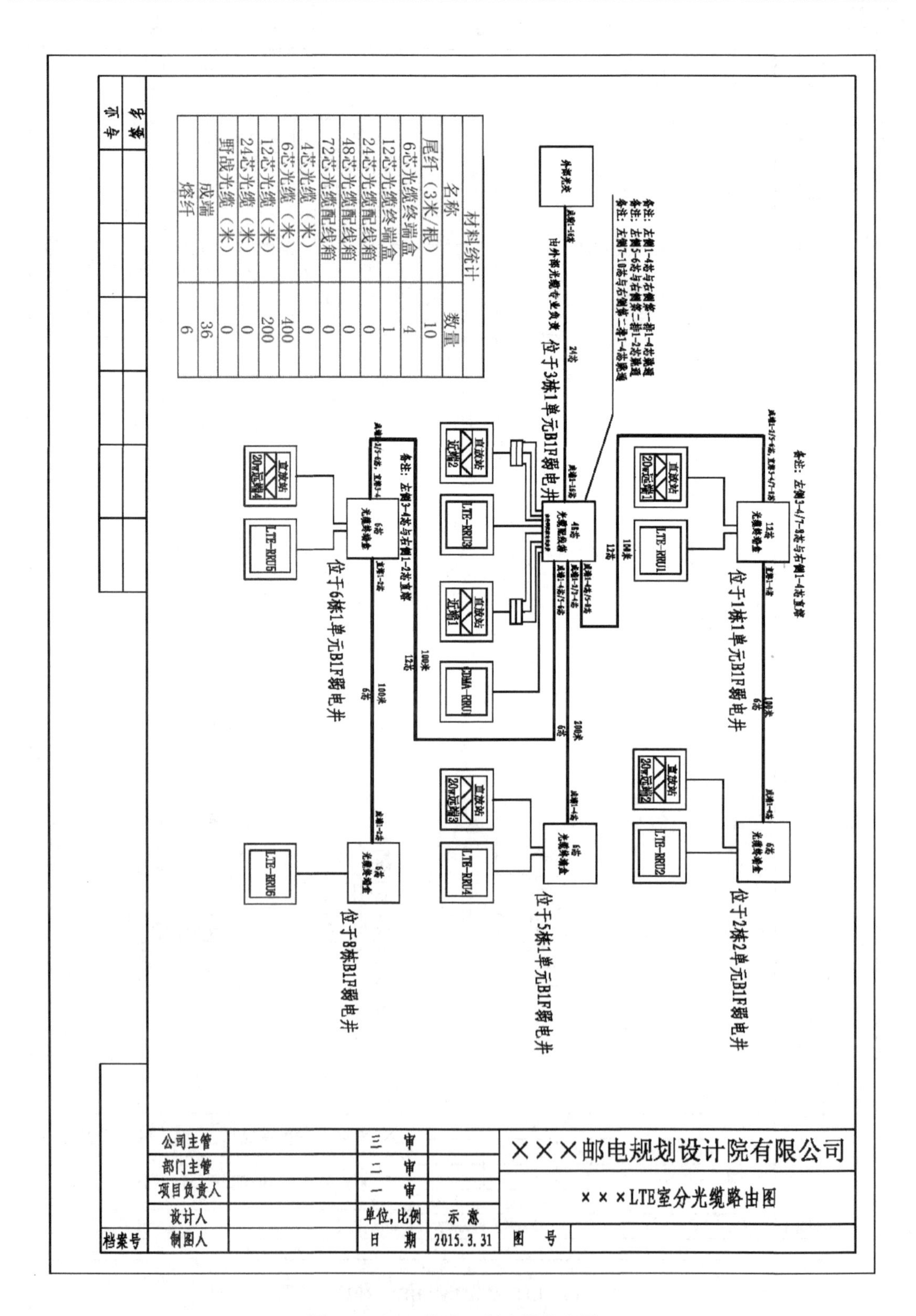


图 3-16　LTE 室分工程光缆路由图

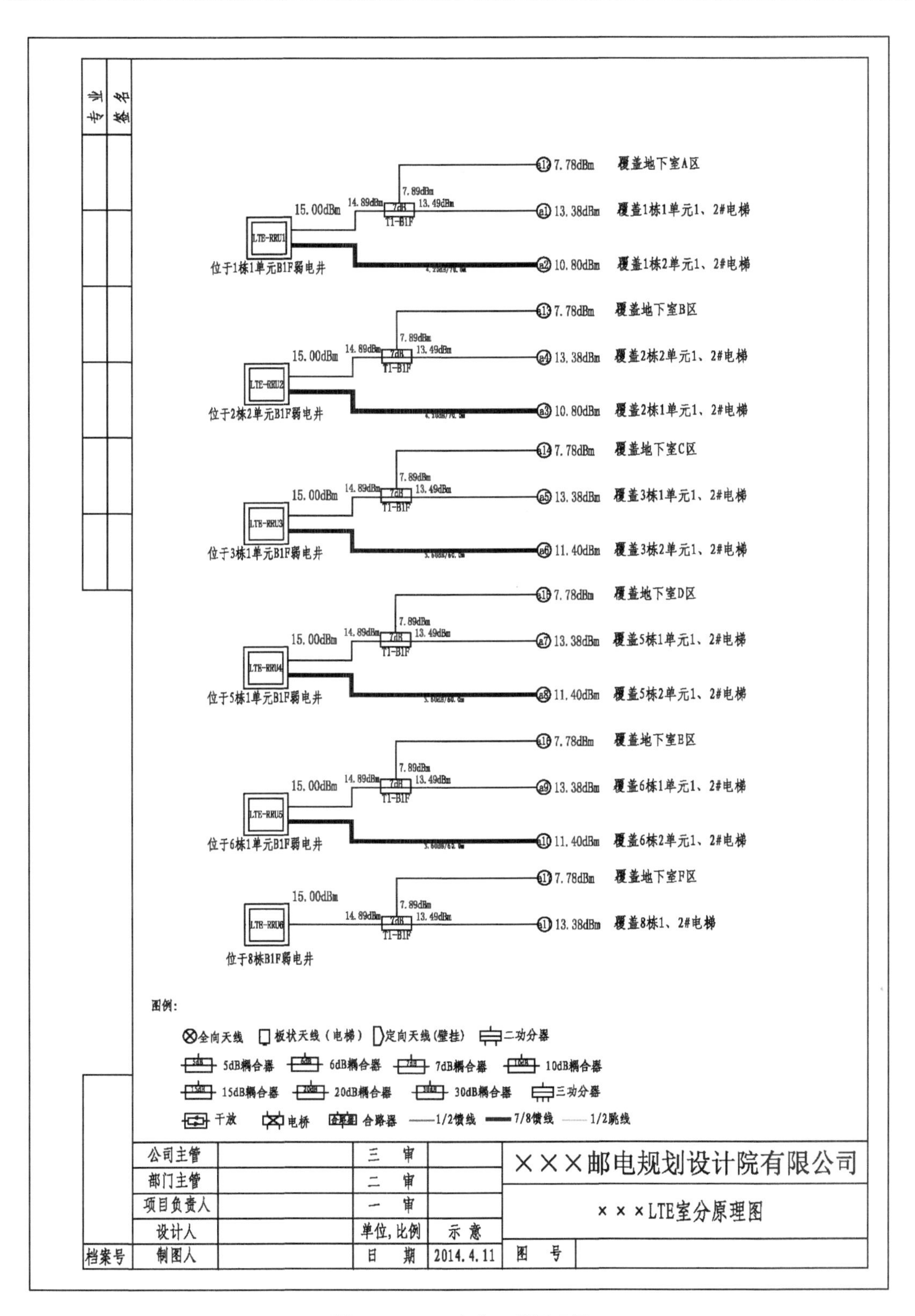


| 公司主管 | | 三　审 | | ×××邮电规划设计院有限公司 | |
|---|---|---|---|---|---|
| 部门主管 | | 二　审 | | ×××LTE室分原理图 | |
| 项目负责人 | | 一　审 | | | |
| 设计人 | | 单位,比例 | 示　意 | | |
| 制图人 | | 日　期 | 2014.4.11 | 图　号 | |

档案号

图 3-17　LTE 室分工程原理图

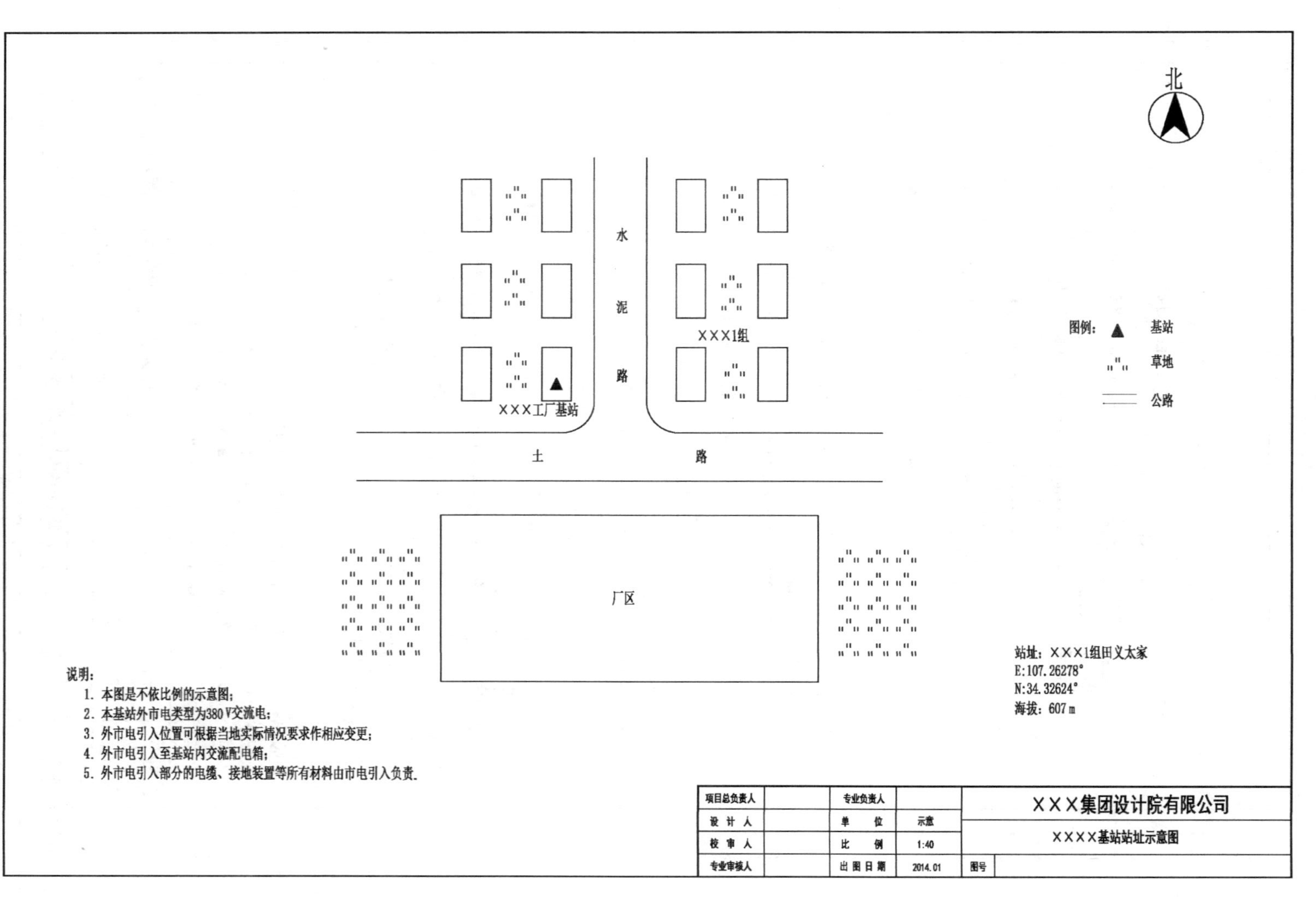


图 3-18　LTE 基站工程站址示意图

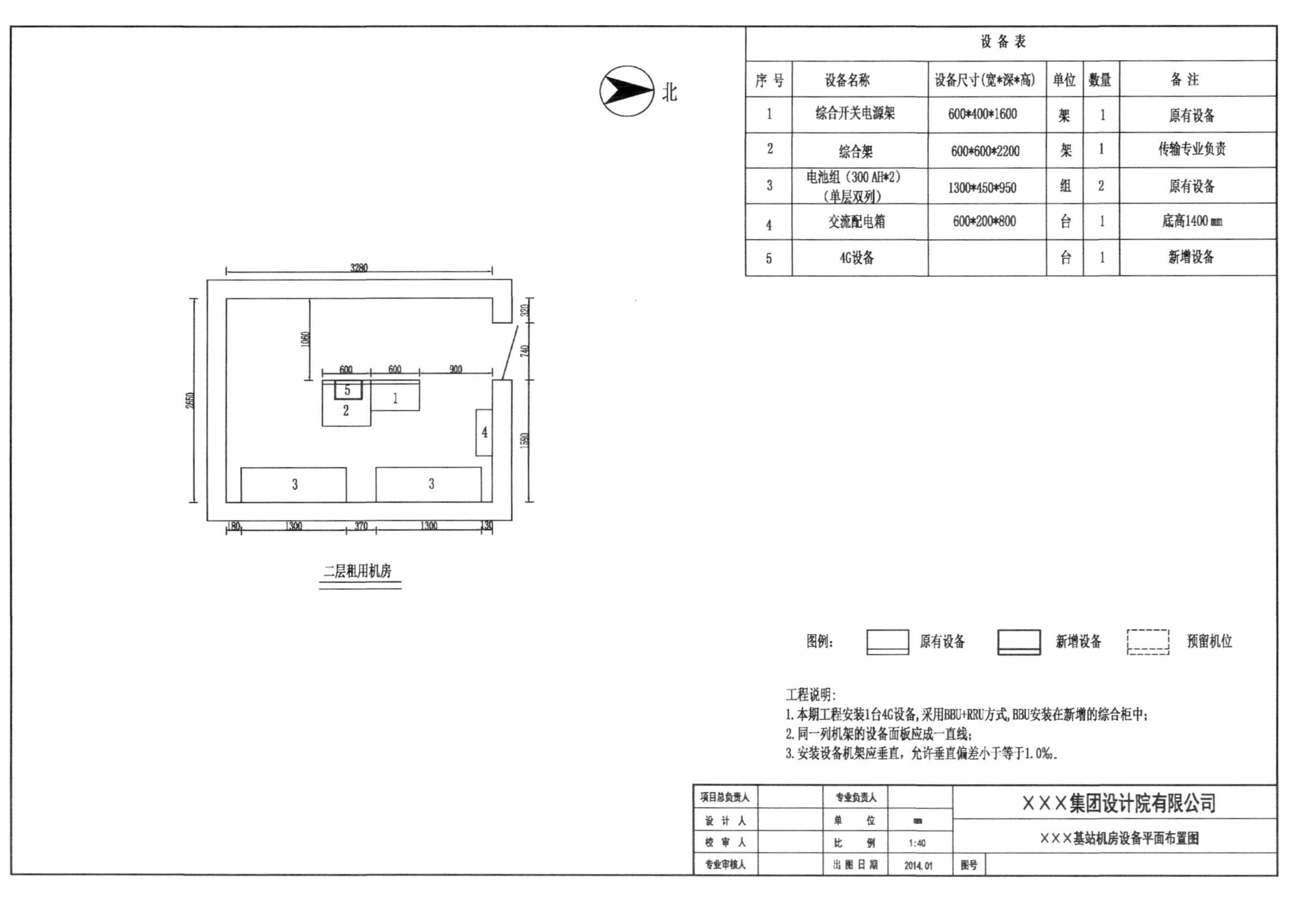

设备表

| 序号 | 设备名称 | 设备尺寸(宽*深*高) | 单位 | 数量 | 备注 |
|---|---|---|---|---|---|
| 1 | 综合开关电源架 | 600*400*1600 | 架 | 1 | 原有设备 |
| 2 | 综合架 | 600*600*2200 | 架 | 1 | 传输专业负责 |
| 3 | 电池组（300 AH*2）（单层双列） | 1300*450*950 | 组 | 2 | 原有设备 |
| 4 | 交流配电箱 | 600*200*800 | 台 | 1 | 底高1400 mm |
| 5 | 4G设备 | | 台 | 1 | 新增设备 |



图 3-19　LTE 基站工程基站机房平面图

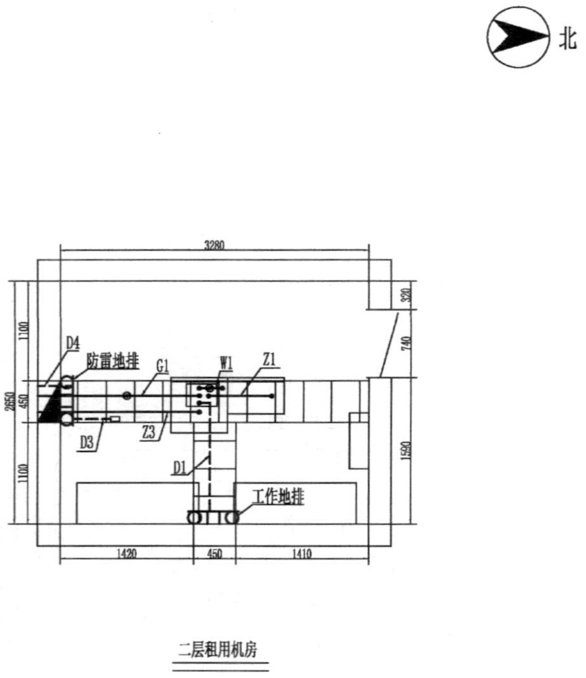

北

3280

1100 450 1100 2650

320 740 1590

1420 450 1410

D4 防雷地排 G1 W1 Z1

D3 Z3 D1 工作地排

二层租用机房

线缆统计表

| 编号 | 起点 | 终点 | 规格 | 根数 | 总长度(米) | 备注 |
|---|---|---|---|---|---|---|
| Z1 | 综合开关电源 | DCDU单元 | RVVZ-2*16 ㎟ | 1 | 7 | |
| Z2 | DCDU单元 | BBU | RVVZ-2*4 ㎟ | 1 | 2 | 机架内部走线 |
| Z3 | DCDU单元 | RRU | RVVZ-2*3.3 ㎟ | 3 | 长度见天馈图 | 主设备之间连线 |
| D1 | BBU | 基站工作地排 | RVVZ-16 ㎟ | 1 | 7 | |
| D3 | GPS避雷器 | 基站防雷地排 | RVVZ-16 ㎟ | 1 | 1 | |
| D4 | 基站防雷地排 | 室外接地引入点 | RVVZ-95 ㎟ | 1 | 5 | |
| G1 | BBU | RRU | 护套光缆 | 3 | 长度见天馈图 | 主设备之间连线 |
| W1 | BBU | 传输设备 | 单模跳纤 | 2 | 4 | |

其他工程量表

| 序号 | 安装项目 | 单位 | 数量 | 材料规格型号 | 备注 |
|---|---|---|---|---|---|
| 1 | 安装工作地排 | 块 | 1 | 600 ㎜*80 ㎜*8 ㎜ | 底高2400 |
| 2 | 安装防雷地排 | 块 | 1 | 600 ㎜*80 ㎜*8 ㎜ | 底高2400 |

图例：

电源线　接地线　光缆

设备　吊挂　原有走线架

接地铜排　新增走线架

垂直走线架　馈线密封窗

| 项目总负责人 | | 专业负责人 | | XXX集团设计院有限公司 |
|---|---|---|---|---|
| 设计人 | | 单位 | ㎜ | XXX基站机房设备布线路由图 |
| 校审人 | | 比例 | 1:40 | |
| 专业审核人 | | 出图日期 | 2014.01 | 图号 |

图 3-20　LTE 基站工程基站机房设备走线路由图

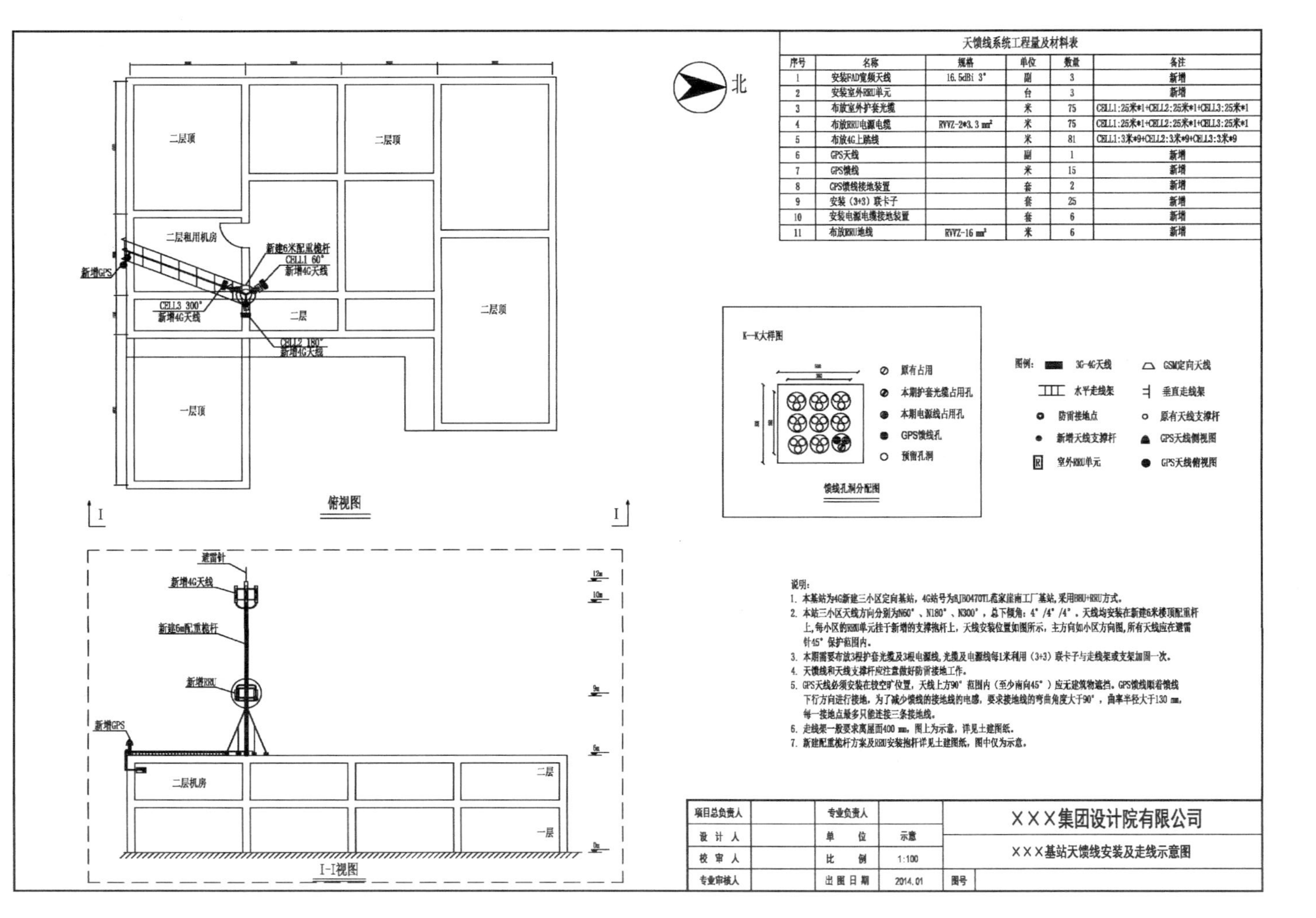


天馈线系统工程量及材料表

| 序号 | 名称 | 规格 | 单位 | 数量 | 备注 |
|---|---|---|---|---|---|
| 1 | 安装FAD宽频天线 | 16.5dBi 3° | 副 | 3 | 新增 |
| 2 | 安装室外RRU单元 | | 台 | 3 | 新增 |
| 3 | 布放室外护套光缆 | | 米 | 75 | CELL1:25米*1+CELL2:25米*1+CELL3:25米*1 |
| 4 | 布放RRU电源电缆 | RVVZ-2*3.3 mm² | 米 | 75 | CELL1:25米*1+CELL2:25米*1+CELL3:25米*1 |
| 5 | 布放4G上跳线 | | 米 | 81 | CELL1:3米*9+CELL2:3米*9+CELL3:3米*9 |
| 6 | GPS天线 | | 副 | 1 | 新增 |
| 7 | GPS馈线 | | 米 | 15 | 新增 |
| 8 | GPS馈线接地装置 | | 套 | 2 | 新增 |
| 9 | 安装（3+3）联卡子 | | 套 | 25 | 新增 |
| 10 | 安装电源电缆接地装置 | | 套 | 6 | 新增 |
| 11 | 布放RRU地线 | RVVZ-16 mm² | 米 | 6 | 新增 |

说明：
1. 本基站为4G新建三小区定向基站，4G站号为BJB0470TL苑家崖南工厂基站，采用BBU+RRU方式。
2. 本站三小区天线方向分别为N60°、N180°、N300°，总下倾角：4°/4°/4°。天线均安装在新建6米楼顶配重杆上，每小区的RRU单元挂于新增的支撑抱杆上，天线安装位置如图所示，主方向如小区方向图，所有天线应在避雷针45°保护范围内。
3. 本期需要布放3根护套光缆及3根电源线，光缆及电源线每1米利用（3+3）联卡子与走线架或支架加固一次。
4. 天馈线和天线支撑杆应注意做好防雷接地工作。
5. GPS天线必须安装在较空旷位置，天线上方90°范围内（至少南向45°）应无建筑物遮挡。GPS馈线顺着馈线下行方向进行接地，为了减少馈线的接地线的电感，要求接地线的弯曲角度大于90°，曲率半径大于130 mm，每一接地点最多只能连接三条接地线。
6. 走线架一般要求离屋面400 mm，图上为示意，详见土建图纸。
7. 新建配重桅杆方案及RRU安装抱杆详见土建图纸，图中仅为示意。

| 项目总负责人 | | 专业负责人 | | XXX集团设计院有限公司 |
|---|---|---|---|---|
| 设计人 | | 单位 | 示意 | XXX基站天馈线安装及走线示意图 |
| 校审人 | | 比例 | 1:100 | |
| 专业审核人 | | 出图日期 | 2014.01 | 图号 |

图 3-21　LTE 基站工程天馈线安装及走线示意图

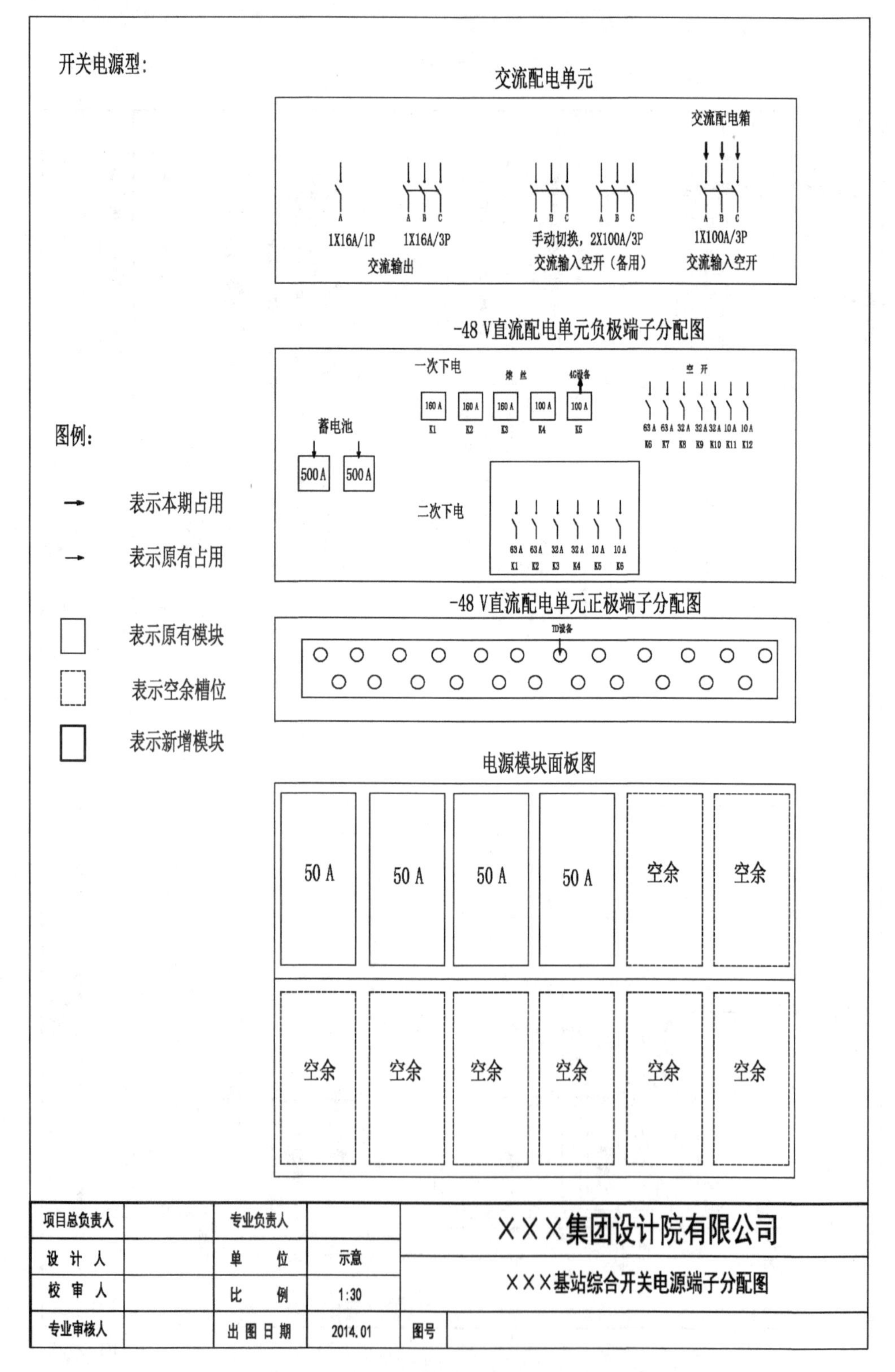


图 3-22 LTE 基站工程综合开关电源端子分配图

# 附录　常用通信工程制图图例

**附表 1　符 号 要 素**

| 序号 | 名　　称 | 图　例 | 说　　明 |
| --- | --- | --- | --- |
| 1-1 | 基本轮廓线 |  | 元件、装置、功能单元的基本轮廓线 |
| 1-2 | 辅助轮廓线 |  | 元件、装置、功能单元的辅助轮廓线 |
| 1-3 | 边界线 | —·—·— | 功能单元的边界线 |
| 1-4 | 屏蔽线<br>(护罩) |  |  |

**附表 2　限 定 符 号**

| 序号 | 名　　称 | 图　例 | 说　　明 |
| --- | --- | --- | --- |
| 2-1 | 非内在的可变性 |  |  |
| 2-2 | 非内在的非线性可变性 |  |  |
| 2-3 | 内在的可变性 |  |  |
| 2-4 | 内在的非线性可变性 |  |  |
| 2-5 | 预调、微调 |  |  |
| 2-6 | 能量、信号的单向传播<br>(单向传输) |  |  |
| 2-7 | 同时发送和接收 |  | 同时双向传播(传输) |
| 2-8 | 不同时发送和接收 |  | 不同时双向传播(传输) |
| 2-9 | 发送 |  |  |
| 2-10 | 接收 |  |  |

**附表3　连 接 符 号**

| 序号 | 名　称 | 图　例 | 说　明 |
|---|---|---|---|
| 3-1 | 连接、群连接 | 形式1<br>形式2<br>3 | 导线、电缆、线路、传输通道等的连接 |
| 3-2 | T形连接 | | |
| 3-3 | 双T形连接 | | |
| 3-4 | 十字双叉连接 | | |
| 3-5 | 跨越 | | |
| 3-6 | 插座 | | 包含家用2孔、3孔以及常用4孔 |
| 3-7 | 插头 | | |
| 3-8 | 插头和插座 | | |

**附表4　交换系统、数据及IP网**

| 序号 | 名　称 | 图　例 | 说　明 |
|---|---|---|---|
| 4-1 | 国际局 | | 可以加注文字符号表示设备的等级、容量、用途、规模及局号。<br>(1) 必要时增加以下符号表示不同的设备、局、站：<br>ISC：国际交换机<br>ISTP：国际信令转接点<br>Router：国际出入口路由器<br>ATM/FR：国际出入口ATM/FR交换机<br>ISSP：国际业务交换点<br>(2) 标注时可采用以下模式(可以省略)，可放在图形内或图形右侧：<br>型号<br>———<br>容量<br>———<br>局号<br>(注意：不要将横线与图形相连) |

**续表一**

| 序号 | 名　　称 | 图　例 | 说　　明 |
| --- | --- | --- | --- |
| 4-2 | 长途汇接节点 | | 可以加注文字符号表示设备的等级、容量、用途、规模及局号。<br>(1) 必要时增加以下符号表示不同的设备、局、站：<br>DC1、DC2：固定网长途交换机<br>TMSC1、TMSC2：移动网长途汇接局<br>H/LSTP：信令转接点<br>SSP：业务交换点<br>Router：核心路由器<br>ATM/FR：核心 ATM/FR 交换机<br>PRC：基准钟<br>NMC-N：全国网管中心<br>BC-N：全国计费结算中心<br>(2) 标注时可采用以下模式(可以省略)，可放在图形内或图形右侧：<br>型号<br>————<br>容量<br>————<br>局号<br>(注意：不要将横线与图形相连) |
| 4-3 | 本地汇接节点 | | 可以加注文字符号表示设备的等级、容量、用途、规模及局号。<br>(1) 必要时增加以下符号表示不同的设备、局、站：<br>TS：固定网长途交换机<br>LSTP：信令转接点<br>SSP：业务交换点<br>Router：本地核心路由器<br>ATM/FR：本地核心 ATM/FR 交换机<br>LPR：区域基准钟<br>NMC-P：省级网管中心<br>BC-P：省级计费结算中心<br>(2) 标注时可采用以下模式(可以省略)，可放在图形内或图形右侧：<br>型号<br>————<br>容量<br>————<br>局号<br>(注意：不要将横线与图形相连) |

**续表二**

| 序号 | 名　称 | 图　例 | 说　明 |
| --- | --- | --- | --- |
| 4-4 | 端局、汇聚层设备 |  | 可以加注文字符号表示设备的等级、容量、用途、规模及局号。<br>(1) 必要时增加以下符号表示不同的设备、局、站：<br>LS：市话交换端局<br>MSC：移动端局<br>SP：信令点<br>SSP：业务交换点<br>Router：汇聚层路由器<br>ATM/FR：汇聚层 ATM/FR 交换机<br>BITS：大楼综合定时系统<br>OMC：本地维护中心计费采集设备<br>(2) 标注时可采用以下模式(可以省略)，可放在图形内或图形右侧：<br>型号<br>————<br>容量<br>————<br>局号<br>(注意：不要将横线与图形相连) |
| 4-5 | 远端模块、接入层设备 |  | 可以加注文字符号表示设备的等级、容量、用途、规模及局号。<br>(1) 必要时增加以下符号表示不同的设备、局、站：<br>RSU：远端模块<br>PBX：用户交换机<br>Router：接入层路由器<br>ATM/FR：接入层 ATM/FR 交换机<br>PAD：分组接入设备<br>MODEM：调制解调器<br>(2) 标注时可采用以下模式(可以省略)，可放在图形内或图形右侧：<br>型号<br>————<br>容量<br>————<br>局号<br>(注意：不要将横线与图形相连) |

续表三

| 序号 | 名　称 | 图　例 | 说　明 |
| --- | --- | --- | --- |
| 4-6 | 软交换机 | | 可以加注文字符号表示设备的等级、容量、用途、规模及局号。<br>(1) 必要时增加以下符号表示不同的设备、局、站：<br>SS：软交换机<br>MSC Server：MSC 软交换服务器<br>GK：关守<br>(2) 标注时可采用以下模式(可以省略)，可放在图形内或图形右侧：<br>型号<br>————<br>容量<br>————<br>局号<br>(注意：不要将横线与图形相连) |
| 4-7 | 媒体网关 | | 可以加注文字符号表示设备的等级、容量、用途、规模及局号。<br>(1) 必要时增加以下符号表示不同的设备、局、站：<br>TG：中继网关<br>SG：信令网关<br>MGW：移动接入网关<br>AG：接入网关<br>GW：IP 电话网关<br>IAD：综合接入设备<br>(2) 标注时可采用以下模式(可以省略)，可放在图形内或图形右侧：<br>型号<br>————<br>容量<br>————<br>局号<br>(注意：不要将横线与图形相连) |

**续表四**

| 序号 | 名　　称 | 图　例 | 说　　明 |
|---|---|---|---|
| 4-8 | HLR<br>SCP<br>SGSN<br>PDSN | | 可以加注文字符号表示设备的等级、容量、用途、规模及局号。<br>(1) 必要时增加以下符号表示不同的设备、局、站：<br>HLR：归属位置寄存器<br>SCP：业务控制点<br>SGSN：业务 GPRS 支持节点<br>PDSN：分组数据服务节点<br>(2) 标注时可采用以下模式(可以省略)，可放在图形内或图形右侧：<br>型号<br>————<br>容量<br>————<br>局号<br>(注意：不要将横线与图形相连) |
| 4-9 | 局域网交换机/HUB | | 可以加注文字符号表示设备的等级、容量、用途、规模及局号。<br>(1) 必要时增加以下符号表示不同的设备、局、站：<br>L3：三层交换机<br>L2：二层交换机<br>HUB：集线器<br>(2) 标注时可采用以下模式(可以省略)，可放在图形内或图形右侧：<br>型号<br>————<br>容量<br>————<br>局号<br>(注意：不要将横线与图形相连) |
| 4-10 | 防火墙 | | |

续表五

| 序号 | 名　　称 | 图　例 | 说　　明 |
|---|---|---|---|
| 4-11 | 路由器 |  | 可以加注文字符号表示设备的等级、容量、用途、规模及局号。<br>(1) 必要时增加以下符号表示不同的设备、局、站：<br>ROUTER：路由器<br>GGSN：网关 GPRS 支持节点<br>PDSN：分组数据服务节点<br>ATM/FR：ATM/FR 交换机<br>(2) 标注时可采用以下模式(可以省略)，可放在图形内或图形右侧：<br>型号<br>________<br>容量<br>________<br>局号<br>(注意：不要将横线与图形相连) |

**附表 5　增值业务、信息化系统**

| 序号 | 名　　称 | 图　例 | 说　　明 |
|---|---|---|---|
| 5-1 | 服务器 |  | 或类似形状 |
| 5-2 | 磁盘阵列 | 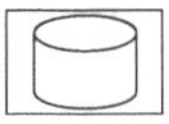 | |
| 5-3 | 光纤交换机 |  | |
| 5-4 | 磁带库 | 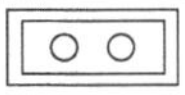 | |
| 5-5 | 光盘库 | 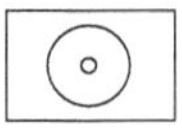 | |
| 5-6 | PC/工作站 |  | |
| 5-7 | 以太网 | 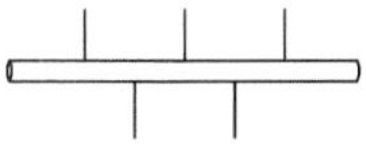 | 逻辑示意图用 |
| 5-8 | 传输链路 |  | |
| 5-9 | 网络云 |  | |
| 5-10 | 信令网关/排队机 | 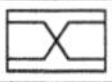 | |
| 5-11 | 数据库 | 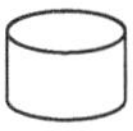 | |

## 附表 6　传 输 设 备

| 序号 | 名　称 | 图　例 | 说　明 |
|---|---|---|---|
| 6-1 | 光传输设备节点基本符号 |  | *表示节点传输设备的类型，S 代表 SDH 设备，W 代表 WDM 设备，A 代表 ASON 设备 |
| 6-2 | 微波传输 |  |  |
| 6-3 | 告警灯 |  |  |
| 6-4 | 告警铃 |  |  |
| 6-5 | 公务电话 |  |  |
| 6-6 | 延伸公务电话 |  |  |
| 6-7 | 设备内部时钟 |  |  |
| 6-8 | 大楼综合定时系统 |  |  |
| 6-9 | 网管设备 |  |  |
| 6-10 | ODF/DDF 架 |  |  |
| 6-11 | WDM 终端型波分复用设备 |  | 16/32/40/80 波等 |
| 6-12 | WDM 光线路放大器 |  |  |
| 6-13 | WDM 光分插复用器 |  | 16/32/40/80 波等 |
| 6-14 | 4∶1 透明复用器 |  | 1∶8、1∶16 依此类推 |
| 6-15 | SDH 终端复用器 |  |  |
| 6-16 | SDH 分插复用器 |  |  |
| 6-17 | SDH 中继器 |  |  |
| 6-18 | DXC 数字交叉连接设备 |  |  |
| 6-19 | ASON 设备 |  |  |

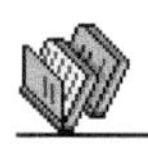



## 附表7 光 缆

| 序号 | 名 称 | 图 例 | 说 明 |
| --- | --- | --- | --- |
| 7-1 | 光缆 | | 光纤或光缆的一般符号 |
| 7-2 | 光缆参数标注 | a/b/c | *a* 为光缆型号，*b* 为光缆芯数，*c* 为光缆长度 |
| 7-3 | 永久接头 | | |
| 7-4 | 可拆卸固定接头 | | |
| 7-5 | 光连接器(插头-插座) | | |

## 附表8 通 信 线 路

| 序号 | 名 称 | 图 例 | 说 明 |
| --- | --- | --- | --- |
| 8-1 | 通信线路 | | 通信线路的一般符号 |
| 8-2 | 直埋线路 | | 适用于路由图 |
| 8-3 | 水下线路、海底线路 | | 适用于路由图 |
| 8-4 | 架空线路 | | 适用于路由图 |
| 8-5 | 管道线路 | | 管道数量、应用的管孔位置、截面尺寸或其他特征(如管孔排列形式)可标注在管道线路的上方，虚斜线可作为人(手)孔的简易画法，适用于路由图 |
| 8-6 | 线路中的充气或注油堵头 | | |
| 8-7 | 具有旁路的充气或注油堵头的线路 | | |
| 8-8 | 沿建筑物敷设通信线路 | W | 适用于路由图 |
| 8-9 | 接图线 | | |

## 附表 9 线路设施与分线设备

| 序号 | 名 称 | 图例 | 说 明 |
|---|---|---|---|
| 9-1 | 防电缆、光缆蠕动装置 | | 类似于水底光/电缆的丝网或网套锚固 |
| 9-2 | 线路集中器 | | |
| 9-3 | 埋式光缆电缆、铺砖<br>(铺水泥盖板保护) | | 可加文字注明铺砖为横铺、竖铺及铺设长度或注明铺水泥盖板及铺设长度 |
| 9-4 | 埋式光缆、电缆穿管保护 | | 可加文字注明管材规格及数量 |
| 9-5 | 埋式光缆、电缆上方敷设排流线 | | |
| 9-6 | 埋式电缆旁边敷设防雷消弧线 | | |
| 9-7 | 光缆、电缆预留 | | |
| 9-8 | 光缆、电缆蛇形敷设 | | |
| 9-9 | 电缆充气点 | | |
| 9-10 | 直埋线路标石 | | 直埋线路标石的一般符号：加注 V 表示气门标石；加注 M 表示监测标石 |
| 9-11 | 光缆、电缆盘留 | | |
| 9-12 | 电缆气闭套管 | | |
| 9-13 | 电缆直通套管 | | |
| 9-14 | 电缆分支套管 | | |
| 9-15 | 电缆接合型接头套管 | | |
| 9-16 | 引出电缆监测线的套管 | | |
| 9-17 | 含有气压报警信号的电缆套管 | | |
| 9-18 | 压力传感器 | p | |

续表

| 序号 | 名　　称 | 图　例 | 说　　明 |
|---|---|---|---|
| 9-19 | 电位针式压力传感器 | 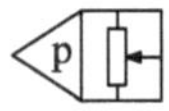 p | |
| 9-20 | 电容针式压力传感器 | 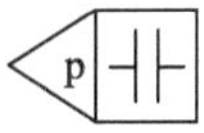 p | |
| 9-21 | 水线房 |  | |
| 9-22 | 水线标志牌 |  或  | 单杆及双杆水线标牌 |
| 9-23 | 通信线路巡房 |  | |
| 9-24 | 光/电缆交接间 |  | |
| 9-25 | 架空交接箱 |  | 加 GL 表示光缆架空交接箱 |
| 9-26 | 落地交接箱 |  | 加 GL 表示光缆架空交接箱 |
| 9-27 | 壁龛交接箱 | 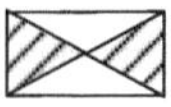 | 加 GL 表示光缆架空交接箱 |
| 9-28 | 分线盒 |  简化形  | 分线盒一般符号，可加注 $\frac{N-B}{C}\Big\vert\frac{d}{D}$ 其中：$N$ 为编号；$B$ 为容量；$C$ 为线；$d$ 为现有用户数；$D$ 为设计用户数 |
| 9-29 | 室内分线盒 |  | |
| 9-30 | 室外分线盒 |  | |
| 9-31 | 分线箱 |  简化形  | 分线箱的一般符号，加注同 9-28 |
| 9-32 | 壁龛分线箱 | 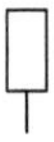 简化形 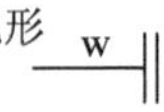 w | 壁龛分线箱的一般符号，加注同 9-28 |

## 附表 10 通 信 杆 路

| 序号 | 名　　称 | 图　例 | 说　　明 |
|---|---|---|---|
| 10-1 | 电杆的一般符号 | | 可以用文字符号 $\frac{A-B}{C}$ 标注，其中：$A$ 为杆路或所属部门；$B$ 为杆长；$C$ 为杆号 |
| 10-2 | 单接杆 | | |
| 10-3 | 品接杆 | | |
| 10-4 | H 形杆 | | |
| 10-5 | L 形杆 | L | |
| 10-6 | A 形杆 | A | |
| 10-7 | 三角杆 | Δ | |
| 10-8 | 四角杆 | # | |
| 10-9 | 带撑杆的电杆 | | |
| 10-10 | 带撑杆拉线的电杆 | | |
| 10-11 | 引上杆 | | 小黑点表示电缆或光缆 |
| 10-12 | 通信电杆上装设避雷线 | | |
| 10-13 | 通信电杆上装设带有火花间隙的避雷线 | | |
| 10-14 | 通信电杆上装设放电器 | A | 在 A 处注明放电器型号 |
| 10-15 | 电杆保护用围桩 | | 河中打桩杆 |

续表

| 序号 | 名　称 | 图　例 | 说　明 |
| --- | --- | --- | --- |
| 10-16 | 分水桩 | 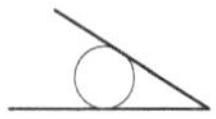 | |
| 10-17 | 单方拉线 | 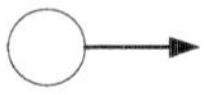 | 拉线的一般符号 |
| 10-18 | 双方拉线 | 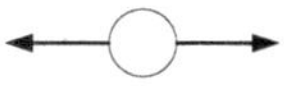 | |
| 10-19 | 四方拉线 | 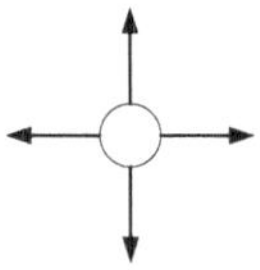 | |
| 10-20 | 有 V 形拉线的电杆 |  | |
| 10-21 | 有高桩拉线的电杆 |  | |
| 10-22 | 横木或卡盘 |  | |

**附表 11　通 信 管 道**

| 序号 | 名　称 | 图　例 | 说　明 |
| --- | --- | --- | --- |
| 11-1 | 直通型人孔 | 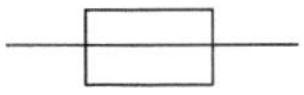 | 人孔的一般符号 |
| 11-2 | 手孔 | 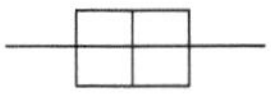 | 手孔的一般符号 |
| 11-3 | 局前人孔 | 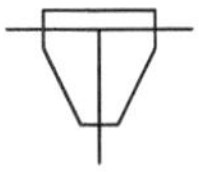 | |
| 11-4 | 斜通型人孔 | 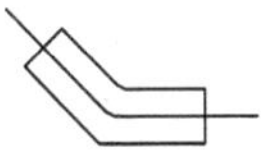 | |
| 11-5 | 分歧人孔 | 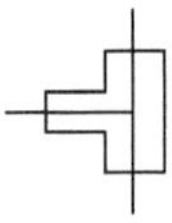 | |
| 11-6 | 四通型人孔 | 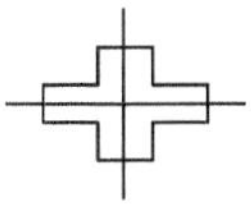 | |
| 11-7 | 埋式手孔 | 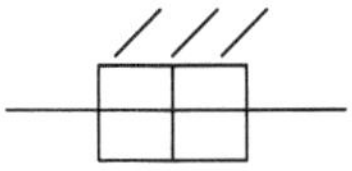 | |

## 附表 12　移 动 通 信

| 序号 | 名　称 | 图　例 | 说　明 |
|---|---|---|---|
| 12-1 | 手机 | | |
| 12-2 | 基站 | | 可在图形内加注以下文字符号表示不同技术：<br>BTS：GSM 或 CDMA 基站<br>NodeB：WCDMA 或 TD-SCDMA |
| 12-3 | 全向天线 | 俯视　正视 | 可在图形旁加注以下文字符号表示不同类型：<br>Tx：发信天线<br>Rx：接收天线<br>Tx/Rx：收发共用天线 |
| 12-4 | 板状定向天线 | 俯视　正视　背视<br>侧视1　侧视2 | 可在图形旁加注以下文字符号表示不同类型：<br>Tx：发信天线<br>Rx：接收天线<br>Tx/Rx：收发共用天线 |
| 12-5 | 八木天线 | | |
| 12-6 | 吸顶天线 | Tx/Rx | |
| 12-7 | 抛物面天线 | | |
| 12-8 | 馈线 | | |
| 12-9 | 泄漏电缆 | | |
| 12-10 | 二功分器 | | |
| 12-11 | 三功分器 | | |
| 12-12 | 耦合器 | | |
| 12-13 | 干线放大器 | | |

## 附表 13　无线通信站型

| 序号 | 名　　称 | 图　例 | 说　　明 |
|---|---|---|---|
| 13-1 | 点对多点汇接站 | CS | |
| 13-2 | 点对多点微波中心站 | BS | |
| 13-3 | 点对多点微波中继站 | RS | |
| 13-4 | 点对多点用户站 | SS | |
| 13-5 | 微波通信中继站 | | |
| 13-6 | 微波通信分路站 | | |
| 13-7 | 微波通信终端站 | | |
| 13-8 | 无源接力站的一般符号 | | |
| 13-9 | 空间站的一般符号 | | |
| 13-10 | 有源空间站 | | |
| 13-11 | 无源空间站 | | |
| 13-12 | 跟踪空间站的地球站 | | |
| 13-13 | 卫星通信地球站 | | |
| 13-14 | 甚小卫星通信地球站 | VAST | |

## 附表 14　无 线 传 输

| 序号 | 名　　称 | 图　例 | 说　　明 |
| --- | --- | --- | --- |
| 14-1 | 传输电路 | V+S+T+… | 如需要表示业务种类，可在虚线上方加注字符，其中：V 为电视通道；T 为数据通道；S 为语音通道 |
| 14-2 | 波导及同轴电缆一般符号 | | |
| 14-3 | 矩形波导 | | |
| 14-4 | 圆形波导 | | |
| 14-5 | 椭圆形波导 | | |
| 14-6 | 同轴波导 | | |
| 14-7 | 矩形软波导 | | |
| 14-8 | 成对的对称波导连接器 | | |
| 14-9 | 成对的不对称波导连接器 | | |
| 14-10 | 匹配负载 | | |
| 14-11 | 三端口环行器 | | |
| 14-12 | 卫星高频倒换开关 | | |
| 14-13 | 两部位微波开关(每步 100° ) | | |
| 14-14 | 三部位微波开关(每步 120° ) | | |

## 附表 15　通 信 电 源

| 序号 | 名　称 | 图　例 | 说　明 |
|---|---|---|---|
| 15-1 | 规划的变电所/规划的配电所 | 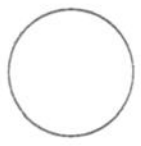 | |
| 15-2 | 运行的或未说明的变电所/运行的或未说明的配电所 |  | |
| 15-3 | 规划的杆上变压器 | 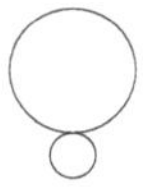 | |
| 15-4 | 运行的杆上变压器 | 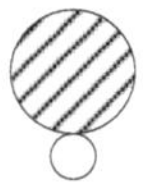 | |
| 15-5 | 规划的发电站 | | |
| 15-6 | 运行的发电站 | 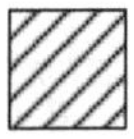 | |
| 15-7 | 断路器功能 | × | |
| 15-8 | 隔离开关功能 | | |
| 15-9 | 负荷开关功能 | 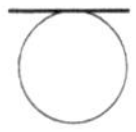 | |
| 15-10 | 动合(常开)触点 |  形式 1　形式 2 | |
| 15-11 | 动合(常闭)触点 |  | |
| 15-12 | 多级开关的一般符号 | 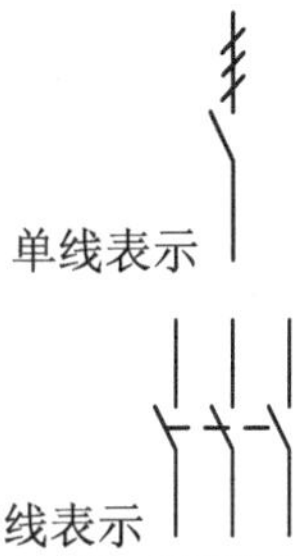 单线表示<br>多线表示 | |
| 15-13 | 断路器 |  | |

续表一

| 序号 | 名　　称 | 图　例 | 说　　明 |
|---|---|---|---|
| 15-14 | 隔离开关 | | |
| 15-15 | 负荷开关 | | |
| 15-16 | 中间断开的双向转换触点 | | |
| 15-17 | 双向隔离开关 | | |
| 15-18 | 自动转换开关(ATS) | | |
| 15-19 | 熔断器的一般符号 | | |
| 15-20 | 跌开式熔断器 | | |
| 15-21 | 熔断器式开关 | | |
| 15-22 | 熔断器式隔离开关 | | |
| 15-23 | 熔断器式负荷开关 | | |
| 15-24 | 手动开关的一般符号 | | |

续表二

| 序号 | 名　　称 | 图　例 | 说　　明 |
|---|---|---|---|
| 15-25 | 三角形连接的三相绕组 | | |
| 15-26 | 星形连接的三相绕组 | | |
| 15-27 | 中性点引出的星形连接的三相绕组 | | |
| 15-28 | 电抗器一般符号 | | |
| 15-29 | 双绕组变压器一般符号 | 形式1<br>形式2 | |
| 15-30 | 三绕组变压器一般符号 | 形式1<br>形式2 | |
| 15-31 | 自耦变压器一般符号 | 形式1<br>形式2 | |
| 15-32 | 单项感应调压器 | | |

续表三

| 序号 | 名　称 | 图　例 | 说　明 |
|---|---|---|---|
| 15-33 | 三项感应调压器 | | |
| 15-34 | 电流互感器/脉冲变压器 | 形式1<br>形式2 | |
| 15-35 | 星形、三角形连接的变压器 | | |
| 15-36 | 单相自耦变压器 | 形式1<br>形式2 | |
| 15-37 | 电流互感器 | 形式1<br>形式2 | 有两个铁芯，每个铁芯有一个次级绕组 |
| 15-38 | 三相交流发电机 | G 3 | |
| 15-39 | 交相电动机 | M | |
| 15-40 | 发电机组 | G | 根据需要可加注机油和发电机类型 |

续表四

| 序号 | 名　　称 | 图　例 | 说　　明 |
| --- | --- | --- | --- |
| 15-41 | 稳压器 | VR | |
| 15-42 | 桥式全波整流器 | | |
| 15-43 | 不间断电源系统 | UPS | |
| 15-44 | 逆变器 | | |
| 15-45 | 整流器/逆变器 | | |
| 15-46 | 整流器/开关电源 | | |
| 15-47 | 直流变换器 | | |
| 15-48 | 电池或蓄电池 | | |
| 15-49 | 电池组或蓄电池组 | | |
| 15-50 | 太阳能或光电发生器 | G | |
| 15-51 | 电源监控 | 形式 1 * <br> 形式 2 * | 符号内的星号可用下列子目代替：<br>SC：监控中心<br>SS：区域监控中心<br>SU：监控单元<br>SM：监控模块 |

续表五

| 序号 | 名　称 | 图　例 | 说　明 |
|---|---|---|---|
| 15-52 | 接地的一般符号 | | |
| 15-53 | 抗干扰接地<br>(无噪声接地) | | |
| 15-54 | 保护接地 | | |
| 15-55 | 避雷针 | | |
| 15-56 | 火花间隙 | | |
| 15-57 | 避雷器 | | |
| 15-58 | 电阻器的一般符号 | 优选形<br>其他形 | |
| 15-59 | 可调电阻器 | | |
| 15-60 | 压敏电阻器<br>(变阻器) | U | |
| 15-61 | 带分流和分压端子的电阻器 | | |
| 15-62 | 电容器的一般符号 | 优选形　其他形 | |
| 15-63 | 极性电容器 | + | |

续表六

| 序号 | 名　称 | 图　例 | 说　明 |
| --- | --- | --- | --- |
| 15-64 | 电感器 | | |
| 15-65 | 直流 | | |
| 15-66 | 交流 | | |
| 15-67 | 中性(中性线) | N | |
| 15-68 | 保护(保护线) | P | |
| 15-69 | 中间线 | M | |
| 15-70 | 正极性 | + | |
| 15-71 | 负极性 | − | |
| 15-72 | 直流母线 | | |
| 15-73 | 交流母线 | | |
| 15-74 | 中性线 | | |
| 15-75 | 保护线 | | |
| 15-76 | 中性线和保护线共用线 | | |
| 15-77 | 具有中性线和保护线的三相线 | | |
| 15-78 | 指示仪表 | * | |
| 15-79 | 积算仪表 | * | |

## 附表 16　机房建筑及设施

| 序号 | 名　　称 | 图　例 | 说　　明 |
|---|---|---|---|
| 16-1 | 墙 | | 墙的一般表示方法 |
| 16-2 | 可见检查孔 | | |
| 16-3 | 不可见检查孔 | | |
| 16-4 | 方形孔洞 | | 左为穿墙洞，右为地板洞 |
| 16-5 | 圆形孔洞 | | |
| 16-6 | 方形坑槽 | | |
| 16-7 | 圆形坑槽 | | |
| 16-8 | 墙预留洞 | | 尺寸标注可采用(宽×高)或直径形式 |
| 16-9 | 墙预留槽 | | 尺寸标注可采用(宽×高×深)形式 |
| 16-10 | 空门洞 | | |
| 16-11 | 单扇门 | | 包括平开或单面弹簧门，作图时开度可为 45° 或 90° |
| 16-12 | 双扇门 | | 包括平开或单面弹簧门，作图时开度可为 45° 或 90° |
| 16-13 | 对开折叠门 | | |
| 16-14 | 推拉门 | | |
| 16-15 | 墙外单扇推拉门 | | |
| 16-16 | 墙外双扇推拉门 | | |
| 16-17 | 墙中单扇推拉门 | | |
| 16-18 | 墙中双扇推拉门 | | |

续表

| 序号 | 名　　称 | 图　例 | 说　　明 |
|---|---|---|---|
| 16-19 | 单扇双面弹簧门 |  |  |
| 16-20 | 双扇双面弹簧门 |  |  |
| 16-21 | 转门 |  |  |
| 16-22 | 单层固定窗 |  |  |
| 16-23 | 双层内外开平开窗 |  |  |
| 16-24 | 推拉窗 |  |  |
| 16-25 | 百叶窗 |  |  |
| 16-26 | 电梯 |  |  |
| 16-27 | 隔断 |  | 包括玻璃、金属、石膏板等，与墙的画法相同，厚度比墙窄 |
| 16-28 | 栏杆 |  | 与隔断的画法相同，宽度比隔断小，应有文字标注 |
| 16-29 | 楼梯 | 上 | 应标明楼梯上(或下)的方向 |
| 16-30 | 房柱 | 或 | 可依照实际尺寸及形状绘制，根据需要可选用空心或实心 |
| 16-31 | 折断线 |  | 不需画全的断开线 |
| 16-32 | 波浪线 |  | 不需画全的断开线 |
| 16-33 | 标高 | 室内<br>室外 |  |

**附表 17　机房配线与电气照明**

| 序号 | 名　称 | 图　例 | 说　明 |
|---|---|---|---|
| 17-1 | 向上配线 | | |
| 17-2 | 向下配线 | | |
| 17-3 | 垂直通过配线 | | |
| 17-4 | 盒(箱)的一般符号 | | |
| 17-5 | 用户端供电输入设备示出带配电 | | |
| 17-6 | 配电中心示出五路馈线 | | |
| 17-7 | 接线盒 | | |
| 17-8 | 动力配电箱 | | 种类代码 AP |
| 17-9 | 照明配电箱 | | 种类代码 AL |
| 17-10 | 应急电源配电箱 | | 种类代码 APE 表示应急电力配电箱，种类代码 ALE 表示应急照明配电箱 |
| 17-11 | 双电源切换箱 | | |
| 17-12 | 明装单相二极插座 | | |
| 17-13 | 明装单相三极插座 | | |

续表一

| 序号 | 名　　称 | 图　例 | 说　　明 |
|---|---|---|---|
| 17-14 | 明装三相四极插座 |  | |
| 17-15 | 暗装单相二极插座 |  | |
| 17-16 | 暗装单相三极插座 | 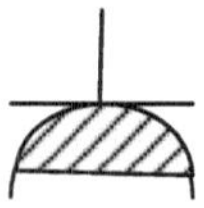 | |
| 17-17 | 暗装单相三极防爆插座 | 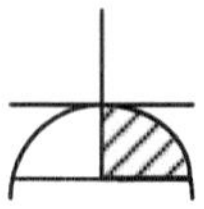 | |
| 17-18 | 暗装三相四极插座 | 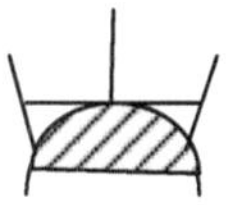 | |
| 17-19 | 电信插座一般符号 | 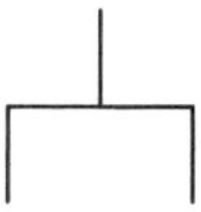 | 注：可用文字符号加以区别，如：TP 表示电话；TX 表示电传；TV 表示电视；FM 表示调频；M 表示传声器；nTO 表示综合布线 n 孔信息插座 |
| 17-20 | 墙壁开关的一般符号 |  | |
| 17-21 | 墙壁明装单极开关 | 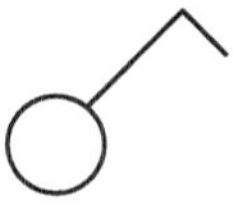 | |
| 17-22 | 墙壁暗装单极开关 | 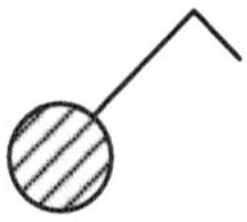 | |
| 17-23 | 墙壁密封(防水)单极开关 | 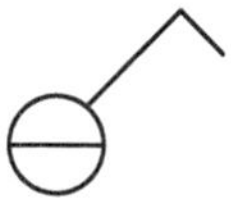 | |
| 17-24 | 墙壁防爆单极开关 | 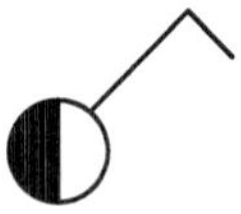 | |

续表二

| 序号 | 名　称 | 图　例 | 说　明 |
|---|---|---|---|
| 17-25 | 暗装双极开关 |  | 注：明装、密封、防爆型的画法同上 |
| 17-26 | 暗装三极开关 |  | 注：明装、密封、防爆型的画法同上 |
| 17-27 | 单极拉线开关 |  |  |
| 17-28 | 单极双控拉线开关 |  |  |
| 17-29 | 单极限时开关 |  |  |
| 17-30 | 单极双控开关 |  |  |
| 17-31 | 灯的一般符号 |  |  |
| 17-32 | 示出配线的照明引出线位置 |  |  |
| 17-33 | 在墙上的照明引出线(示出配线向左方) |  |  |
| 17-34 | 单管荧光灯 |  |  |
| 17-35 | 双管荧光灯 |  |  |
| 17-36 | 三管荧光灯 |  |  |
| 17-37 | 防爆荧光灯 |  |  |
| 17-38 | 密闭防爆灯 |  |  |

续表三

| 序号 | 名　　称 | 图　例 | 说　　明 |
|---|---|---|---|
| 17-39 | 在专用配电回路上的应急照明灯 | | |
| 17-40 | 自带电源的应急照明灯 | | |
| 17-41 | 壁灯 | | |
| 17-42 | 天棚灯 | | |
| 17-43 | 泛光灯 | | |
| 17-44 | 射灯 | | |
| 17-45 | 安全出口灯 | E | |
| 17-46 | 疏散指示灯 | | |
| 17-47 | 弯灯 | | |
| 17-48 | 防水防尘灯 | | |

附表 18　地形图常用符号

| 序号 | 名　称 | 图　例 | 说　明 |
|---|---|---|---|
| 18-1 | 房屋 | | |
| 18-2 | 在建房屋 | 建 | |
| 18-3 | 破坏房屋 | | |
| 18-4 | 窑洞 | | |
| 18-5 | 蒙古包 | | |
| 18-6 | 悬空通廊 | | |
| 18-7 | 建筑物下通道 | | |
| 18-8 | 台阶 | | |
| 18-9 | 围墙 | | |
| 18-10 | 围墙大门 | | |
| 18-11 | 长城及砖石城堡(小比例) | | |
| 18-12 | 长城及砖石城堡(大比例) | | |
| 18-13 | 栅栏、栏杆 | | |
| 18-14 | 篱笆 | | |

续表一

| 序号 | 名　　称 | 图　例 | 说　　明 |
|---|---|---|---|
| 18-15 | 铁丝网 | —×———×— | |
| 18-16 | 矿井 | | |
| 18-17 | 盐井 | | |
| 18-18 | 油井 | 油 | |
| 18-19 | 露天采掘场 | 石 | |
| 18-20 | 塔形建筑物 | | |
| 18-21 | 水塔 | | |
| 18-22 | 油库 | | |
| 18-23 | 粮仓 | | |
| 18-24 | 打谷场(球场) | 谷(球) | |
| 18-25 | 饲养场(温室、花房) | 牲(温室、花房) | |
| 18-26 | 高于地面的水池 | 水　水 | |
| 18-27 | 低于地面的水池 | 水 | |
| 18-28 | 有盖的水池 | 水 | |

**续表二**

| 序号 | 名　称 | 图　例 | 说　明 |
| --- | --- | --- | --- |
| 18-29 | 肥气池 | | |
| 18-30 | 雷达站、卫星地面接收站 | | |
| 18-31 | 体育场 | 体育场 | |
| 18-32 | 游泳池 | 泳 | |
| 18-33 | 喷水池 | | |
| 18-34 | 假山石 | | |
| 18-35 | 岗亭、岗楼 | | |
| 18-36 | 电视发射塔 | TV | |
| 18-37 | 纪念碑 | | |
| 18-38 | 碑、柱、墩 | | |
| 18-39 | 亭 | | |
| 18-40 | 钟楼、鼓楼、城楼 | | |
| 18-41 | 宝塔、经塔 | | |

续表三

| 序号 | 名　称 | 图　例 | 说　明 |
|---|---|---|---|
| 18-42 | 烽火台 | 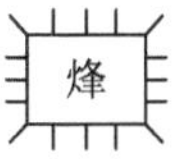 | |
| 18-43 | 庙宇 |  | |
| 18-44 | 教堂 |  | |
| 18-45 | 清真寺 |  | |
| 18-46 | 过街天桥 | 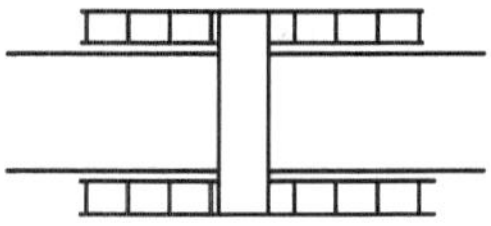 | |
| 18-47 | 过街地道 | 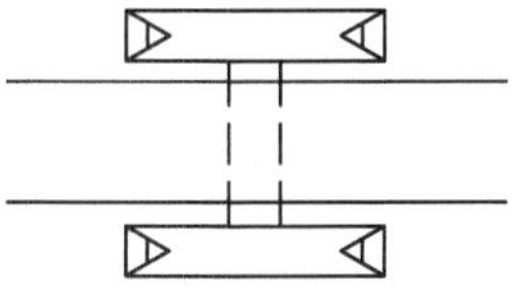 | |
| 18-48 | 地下建筑物的地表入口 |  | |
| 18-49 | 窑 | 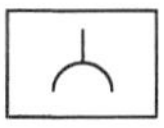 | |
| 18-50 | 独立大坟 |  | |
| 18-51 | 群坟、散坟 |  | |
| 18-52 | 一般铁路 |  | |
| 18-53 | 电气化铁路 | | |

**续表四**

| 序号 | 名　称 | 图　例 | 说　明 |
|---|---|---|---|
| 18-54 | 电车轨道 | | |
| 18-55 | 地道及天桥 | | |
| 18-56 | 铁路信号灯 | | |
| 18-57 | 高速公路及收费站 | 收费站 | |
| 18-58 | 一般公路 | | |
| 18-59 | 建设中的公路 | | |
| 18-60 | 大车路、机耕路 | | |
| 18-61 | 乡村小路 | | |
| 18-62 | 高架路 | | |
| 18-63 | 涵洞 | | |
| 18-64 | 隧道、路堑与路堤 | | |
| 18-65 | 铁路桥 | | |
| 18-66 | 公路桥 | | |
| 18-67 | 人行桥 | | |
| 18-68 | 铁索桥 | | |

续表五

| 序号 | 名　　称 | 图　例 | 说　　明 |
| --- | --- | --- | --- |
| 18-69 | 漫水路面 | 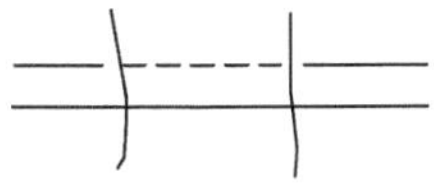 | |
| 18-70 | 顺岸式固定码头 | 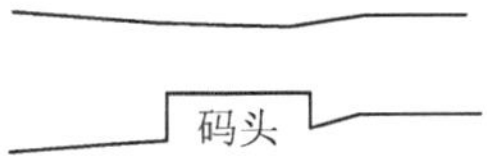 码头 | |
| 18-71 | 堤坝式固定码头 |  | |
| 18-72 | 浮码头 | 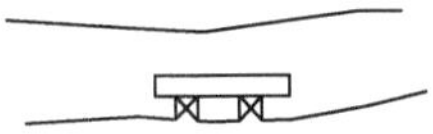 | |
| 18-73 | 架空输电线 | 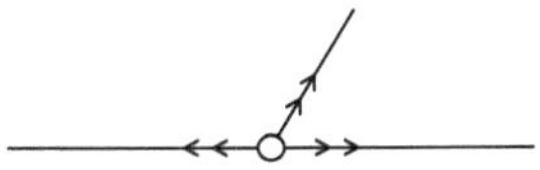 | 可标注电压 |
| 18-74 | 埋式输电线 |  | |
| 18-75 | 电线架 | 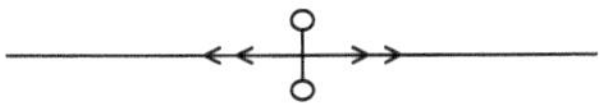 | |
| 18-76 | 电线塔 | 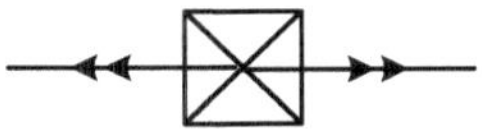 | |
| 18-77 | 电线上的变压器 | 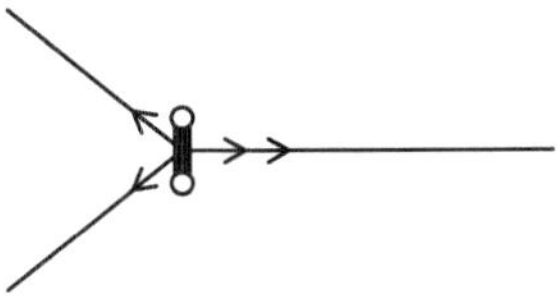 | |
| 18-78 | 有墩架的架空管道 | 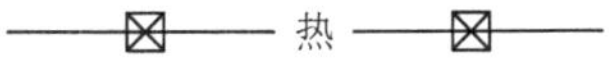 热 | 图示为热力管道 |
| 18-79 | 常年河 |  | |
| 18-80 | 时令河 |  | |
| 18-81 | 消失河段 | 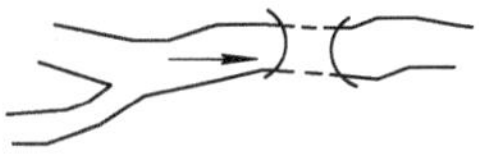 | |

**续表六**

| 序号 | 名　称 | 图　例 | 说　明 |
|---|---|---|---|
| 18-82 | 常年湖 | 青湖 | |
| 18-83 | 时令湖 | | |
| 18-84 | 池塘 | | |
| 18-85 | 单层堤沟渠 | | |
| 18-86 | 双层堤沟渠 | | |
| 18-87 | 有沟堑的沟渠 | | |
| 18-88 | 水井 | | |
| 18-89 | 坎儿井 | | |
| 18-90 | 国界 | | |
| 18-91 | 省、自治区、直辖市界 | | |
| 18-92 | 地区、自治州、盟、地级市界 | | |
| 18-93 | 县、自治县、旗、县级市界 | | |
| 18-94 | 乡镇界 | | |
| 18-95 | 坎 | | |

续表七

| 序号 | 名　称 | 图　例 | 说　明 |
|---|---|---|---|
| 18-96 | 山洞、溶洞 | | |
| 18-97 | 独立石 | | |
| 18-98 | 石群、石块地 |  | |
| 18-99 | 沙地 | 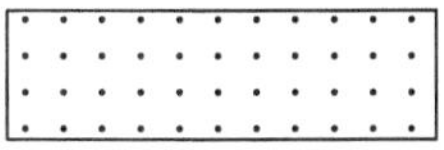 | |
| 18-100 | 砂砾土、戈壁滩 | 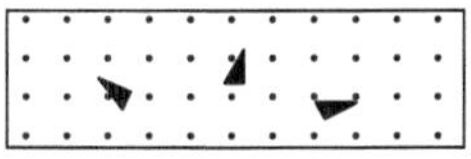 | |
| 18-101 | 盐碱地 | 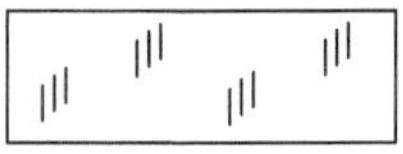 | |
| 18-102 | 能通行的沼泽 | 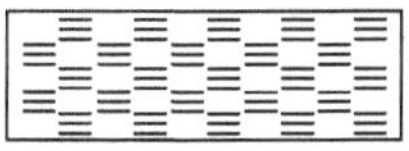 | |
| 18-103 | 不能通行的沼泽 | 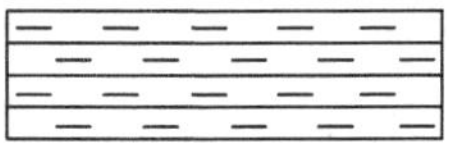 | |
| 18-104 | 稻田 | 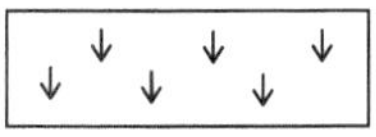 | |
| 18-105 | 旱地 | 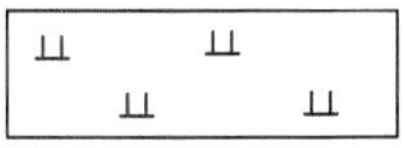 | |
| 18-106 | 水生经济作物 | 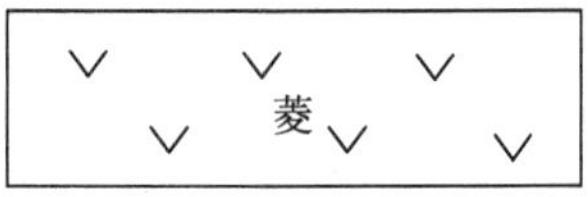 菱 | 图示为菱 |
| 18-107 | 菜地 | 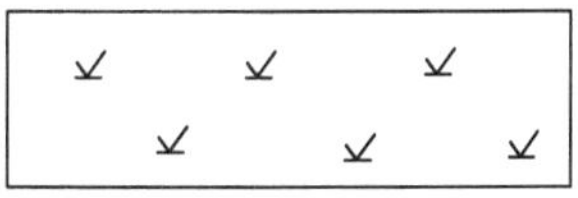 | |
| 18-108 | 果园 | 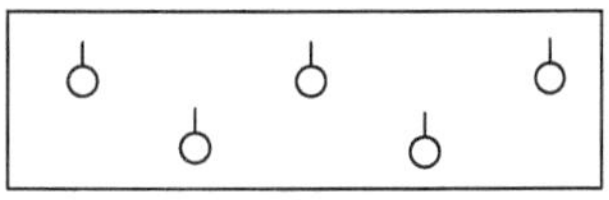 | 果园及经济林一般符号，可在其中加注文字，以表示果园的类型，如苹果园、梨园等，也可加注桑园、茶园等表示经济林，与 18-109 至 18-111 共用 |

续表八

| 序号 | 名　称 | 图　例 | 说　明 |
|---|---|---|---|
| 18-109 | 桑园 | | |
| 18-110 | 茶园 | | |
| 18-111 | 橡胶园 | | |
| 18-112 | 林地 | 松 | |
| 18-113 | 灌木林 | | |
| 18-114 | 行树 | | |
| 18-115 | 阔叶独立树 | | |
| 18-116 | 针叶独立树 | | |
| 18-117 | 果树独立树 | | |
| 18-118 | 棕榈、椰子树 | | |
| 18-119 | 竹林 | | |
| 18-120 | 天然草地 | | |

续表九

| 序号 | 名　　称 | 图　例 | 说　　明 |
|---|---|---|---|
| 18-121 | 人工草地 | | |
| 18-122 | 芦苇地 | | |
| 18-123 | 花圃 | | |
| 18-124 | 苗圃 | 苗 | |

# 参考文献

[1] 中华人民共和国工业和信息化部. 通信工程制图与图形符号规定(YD/T 5015—2015). 北京：北京邮电大学出版社，2016.

[2] 解相吾. 通信工程设计制图，2 版. 北京：电子工业出版社，2015.

[3] 于正永. 通信工程制图与 CAD. 大连：大连理工大学出版社，2012.

[4] 徐建平，盛和太. 精通 AutoCAD 2005 中文版. 北京：清华大学出版社，2004.

[5] 袁宝玲. 通信工程制图实例化教程. 北京：清华大学出版社，2015.

[6] 杨光，杜庆波. 通信工程制图与概预算. 西安：西安电子科技大学出版社，2008.

[7] 黄艳华，冯友谊. 现代通信制图与概预算. 北京：电子工业出版社，2011.

[8] 中国通信建设集团设计院有限公司. LTE 组网与工程实践. 北京：人民邮电出版社，2014.

[9] 谢宏威，解璞，等. 精通 AutoCAD 电气设计：典型实例、专业精讲. 北京：电子工业出版社，2007.